U0881046

"十四五"首批广西壮族自治区职业教育规划教材

职业教育物联网应用技术专业系列教材

物联网嵌入式技术

主　编　张　青　许建豪　吴焕祥

副主编　杜立婵　李光荣　王　彪

李华洲　王文静　韦冬雪

参　编　赵　云　廖继红　熊志文

张德平　董鹏琳　陈　广

林小强　廖　威　张志杰

梁世民

机械工业出版社

本书以职业岗位的典型工作过程为导向，融入行动导向教学法，将教学内容与职业能力相对接、单元项目与工作任务相对接，选用基于ARM Cortex-M3内核的STM32微控制器为对象，构建9个嵌入式项目，推动学生“做中学”，习得岗位职业能力，快速提升学生嵌入式技术相关的专业技能。本书主要内容包括：制作花样流水灯控制系统、制作柜台报警系统、制作竞赛电子秒表、制作智慧滑冰场馆温控系统、制作电子广告屏、制作智能电子称重系统、制作餐馆无线点餐系统、制作天气手环及制作智能家居防盗系统。

本书可作为各类职业院校物联网应用技术及相关专业的教材，也可作为工程实训、电子制作与竞赛的实践教材和实验配套教材。

本书配有PPT电子课件，教师可登录机械工业出版社教育服务网（www.cmpedu.com）注册后免费下载。本书还配有微课，读者可直接扫码观看。

图书在版编目（CIP）数据

物联网嵌入式技术/张青，许建豪，吴焕祥主编．—北京：机械工业出版社，2023.1（2023.9重印）
职业教育物联网应用技术专业系列教材
ISBN 978-7-111-72104-8

Ⅰ．①物…　Ⅱ．①张…　②许…　③吴…　Ⅲ．①物联网-职业教育-教材　Ⅳ．①TP393.4　②TP18

中国版本图书馆CIP数据核字（2022）第220201号

机械工业出版社（北京市百万庄大街22号　邮政编码100037）
策划编辑：李绍坤　　　责任编辑：李绍坤
责任校对：肖　琳　王　延　　　封面设计：马若濛
责任印制：郜　敏

北京富资园科技发展有限公司印刷

2023年9月第1版第3次印刷
184mm×260mm・18.75印张・406千字
标准书号：ISBN 978-7-111-72104-8
定价：59.00元

电话服务
客服电话：010-88361066
　　　　　010-88379833
　　　　　010-68326294

网络服务
机　工　官　网：www.cmpbook.com
机　工　官　博：weibo.com/cmp1952
金　　书　　网：www.golden-book.com
机工教育服务网：www.cmpedu.com

前言

在当今的信息社会中，嵌入式技术无处不在，随着人工智能等技术渗入各个领域，嵌入式技术的应用将会更加广泛和深入。微控制器也经历了从最初的8位、16位到现在32位的演变。无论是芯片性能、设计资源还是性价比，ARM架构的微控制器都优于其他微控制器，且已经占据了当前嵌入式微控制器应用领域的大部分市场。ARM公司还与各大半导体厂商深度合作，在与芯片相关的开发工具和软件解决方案上形成了一条良好的、完整的生态产业链/生态系统，不仅为嵌入式开发人员提供了一系列高效、易用的开发工具（如Keil、IAR等），而且提供了丰富的资源（如OS、固件库、应用例程等），在提高开发效率、降低开发成本、缩短开发周期等关键环节具有明显的优势。如ST公司不仅以ARM Cortex-M内核为核心开发了STM32系列产品，而且为其开发了各种固件库，如标准外设库、HAL库、LL库等，这些位于嵌入式组成结构中间层的库文件屏蔽了复杂的寄存器开发，嵌入式开发人员通过调用API函数的方式就能迅速地搭建系统原型。目前，基于库的开发方式已成为嵌入式系统开发的主流模式。

为深入学习领会党的二十大精神，用党的创新理论凝心铸魂，全面落实立德树人根本任务，本书融入了敬业精神、职业操守、网络强国和数字中国等元素，把学习和实践有效地结合起来，以期在专业知识传授和技能训练过程中实现价值引领。

本书以意法半导体（STMicroelectronics，ST）公司的STM32微控制器为对象，以花样流水灯控制系统、柜台报警系统、竞赛电子秒表、智慧滑冰场馆温控系统、电子广告屏、智能电子称重系统、餐馆无线点餐系统、天气手环、智能家居防盗系统共9个项目为载体，与企业合作设计选取27个典型工作任务，根据岗位工作任务要求，确定学习任务内容。本书适合采取项目驱动教学模式，以学生为主体，以任务为导向组织教学及考核，具有以下“三个对接、三个驱动”的特色：

1. 以书证融通为出发点，对接行业发展

本书结合“职业教育综合改革方案”等国家战略，落实“1+X”证书制度，参考国家专业教学标准，围绕书证融通模块化课程体系，对接行业发展的新知识、新技术、新工艺、新方法，聚焦传感网应用开发的岗位需求，将职业技能等级标准中的工作领域、工作任务、职业能力融入原有嵌入式技术的教学内容，改革传统嵌入式课程。

2. 以职业能力为本位，对接岗位需求

本书强调以能力作为教学的基础，而不是以学历或学术知识体系为基础，将所从事工作应具备的职业能力作为教材内容的最小组织单元，培养岗位群所需职业能力。

3. 以行动导向为主线，对接工作过程

本书优选嵌入式技术在行业中的典型应用场景，通过“学中做、做中学”，按照“资讯、计划、决策、实施、检查、评价”工作过程的思路展开教学与实践，循序渐进地介绍和构建若干典型嵌入式应用场景，把STM32微控制器的内部结构原理、片上外设资源、开发设计方法和应用软件编程等知识传授给学生。对传统的教学方法和教学体系进行创新，力求解决嵌入式技术课程抽象与难学的问题。

4. 以典型项目为主体，驱动课程教学实施

本书每个单元均采用项目化方式，将岗位典型工作任务与行业企业真实应用相结合，学生在学习单元项目的过程中，掌握岗位群所需的典型工作任务。

5. 以立体化资源为辅助，驱动课堂教学效果

本书以“信息技术+”助力新一代信息技术专业升级，满足职业院校学生多样化的学习需求，通过配备丰富的微课视频、PPT课件等教学资源，大力推进“互联网+”“智能+”教育新形态，推动教育教学变革创新。

6. 以校企合作为原则，驱动应用型人才培养

本书充分发挥校企合作优势，利用企业对于岗位需求的认知及培训评价组织对于专业技能的把控，同时结合院校教材开发与教学实施的经验，保证本书的适用性与可行性。

本书建议学时：72学时。

本书由张青、许建豪、吴焕祥担任主编，杜立婵、李光荣、王彪、李华洲、王文静、韦冬雪担任副主编，赵云、廖继红、熊志文、张德平、董鹏琳、陈广、林小强、廖威、张志杰、梁世民参加编写。

由于编者水平有限，书中难免有疏漏和不妥之处，敬请广大读者批评指正。

编　者

二维码索引

目录

Project 1

项目1

制作花样流水灯控制系统

引导案例

灯会，是中国古老的民俗文化，极具传统性和地方特色，这一传统延续至今，能够让大家近距离欣赏这些灯艺匠人们的精湛技艺，同时也可以让大家对中华优秀传统文化的博大精深有更直观的认识。

现代科技的发展，让灯展和光线的美感展现得更加淋漓尽致，其中最主要的技术就是LED灯的控制。夜幕下的公园、古建筑旁边、商场楼宇的墙壁上，都闪烁着一片片由LED照明技术营造出来的或柔和或动感的灯光，也让城市各个角落拥有了科技感。除了灯展，现代生活中智能家居、智慧园区、智慧路灯都引入了智能的LED照明技术。传统灯展和现代灯展如图1-1所示。

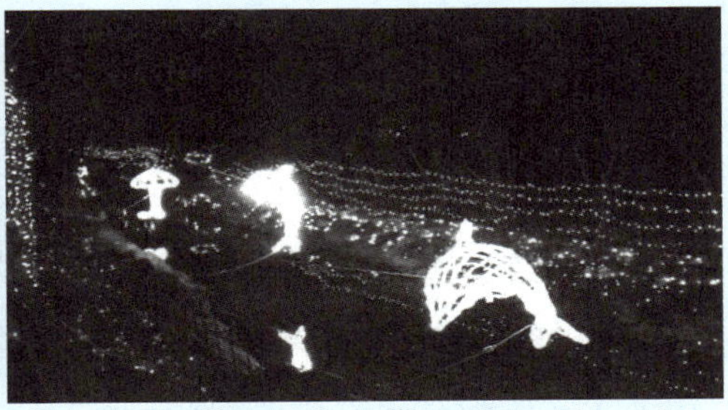

图1-1　传统灯展和现代灯展

大家试想一下，身边的LED灯的例子还有哪些？它们又是如何工作起来的？

任务1 搭建开发环境

职业能力目标

- 能使用STM32CubeMX软件和HAL库，正确搭建STM32的开发环境。

扫码观看视频

任务描述与要求

任务描述：某活动开幕式场地需要制作流水灯作为装饰，微控制器使用STM32F103VET6，需要完成STM32的开发环境的搭建。

任务要求：

- 正确安装STM32CubeMX软件。
- 正确安装嵌入式软件包。
- 创建工程。

知识链接

1. STM32基础知识

（1）嵌入式系统概述

嵌入式系统是指嵌入到对象体系中，以应用为中心，以计算机技术为基础，软硬件可裁剪，适应应用系统对功能、可靠性、成本、体积、功耗等严格要求的专用计算机系统。

嵌入式系统是电子信息产业的基础，是智能系统的核心，广泛应用于工业控制、汽车电子、智能家居、医疗器械和智能穿戴设备等众多领域。伴随物联网和人工智能技术的快速发展，嵌入式系统在智能系统中发挥着越来越大的作用。

以四旋翼无人机为例看一下嵌入式系统的结构。如图1-2所示，把四旋翼无人机拆解开来，可以看到它内部是由一个十字形的电路板构成。整个控制设备包含以下几个模块：

标号①：处理器，使用STM32系列，完成整个系统的控制。

标号②：电源管理芯片，主要完成电池的管理。

标号③：舵机控制部分，驱动无人机螺旋桨转动。

标号④：射频电路，负责与遥控器之间的射频控制通信。

标号⑤：指示灯，提示信号接收状态及电池情况。

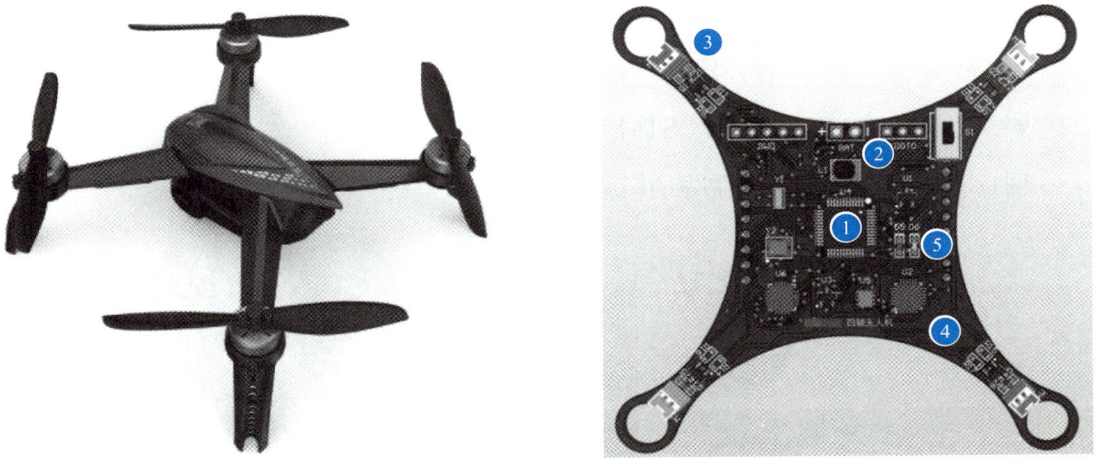

图1-2　四旋翼无人机及拆解电路

从四旋翼无人机可以看到，嵌入式系统硬件包含处理器、电源管理、电动机驱动、通信模块等各个单元，其中处理器是重要组成部分。

（2）ARM处理器

在嵌入式处理器中有一类特殊的处理器称为ARM处理器，它占据嵌入式处理器近40%的市场。

ARM这个词有两层含义，第一层，ARM是“英国芯片设计公司”的缩写（已于2016年被日本软银收购），是一家致力于半导体芯片设计研发的企业；第二层，ARM是Advanced RISC Machine的缩写。ARM是与X86平级的CPU架构，它和X86的差别是使用了RISC（精简指令集计算机），虽然整体性能不如X86架构特有的CISC（复杂指令集计算机），但却因为低成本、低功耗和高效率，迎合了包括智能手机在内的诸多移动设备的发展潮流，从而一统非PC领域计算设备的江山。

（3）STM32微控制器

ST是意法半导体，M是Microelectronics的缩写，32表示32位，所以STM32就是指ST公司开发的32位微控制器（Micro Controller Unit，MCU）。在如今的32位控制器当中，STM32深受工程师和市场的青睐。

STM32微控制器基于ARM Cortex®M0、M0+、M3、M4和M7内核，这些内核是专门为高性能、低成本和低功耗的嵌入式应用设计的。STM32微控制器按内核架构可以分为以下系列：

- 超低功耗产品系列：STM32L0、STM32L1、STM32L4、STM32L4+。
- 主流产品系列：STM32F0、STM32F1、STM32F3。
- 高性能产品系列：STM32F2、STM32F4、STM32F7、STM32H7。
- 无线产品系列：STM32WB。
- 微处理器（MPU）系列：STM32MP1。

图1-3展示了STM32微控制器的产品家族。

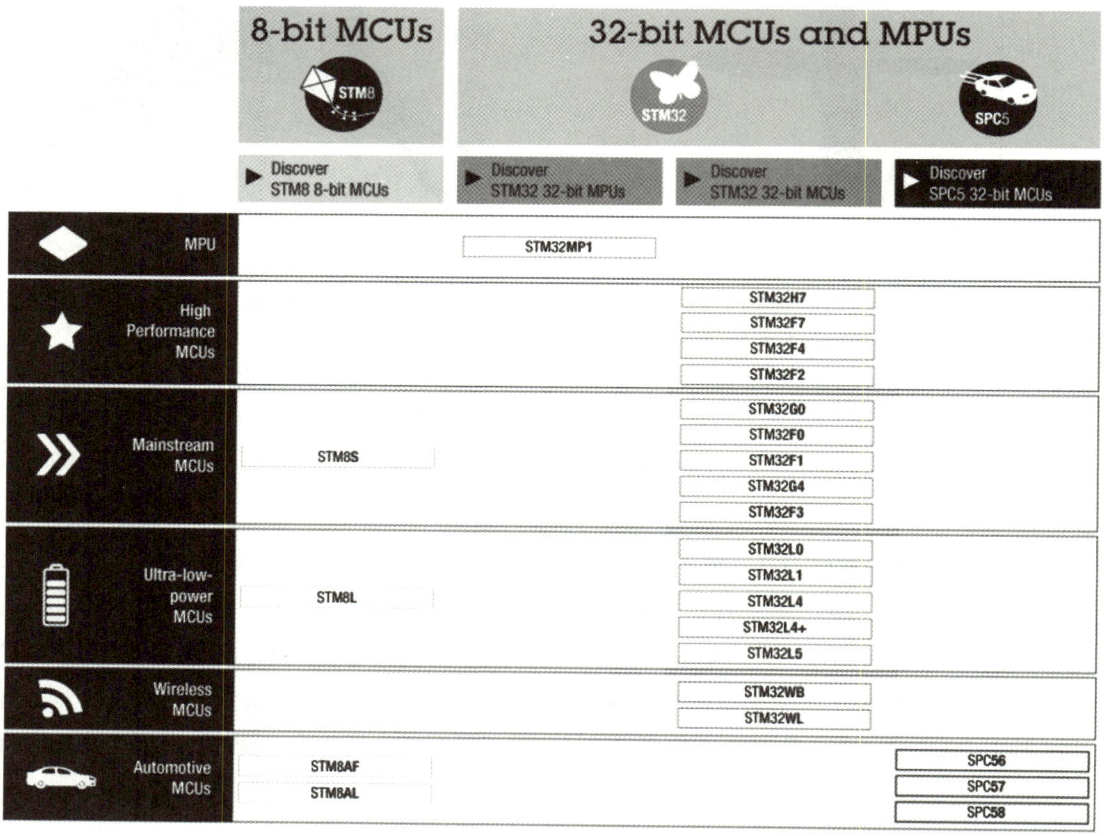

图1-3　STM32微控制器的产品家族

（4）STM32微控制器的命名规则

STM32微控制器的各个型号在封装形式、引脚数量、SRAM和闪存大小、最高工作频率（影响产品的性能）等方面有所不同，开发人员可根据应用需求选择最合适的微控制器型号来完成项目设计。STM32微控制器产品型号的各部分含义如图1-4所示。

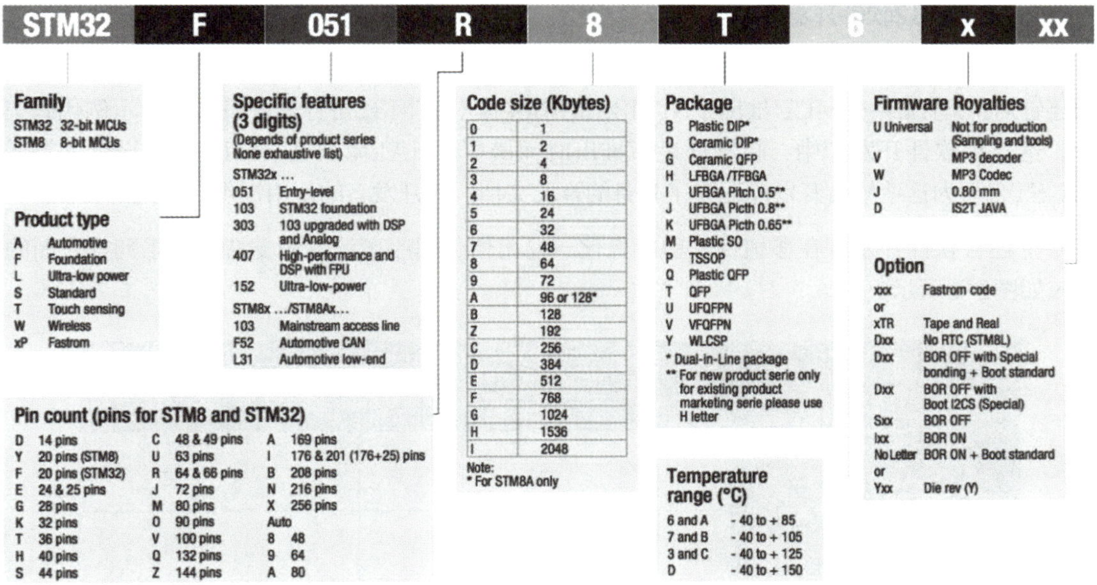

图1-4　STM32系列选型图

下面以一个具体的微控制器型号（STM32F103VET6）为例来说明型号中各部分的含义，见表1-1。

表1-1　STM32微控制器产品型号中各部分的含义

序　号	型　号	具 体 含 义
1	STM32	代表ST公司出品的基于ARM Cortex®-M内核的32位微控制器
2	F	代表“基础型”产品类别
3	103	代表“基础型”产品系列
4	V	代表MCU的引脚数，如T代表36脚，C代表48脚，R代表64脚，V代表100脚，Z代表144脚，I代表176脚等
5	E	代表MCU的内存容量，如6代表32K字节，8代表64K字节，B代表128K字节，C代表256K字节，D代表384K字节，E代表512K字节，G代表1M字节
6	T	代表MCU的封装，如H代表BGA封装，T代表LQFP封装，U代表VFQFPN封装
7	6	代表MCU的工作温度范围，如6和A代表-40～85℃，7和B代表-40～105℃

（5）STM32的应用领域

图1-5是一些生活中常见的可以使用STM32微控制器作为主控芯片的电子产品。

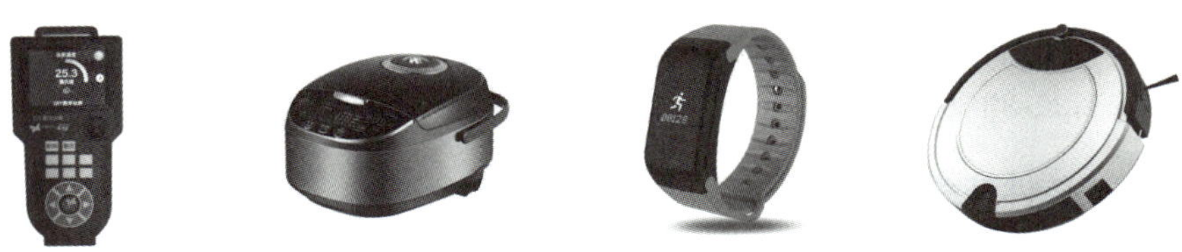

图1-5　STM32的应用

2. STM32软件开发库

ST公司为开发者提供了多个软件开发库，如标准外设库、HAL库与LL库。另外，ST公司还针对F0与L0系列MCU推出了STM32Snippets（STM32寄存器开发形式）示例代码集合。这几种软件开发库中，标准外设库推出时间最早，HAL库次之，而LL库是最近才新增的。ST公司为这些软件开发库配套了齐备的开发文档，为开发者的使用提供了极大的方便。

上述各软件开发库在移植性、程序优化、易用性、程序可读性和支持硬件系列等方面的比较如图1-6所示。

Offer（支持的库名称）		Portability（可移植性）	Optimization (Memory & Mips)（优化性内存占用&执行效率）	Easy（易用性）	Readiness（可读性）	Hardware coverage（硬件覆盖性）
STM32Snippets（STM32寄存器开发形式）			+++			+
Standard Penpheral Library（标准外设库开发形式）		++	++	+	++	+++
STM32Cube（STM32CubeMX软件开发形式）	HAL APIs	+++	+	++	+++	+++
	LL APIs	+	+++	+	++	++

图1-6　开发库性能对比

注：图中“+”代表程度，如“+++”代表可读性强，“+”代表可读性弱。

目前几种软件开发库对不同芯片的支持情况如图1-7所示。

Offer（支持的库名称）	Available for STM32（对于STM32的适用性）									
	STM32 F0	STM32 F1	STM32 F3	STM32 F2	STM32 F4	STM32 F7	STM32 H7	STM32 L0	STM32 L1	STM32 L4
STM32Snippets（STM32寄存器开发形式）	Now	N.A.	N.A.	N.A.	N.A.	N.A.	N.A.	Now	N.A.	N.A.
Standard Peripheral Library（标准外设库开发形式）	Now	Now	Now	Now	Now	N.A.	N.A.	N.A.	Now	N.A.
STM32Cube HAL（STM32Cube HAL开发形式）	Now	Now	Now	Now	Now	Now	Now	Now	Now	Now
STM32Cube LL（STM32Cube LL开发形式）	Now	Now	Now	Now	Now	Now	2018	Now	Now	Now

图1-7　库对不同芯片的支持情况对比

注：在图1-7中，“Now”表示某软件开发库已支持相应的MCU系列，“N. A.”表示某软件开发库不支持相应的MCU系列，“2018”表示仅2018年支持。

3. STM32软件开发模式

基于STM32Cube的开发流程如下：

1）开发者先根据应用需求使用图形化配置与代码生成工具对MCU片上外设进行配置。

2）生成基HAL库或LL库的初始化代码。

3）将生成的代码导入集成开发环境进行编辑、编译和运行。

4. STM32的集成开发环境的选择

采用“STM32CubeMX+MDK-ARM”的开发工具组合，MDK-ARM能和STM32CubeMX很好地融合，程序编译、下载和调试都非常方便，具体的应用开发流程如下：

1）根据任务要求，利用STM32CubeMX进行功能配置。

2）生成基于MDK-ARM集成开发环境的初始代码。

3）添加功能逻辑完成应用开发。

支持STM32开发的IDE如图1-8所示。

图1-8　支持STM32开发的IDE

任务准备

任务实施前必须先准备好表1-2所列的设备/资源。

表1-2　设备/资源清单表

序　号	设备/资源名称	数　量	是否准备到位（√）
1	STM32CubeMX安装包	1	
2	MDK-ARM集成开发环境安装包	1	

任务实施

要完成本任务，可以将实施步骤分成以下6步：

- 下载STM32CubeMX安装包。
- 安装STM32CubeMX。
- 下载MDK-ARM安装包。

- 安装MDK-ARM集成开发环境。
- 利用STM32CubeMX进行功能配置。
- 生成初始化代码。

具体实施步骤如下：

1. 下载STM32CubeMX安装包

STM32CubeMX软件的运行依赖Java Run Time Environment（JRE），因此建议在安装前到Java的官网下载JRE。读者应根据自己操作系统选择32位或64位版本进行下载安装。Java环境安装包如图1-9所示，双击运行安装，安装过程使用默认配置，直到出现如图1-10所示界面，表示安装完成。

图1-9　Java环境安装包

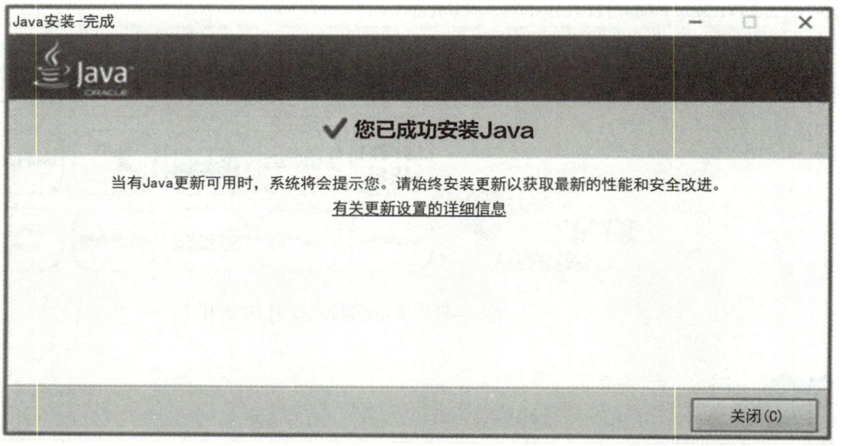

图1-10　Java环境安装完成

STM32CubeMX软件可访问其主页获取，如图1-11所示，在标号①处选择工具与软件，在标号②处输入STM32CubeMX，单击“搜索”按钮，在搜索结果处单击标号③处，出现界面如图1-12所示。

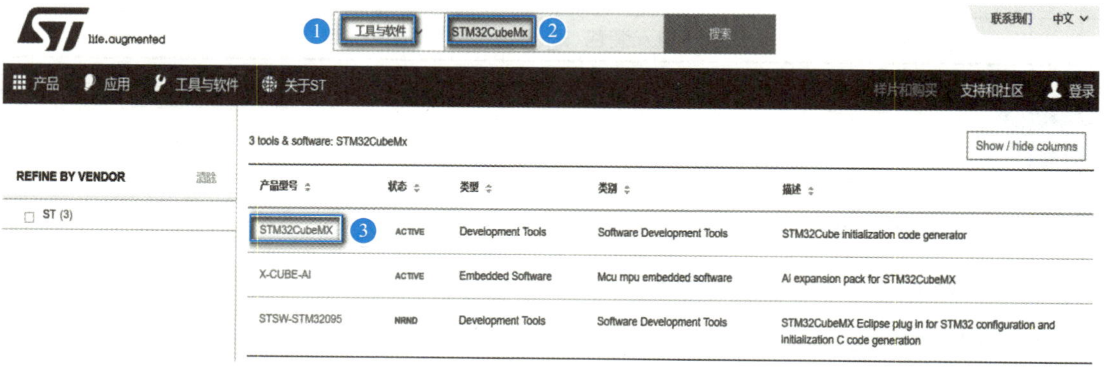

图1-11　搜索软件

在图1-12处单击标号①，进入界面图1-13，单击标号①即可下载软件。

图1-12　搜索结果

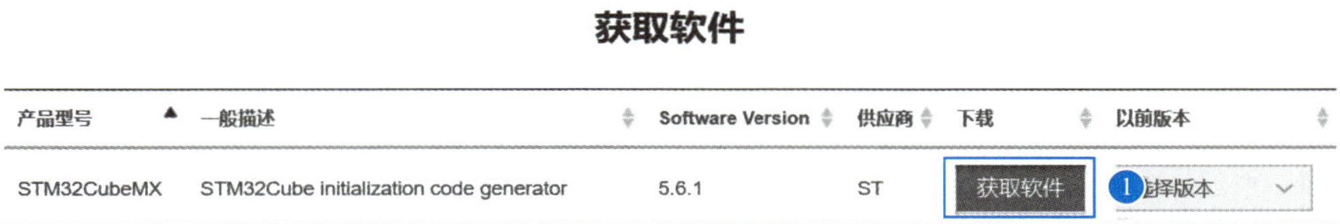

图1-13　下载链接

2. 安装STM32CubeMX

STM32CubeMX安装包如图1-14所示，双击运行安装，单击运行STM32CubeMX安装程序，安装过程采用默认配置，一直单击“Next”按钮，注意在图1-15中标号①处要打勾，才能继续单击“Next”按钮，直至安装完成。

图1-14　安装程序

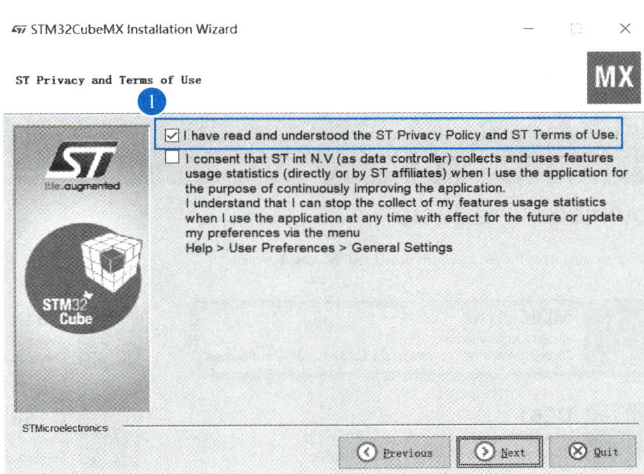

图1-15　安装界面

打开安装好的STM32CubeMX软件，单击“Help”菜单（图1-16中标号①处），选择“Manage embedded software packages”选项（图1-16中标号②处）进入嵌入式软件包管理界面。

选择相应的STM32微控制器系列，如STM32F1 Series（图1-16中的标号③处），然后单击“Install Now”按钮（图1-16中的标号④处）即可下载并安装嵌入式软件包（需要提前注册）。

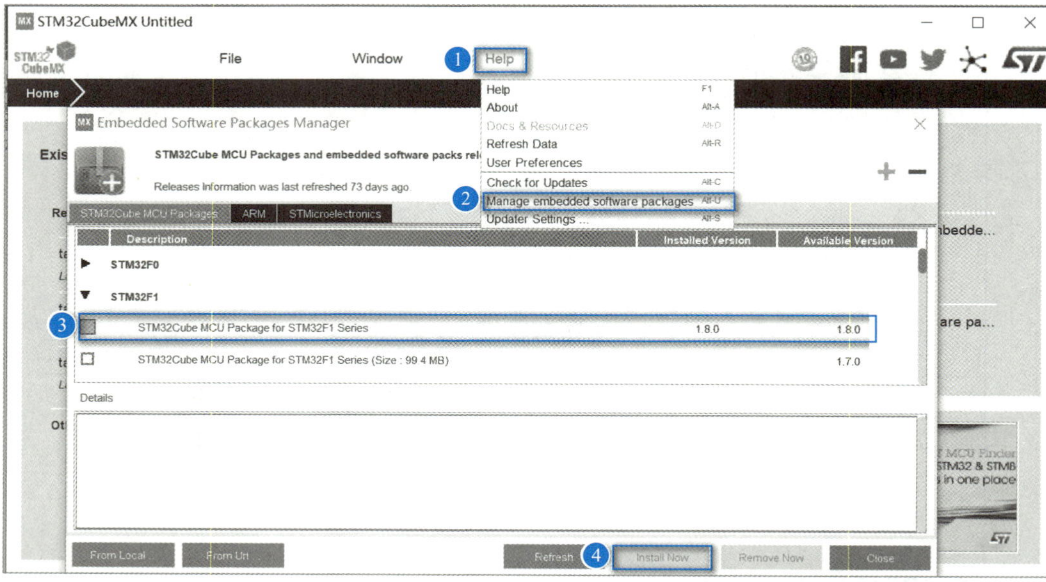

图1-16　嵌入式软件包的安装

3. 下载MDK-ARM安装包

从Keil官网下载MDK-ARM的安装包，选择MDK-Arm下载（需要填写一些信息），如图1-17所示。

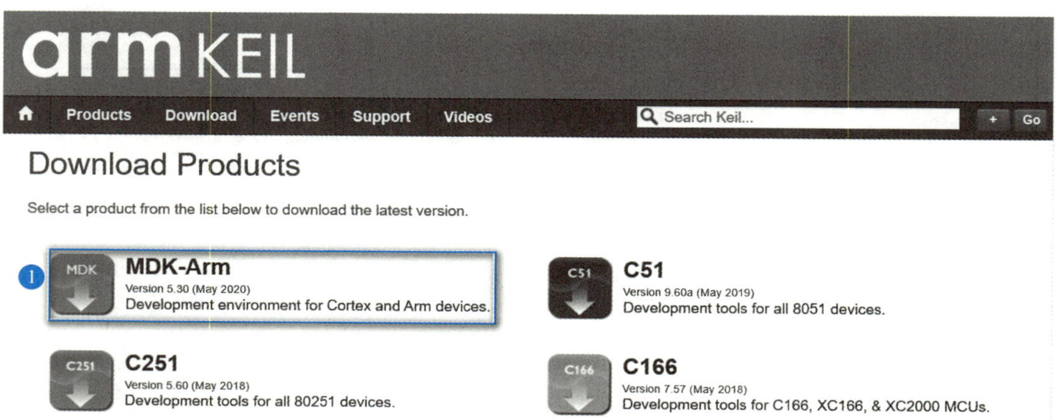

图1-17　MDK-Arm下载

4. 安装MDK-ARM

双击下载的安装文件，进入安装界面，根据向导提示单击“Next”按钮，安装目录建议保持默认即可，如图1-18所示。图中标号①处是MDK-ARM件的安装路径，标号②处是器件支持包的安装路径。

安装成功后，系统将进入器件支持包安装欢迎界面，如图1-19所示。

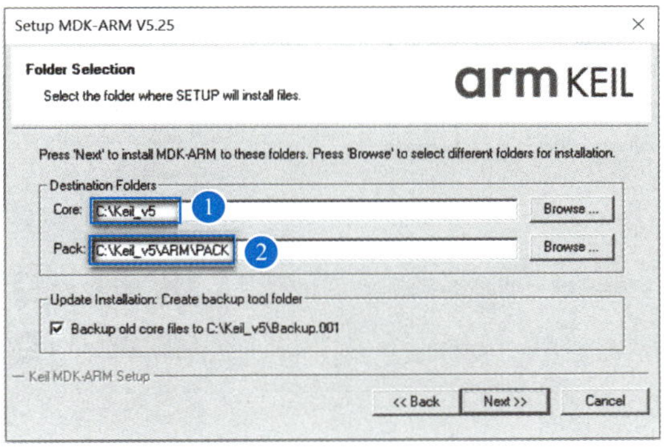

图1-18 安装路径

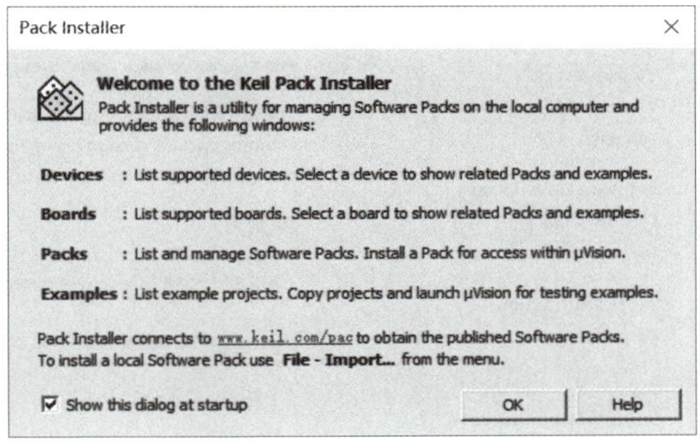

图1-19 器件支持包安装欢迎界面

单击图1-19中的“OK”按钮之后，将会进入软件包的安装主界面，如图1-20所示。

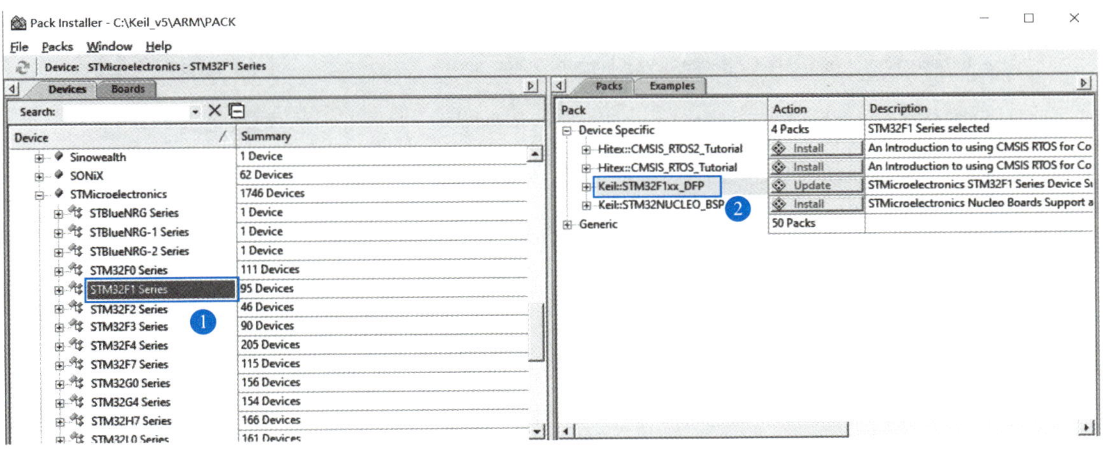

图1-20 软件包的安装主界面

在Pack Installer窗口左半部的Device列表选择相应的STM32微控制器型号，如STM32F103（图1-20中的标号①处），然后单击标号②右侧的“Intall”按钮进行在线安装（图中是已经安装完成的状态，未安装时显示“Intall”），如果下载速度较慢，可到官网进行器件支持包的下载，界面如图1-21所示，在下载列表里找到keil栏，再找到如图1-22所示内容，下载器件支持包，然后直接安装到下载工具中即可。

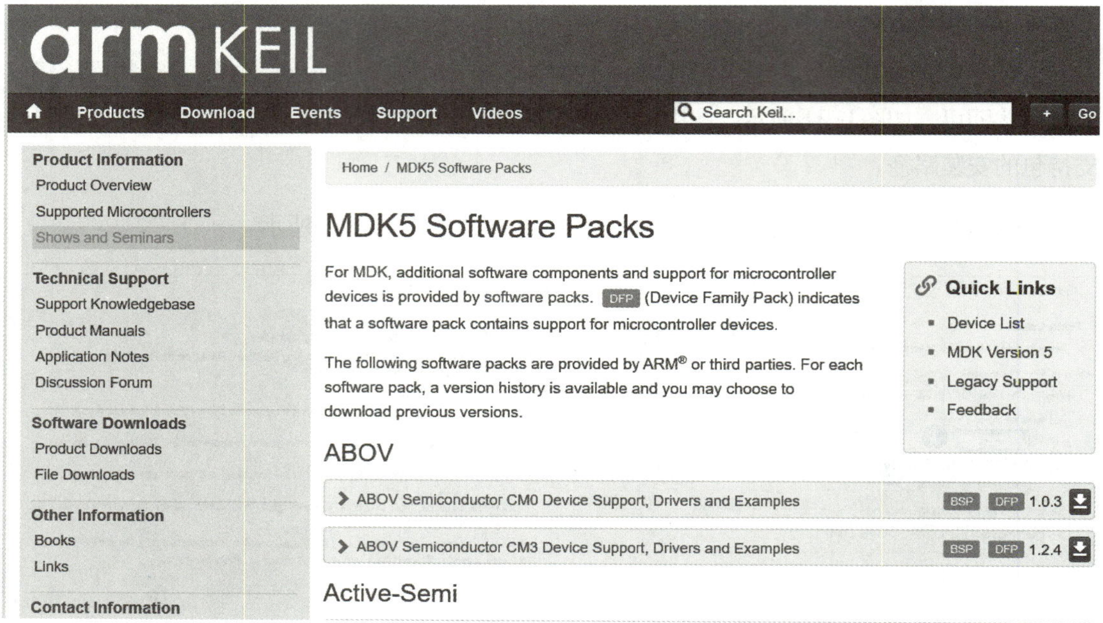

图1-21　器件支持包下载界面

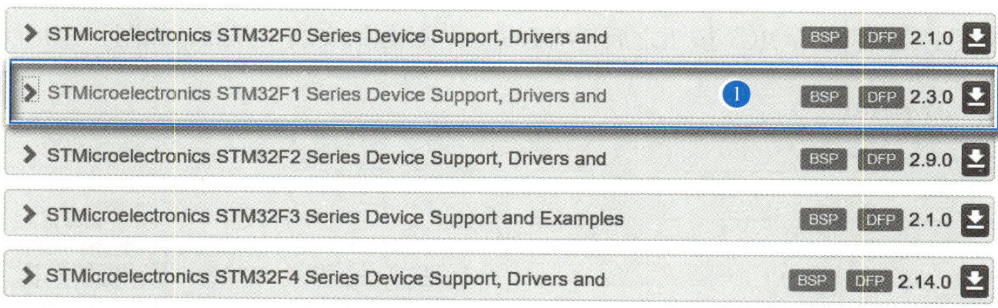

图1-22　STM32F103器件支持包下载界面

5. STM32CubeMX配置工程参数

（1）建立工程存放的文件夹

在D盘根目录新建文件夹用于保存所有的任务工程，这里建立的文件夹为“STM32_WorkSpace”，然后在该文件夹下新建文件夹“task1-1”用于保存本任务工程。

（2）新建STM32CubeMX工程

打开STM32CubeMX工具，如图1-23所示，单击标号①处按钮，进入MCU选择窗口，如图1-24所示。

在图1-24中标号①处输入MCU型号STM32F103VE，在标号②处选择MCU具体型号。然后单击标号③处的“Start Project”按钮新建STM32CubeMX工程，或者双击标号②处，新建STM32CubeMX工程。

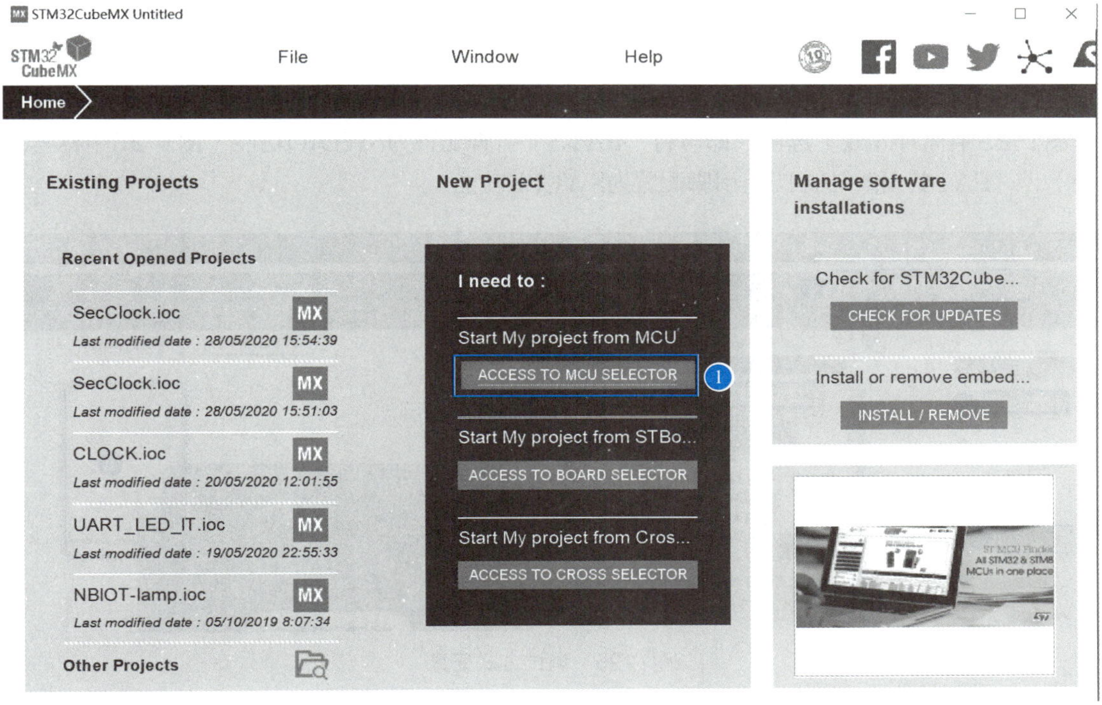

图1–23　新建工程

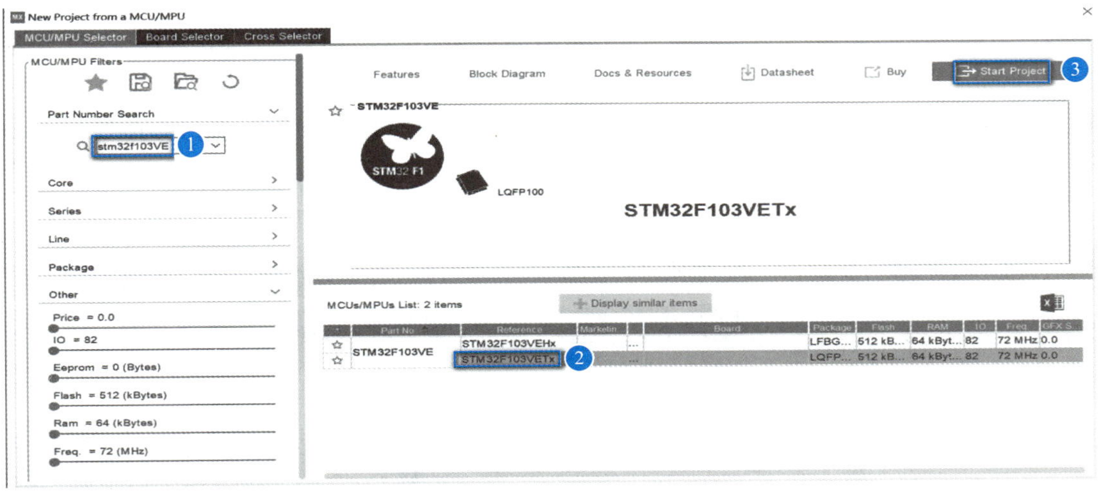

图1–24　器件选择

（3）配置调试端口

STM32微控制器支持通过JTAG接口或SWD接口与仿真器相连进行在线调试。完整的JTAG接口为20Pin，接口体积大且占用较多GPIO引脚资源，一般用于J-Link仿真器。而SWD接口最少只需3根连线即可实现，一般用于ST-Link仿真器。

接下来以ST-Link仿真器为例，讲解调试端口的配置过程。

展开“Pinout & Configuration”标签页（图1-25中标号①处）左侧的“System Core”（系统内核）选项（图1-25中标号②处），选择“SYS”（系统）选项（图1-25中标号③处），将“Debug”（图1-25中标号④处）下拉菜单改为“Serial Wire”（串口）（图1-25中标号⑤处）选项，即可将“PA13”引脚配置为SWDIO功能（图1-25中标号⑥处），“PA14”和“PA13”引脚配置为SWCLK功能。

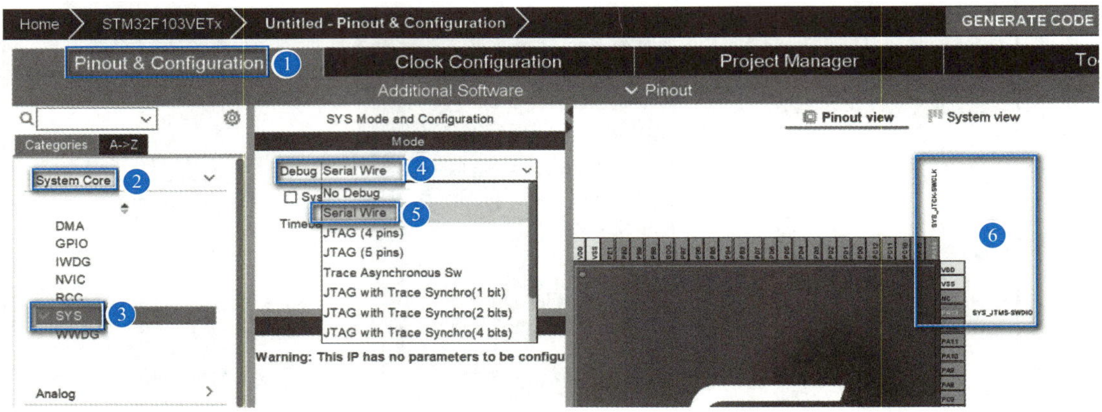

图1-25　调试方式配置

（4）配置MCU时钟

选择“Pinout & Configuration”标签页左侧的“RCC”（复位、时钟配置）选项，如图1-26的标号①所示。将MCU的“High Speed Clock”（HSE，高速外部时钟）配置为“Crystal/Ceramic Resonator”（晶体/陶瓷谐振器），如图1-26的标号②所示。同样，将MCU的“Low Speed Clock”（LSE，低速外部时钟）配置为“Crystal/Ceramic Resonator”（晶体/陶瓷谐振器），如图1-26的标号③所示。配置完毕后，MCU的“Pinout View”（引脚视图）中相应的引脚功能将被配置，如图1-26的标号④和⑤所示。

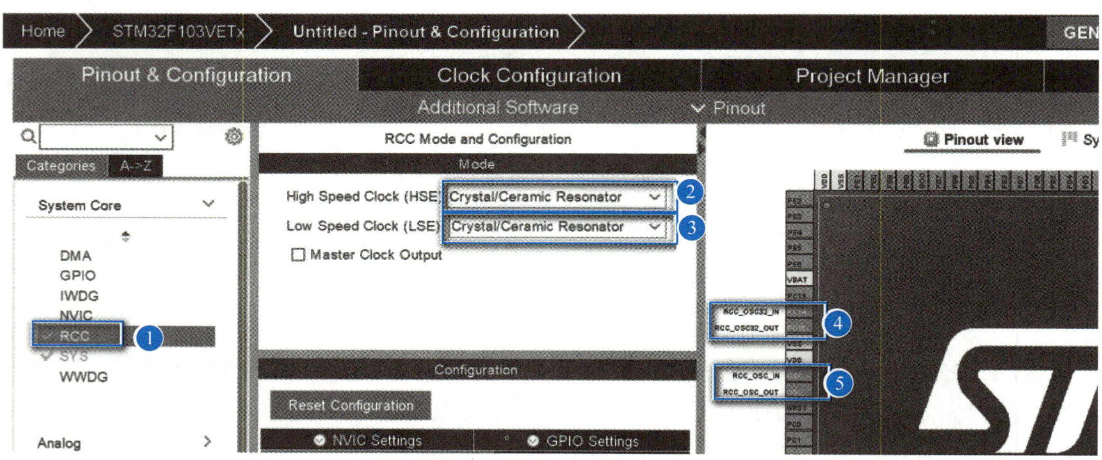

图1-26　时钟源配置

切换到“Clock Configuration”（时钟配置）标签，进行STM32控制器的时钟树配置，如图1-27所示。

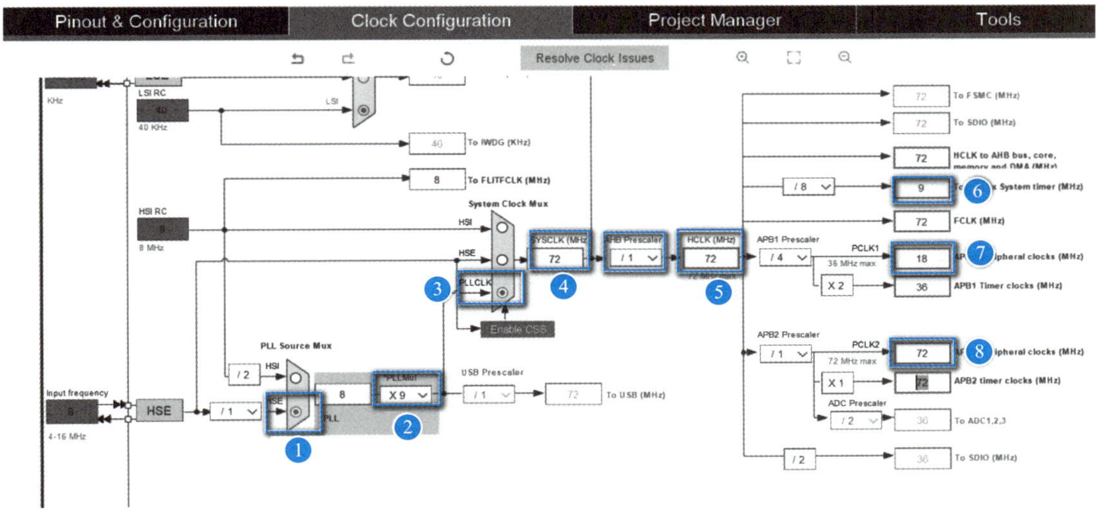

图1-27　时钟配置界面

图中各个标号的含义如下：

标号①：“PLL Source MUX”（锁相环时钟源选择器）的时钟源选择为“HSE”，即8MHz外部晶体谐振器。

标号②：“PLLMul”（锁相环倍频）配置为“9”。

标号③：“System Clock MUX”（系统时钟选择器）的时钟源选择为“PLL”。

标号④：配置“SYSCLK”（系统时钟）为72MHz。

标号⑤：配置“HCLK”（高性能总线时钟）为72MHz。

标号⑥：配置“Cortex system timer”（Cortex内核系统嘀嗒定时器）的时钟源为HCLK的八分之一，即9MHz。

标号⑦：配置“APB1 Peripheral clocks”（低速外设总线时钟）为HCLK的四分频，即18MHz。

标号⑧：配置“APB2 Peripheral clocks”（高速外设总线时钟）为HCLK的一分频，即72MHz。

（5）保存STM32CubeMX工程

单击“File”菜单，选择“Save Project”选项，如图1-28中标号①和标号②所示。然后定位到工程要保存的文件夹，工程相关的所有文件都将保存到该文件夹内，这里使用的是“D：\STM32_WorkSpace\task1-1”，单击“保存”按钮保存STM32CubeMX工程，文件夹名称“task1-1”即为STM32CubeMX工程名称。

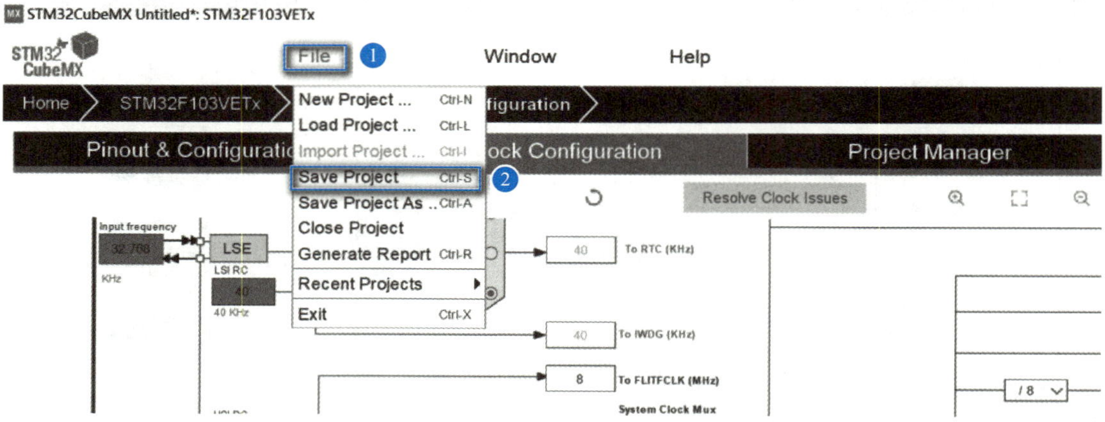

图1-28　保存工程

（6）生成代码

切换到“Project Manager”标签，选择标号①工程，如图1-29所示，在标号②处是工程名称，标号④处是工程保存的文件夹，工程的保存也可以在这里进行，在此处保存工程时不需要提前建立文件夹“task1-1”，只需要在③处选择工程文件夹的所在路径。在标号⑤处选择开发环境为MDK-ARM V5。

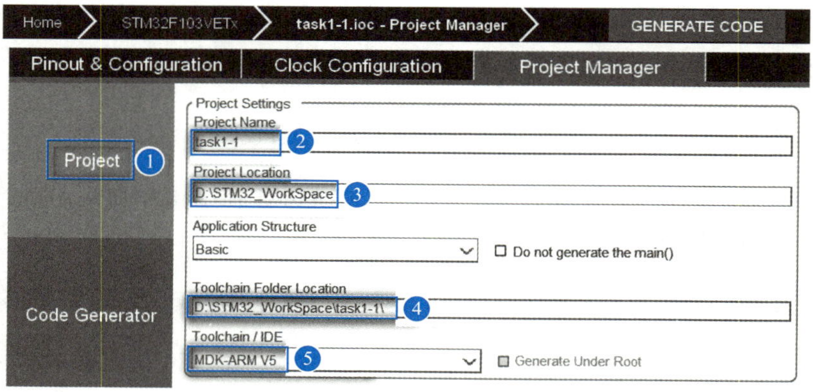

图1-29　工程设置

单击左侧“Code Generator”配置标签（图1-30中标号①处），将“STM32Cube MCU packages and embedded software packs”单选框的选项改为“Copy only the necessary library files”，如图1-30中的标号②所示。在“Generated files”复选框中增加勾选“Generate peripheral initialization as a pair of '.c/.h' files per peripherl”选项，如图1-30中标号③所示。

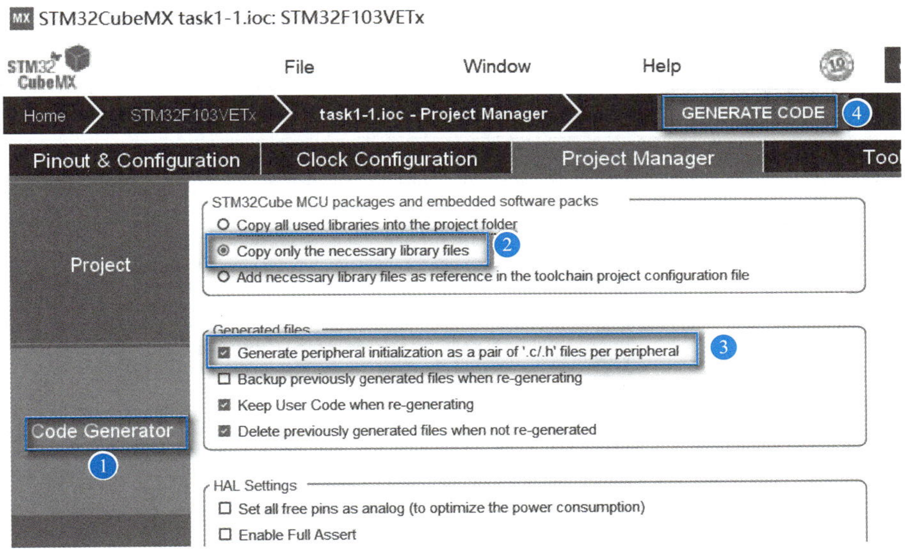

图1-30　生成代码设置

最后单击“GENERATE　CODE”按钮（图1-30中标号④处），即可生成相应的C代码工程。代码生成成功后弹出询问对话框，单击图1-31标号①处打开MDK-ARM工程，若工程已经生成并打开，此时单击图1-31标号②处，关闭对话框。

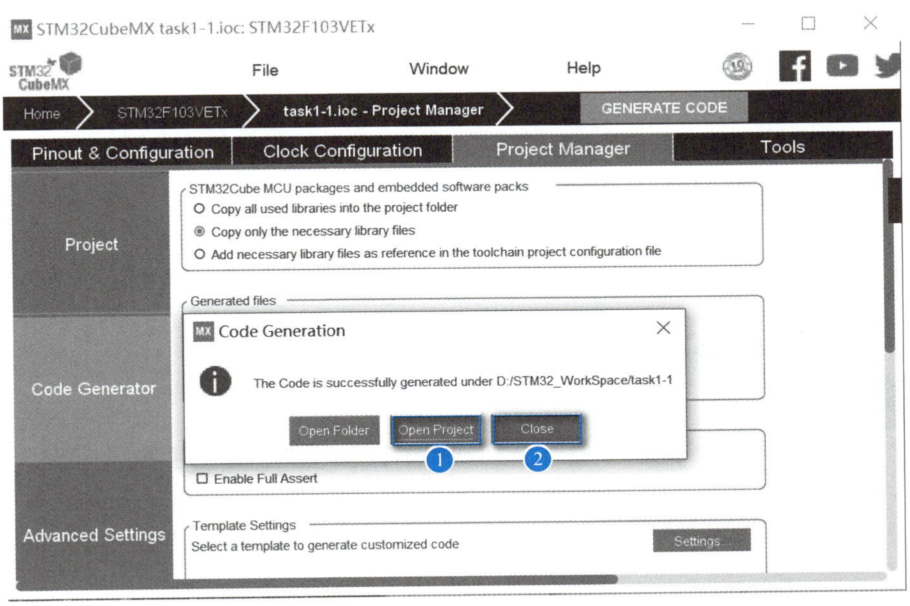

图1-31　代码生成成功

打开的MDK-ARM工程如图1-32所示。大家将在这个集成开发环境里完善代码，实现任务需求。

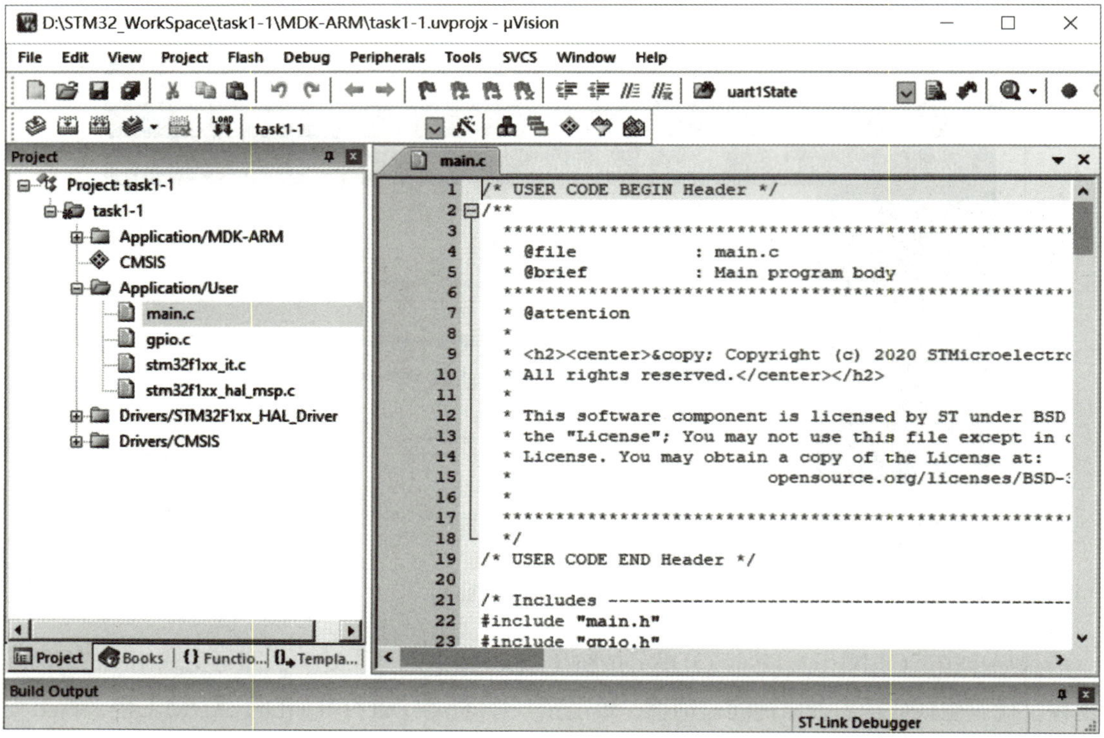

图1-32　MDK-ARM工程

任务小结

通过开发环境的搭建，可了解STM32微控制器的基础知识和软件开发模式，并掌握STM32开发环境的搭建能力。任务小结如图1-33所示。

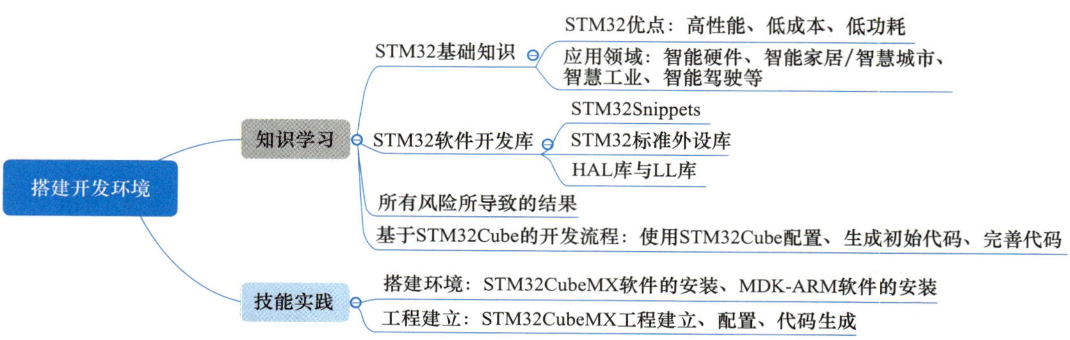

图1-33　任务小结

任务拓展

在MDK-ARM集成开发环境里经常要使用注释，如果使用中文作为注释，则默认状态下会出现乱码，请查找资料，对MDK-ARM进行配置，解决这个问题。

任务2 点亮一盏LED灯

职业能力目标

- 能够依据电路图，正确在面包板上搭建电路。
- 能够依据MCU的GPIO驱动技术，使用HAL库函数，正确控制端口输出。

任务描述与要求

任务描述：某活动开幕式场地需要制作大规模的LED灯阵作为装饰，微控制器使用STM32F103VET6，目前需要完成1个LED的测试。

任务要求：

- 正确搭建LED电路。
- 完成工程的建立和代码的完善。
- 正确下载程序到M3主控模块，并验证效果。

知识链接

1. 认识STM32Cube嵌入式软件包

在STM32CubeMX中以STM32CubeF1为例，介绍STM32Cube嵌入式软件包的构成。单击STM32CubeMX软件上方的“Help”菜单，选择“Updater Setting..”选项，在弹出的设置框中可找到软件包的存放地址，如图1-34中标号①处所示，默认安装路径为“C：\Users\XXX\STM32Cube\Repository”，其中XXX为用户名。

进入STM32Cube嵌入式软件包的存放地址，可以看到软件包由6个文件夹和4个文件构成，如图1-35所示。

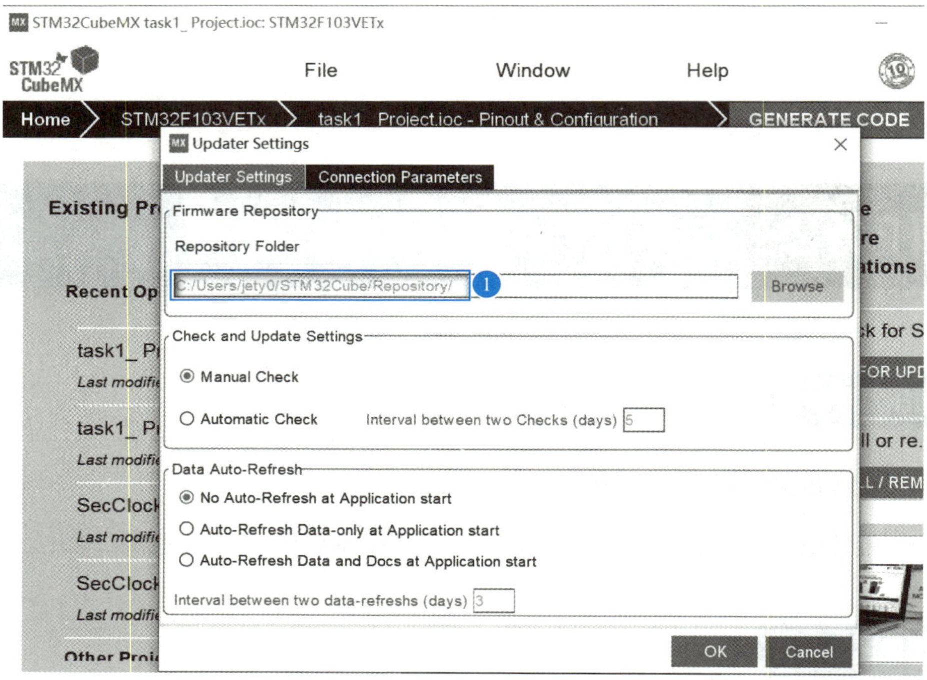

图1-34　STM32Cube嵌入式软件包的存放地址

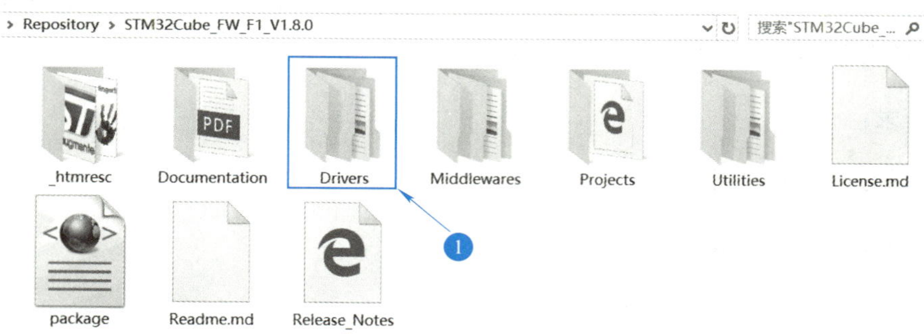

图1-35　STM32Cube嵌入式软件包构成

在STM32Cube嵌入式软件包中，“_htmresc”文件夹、“package.xml”、“Release_Notes.html”、“License.md”和“Readme.md”文件是软件包的发布记录、图标资源、许可信息等。其余5个文件夹的作用如下：

- Documentation文件夹：存放关于MCU固件包和HAL库使用的官方文档。
- Middlewares文件夹：存放中间件组件。
- Projects文件夹：存放官方开发板的各种例程。
- Utilities文件夹：各类支撑文件，如字体文件和图形应用例程中使用的图片文件等。
- Drivers文件夹：图1-35中标号①处有3个文件夹，“BSP”存放基于HAL库开发的官方开发板的板级支持包，提供指示灯、按键等外围电路的驱动程序；“CMSIS”存放由ARM公司提供的Cortex微控制器软件接口标准，包括Cortex内核寄存器定义、启动文件等；“STM32F1xx_HAL_Driver”存放STM32微控制器片内外设的HAL库驱动文件，这里有非常重要的HAL库用户使用手册“STM32F100xE_User_Manual”，图1-36中标注①为STM32F100xE所要使用的HAL库手册。

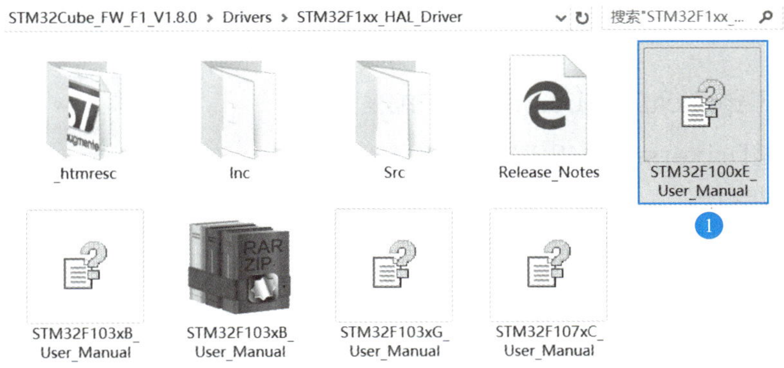

图1-36　STM32F1xx_HAL_Driver文件夹中的内容

2. 认识工程框架

在进行应用开发之前，有必要对STM32CubeMX软件生成的初始C代码工程进行了解，如了解工程架构、了解主要的函数功能与执行过程。

打开任务1建立的“task1-1”，如图1-37所示。整个界面由5个部分组成：标号①处为菜单栏，提供软件的全部功能；标号②处为工具栏，提供软件的常用功能；标号③处为工程窗口，其中列出了工程所包含的全部文件；标号④是代码编辑窗口，在这里进行代码的编辑；标号⑤是信息输出窗口，在这里显示软件操作过程中的提示信息。

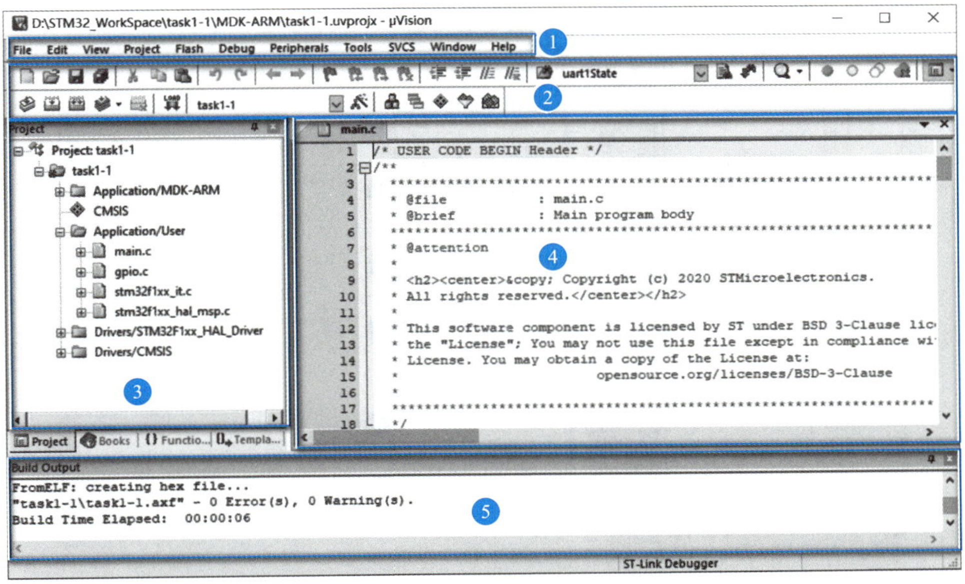

图1-37　MDK-ARM界面

接下来了解由STM32CubeMX生成的工程文件。如图1-38所示，标号①处是工程的名称。从图中可以看到，整个工程的源文件被分为4个组，分别是“Application/MDK-ARM”“Application/User”“Drivers/STM32F1xx_HAL_Driver”和“Drivers/CMSIS”。

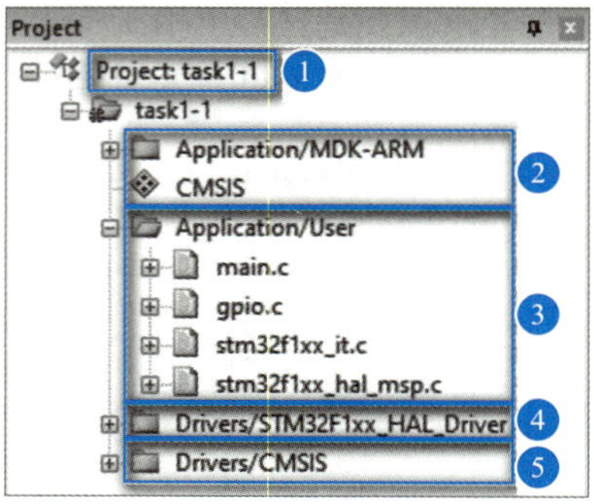

图1-38　工程窗口

标号②处是Application/MDK-ARM组：启动代码文件。

标号③处是Application/User组：用户编程文件。

标号④处是Drivers/STM32F1xx_HAL_Driver组：HAL库驱动文件。

标号⑤处是CMSIS组：系统的初始化文件。

用户需要编写的程序主要位于“Application/User”组中，如图1-38中的标号③处所示。其中“main. c”为主程序所在文件，“gpio. c”主要包含GPIO初始化相关程序，“stm32f1xx_it. c”存放各种中断服务函数。

双击“main. c”打开程序，如图1-39所示，STM32CubeMX已经生成了很多初始化文件，标号③HAL_Init()为系统外设初始化，标号④SystemClock_Config()为系统时钟初始化，标号⑤MX_GPIO_Init()为GPIO功能初始化，标号⑥while（1）{}为无限主循环。用户自编程序可添加于各个“USER CODE BEGIN”与“USER CODE END”标识之间，如图1-39中标号②处所示。用户根据代码的功能添加到不同位置的“USER CODE BEGIN”与“USER CODE END”标识之间。

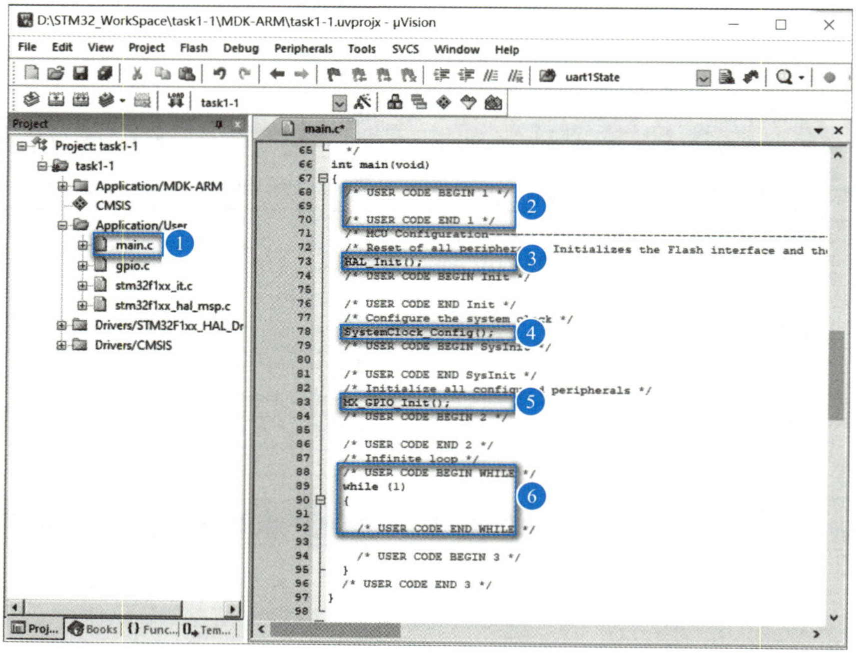

图1-39　main.c结构

3. 认识STM32GPIO

（1）GPIO介绍

GPIO是通用输入输出端口的简称，STM32芯片的GPIO引脚与外部设备连接起来，从而实现与外部通信、控制以及数据采集的功能。STM32芯片的GPIO被分成很多组，每组有16个引脚，如型号为STM32F103VET6型号的芯片有GPIOA、GPIOB、GPIOC至GPIOE共5组GPIO，芯片一共100个引脚，其中GPIO就占了一大部分，所有GPIO引脚都有基本的输入输出功能。最基本的输出功能是由STM32控制引脚输出高、低电平，实现开关控制，如把GPIO引脚接入到LED灯，那就可以控制LED灯的亮灭，引脚接入到继电器或三极管，那就可以通过继电器或三极管控制外部大功率电路的通断。最基本的输入功能是检测外部输入电平，如把GPIO引脚连接到按键，通过电平高低区分按键是否被按下。

（2）GPIO的结构

GPIO结构如图1-40所示。

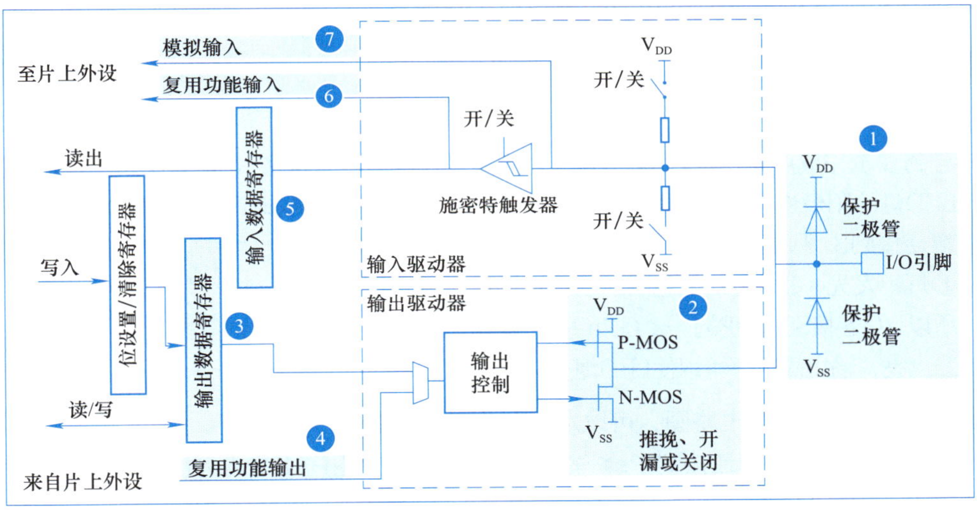

图1-40　GPIO结构框图

（3）GPIO工作模式

GPIO工作模式配置相关的函数API主要位于“stm32f1xx_hal_gpio.c”和“stm32f1xx_hal_gpio.h”文件中。利用HAL库进行应用开发时，各外设的初始化一般通过对初始化结构体的成员赋值来完成。某个GPIO端口的初始化函数原型如下：

```
HAL_GPIO_Init（LED_GPIO_Port，&GPIO_InitStruct）；
```

第一个参数是需要初始化的GPIO端口，对于STM32F103VET6型号来说，取值范围是GPIOA～GPIOE。第二个参数是初始化参数的结构体指针，结构体类型为GPIO_InitTypeDef，其原型定义如下：

```
typedef struct
{
    uint32_t Pin;        //要初始化的GPIO引脚编号
```

```
    uint32_t Mode;      //GPIO引脚的工作模式
    uint32_t Pull;      //GPIO引脚的上拉/下拉形式
    uint32_t Speed;     //GPIO引脚的输出速度
} GPIO_InitTypeDef;
```

接下来主要对GPIO引脚的工作模式“Mode”这个成员进行介绍。GPIO的工作模式主要有以下几种：

- GPIO_MODE_INPUT：输入模式。
- GPIO_MODE_OUTPUT_PP：推挽输出模式。
- GPIO_MODE_OUTPUT_OD：开漏输出模式。
- GPIO_MODE_AF_PP：推挽复用模式。
- GPIO_MODE_AF_OD：开漏复用模式。
- GPIO_MODE_AF_INPUT：复用输入模式。
- GPIO_MODE_ANALOG：模拟量输入模式。

（4）分析LED电路

本任务要求完成点亮1颗LED灯的操作，需要设计LED灯的电路，LED灯的电路图如图1-41所示。LED灯的阳极连接1kΩ电阻（该电阻的取值范围可在几百欧姆到几千欧姆）的一端，电阻另外一端连接到3.3V电源上。当I/O给高电平时二极管截止，LED灯不发光，当I/O给低电平时二极管导通，LED灯发光。所以I/O连接STM32的一个GPIO口，输出低电平可以使LED点亮，输出高电平可以使LED熄灭。

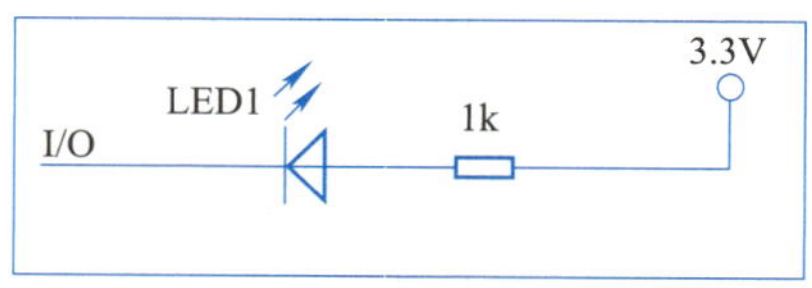

图1-41　LED灯电路图

打开M3核心模块的电路图，可以发现有些引脚没有对外开放，例如，PA8脚连接到了蜂鸣器上，所以不能使用PA8来点亮LED灯。可以使用J5上的PC6来连接LED。

任务准备

任务实施前必须先准备好表1-3所列的设备/资源。

表1-3　设备/资源清单表

序　号	设备/资源名称	数　量	是否准备到位（√）
1	M3核心模块	1	
2	NEWLab实训平台	1	
3	USB转串口线	1	
4	1kΩ电阻	1	
5	LED	1	
6	杜邦线	2	

任务实施

要完成本任务，可以将实施步骤分成以下6步：

- 搭建LED电路。
- 建立工程并生成初始代码。
- 完善代码实现功能。
- 编译程序，生成HEX文件。
- 烧写程序到M3核心模块。
- 观察效果。

具体实施步骤如下：

1. 搭建LED电路

把M3核心模块正确放置到NEWLab实训平台，按照图1-42所示在NEWLab实训平台的面包板上搭建LED电路。为测试电路是否搭建成功，可以先把LED阴极连接到GND，打开NEWLab实训平台电源，如果LED点亮，说明电路正确，再使用杜邦线连接到PC6。搭建好的电路如图1-42所示。

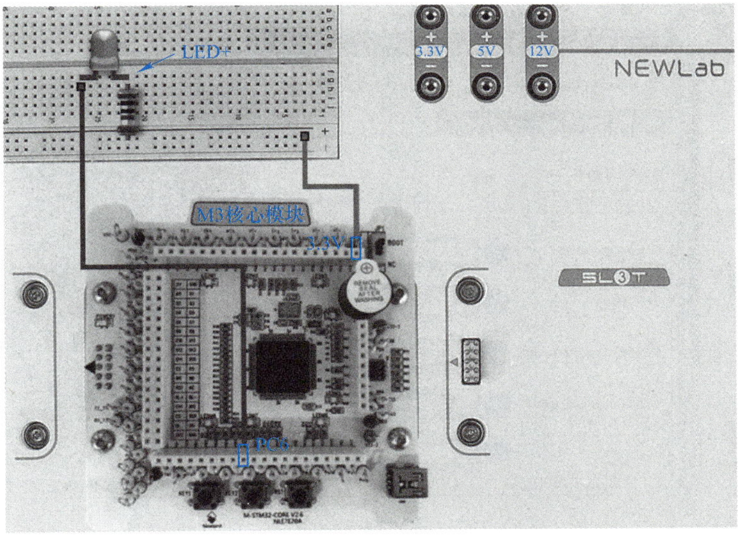

图1-42　点亮LED小灯电路图

2. 建立工程并生成初始代码

（1）建立工程存放的文件夹

在D盘文件夹“STM32_WorkSpace”下新建文件夹“task1-2”用于保存本任务工程。

（2）新建STM32CubeMX工程

参考任务1任务实施。

（3）配置调试端口

参考任务1任务实施。选择“Pinout & Configuration”标签页左侧的“RCC”选项，将MCU的“High Speed Clock”配置为“Crystal/Ceramic Resonator”（晶体/陶瓷谐振器），将MCU的“Low Speed Clock”配置为“Crystal/Ceramic Resonator”。

（4）配置MCU时钟树

参考任务1任务实施相关内容。将HCLK配置为72MHz，PCLK1配置为36MHz，PCLK2配置为72MHz。

（5）配置LED灯相关的GPIO功能

本任务的LED灯与MCU的PC6相连。在STM32CubeMX工具的配置主界面，单击MCU的“PC6”引脚，选择功能“GPIO_Output”，如图1-43标号①所示。

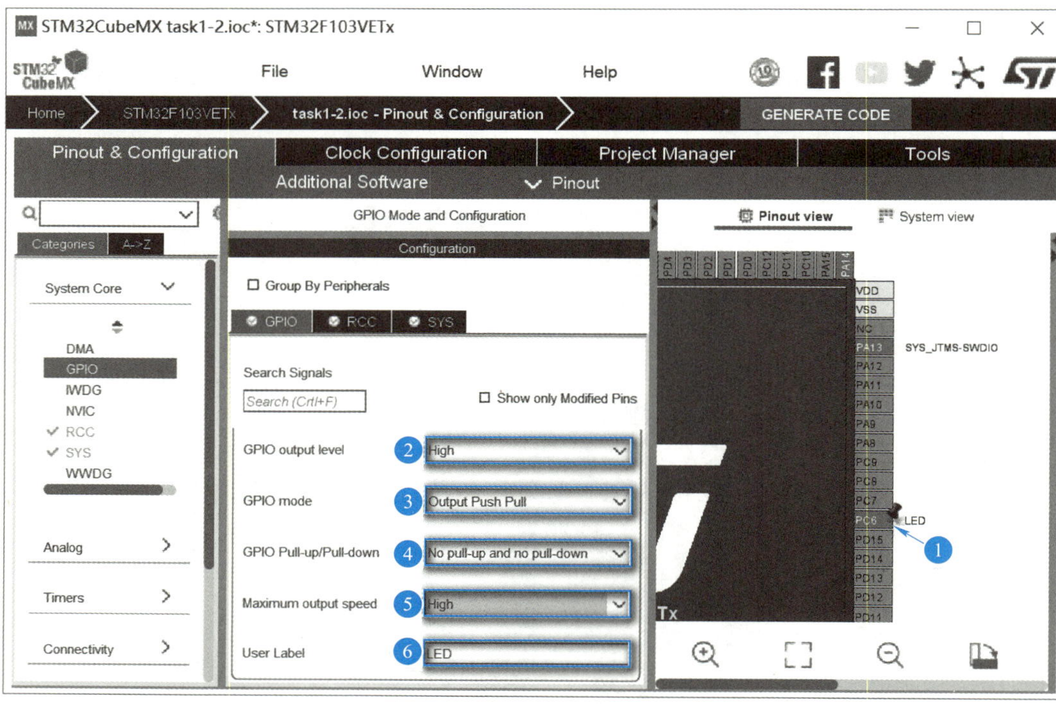

图1-43　LED灯相关的GPIO配置

GPIO功能的其他配置说明如下：

标号②：MCU输出低电平时LED灯亮，因此将GPIO默认的输出电平配置为“High”（高电平）。

标号③：GPIO模式配置为“Output Push Pull”（输出推挽功能）。

标号④：GPIO上拉下拉功能配置为“No pull-up and no pull-down”（无上拉下拉）。

标号⑤：GPIO最大输出速度配置为“High”（高速）。

标号⑥：用户标签分别配置成“LED”。

（6）保存工程并生成初始化代码

按照任务1任务实施。单击“File”菜单，选择“Save Project”选项，然后定位到工程要保存的文件夹，这里使用的是“D:\STM32_WorkSpace\task1-2”，单击“保存”按钮保存STM32CubeMX工程。切换到“Project Manager”标签，按照任务1任务实施进行“C代码生成”与“Project”和“Code Generator”的配置。单击“GENERATE CODE”按钮，即可生成相应的C代码工程。

3. 完善代码实现功能

编写main()函数的主循环程序，如图1-44中标号②所示。

4. 编译程序，生成HEX文件

在编译程序之前需要对C代码工程进行一些配置。因为NEWLab实训平台采用串口ISP下载程序，因此需要生成HEX文件。单击图1-45标号①处图标，切换到“Output”选项卡（图1-45标号②处），确定图1-45标号③处勾选了“Create HEX File”，图1-45标号④处为HEX文件的名称。

关闭Options对话框，单击图1-45标号⑤处的编译按钮进行编译，编译成功后，信息显示窗口会显示图1-46中标号①所示信息。如果编译未通过，则根据提示信息进行相应的排错，直到编译通过。

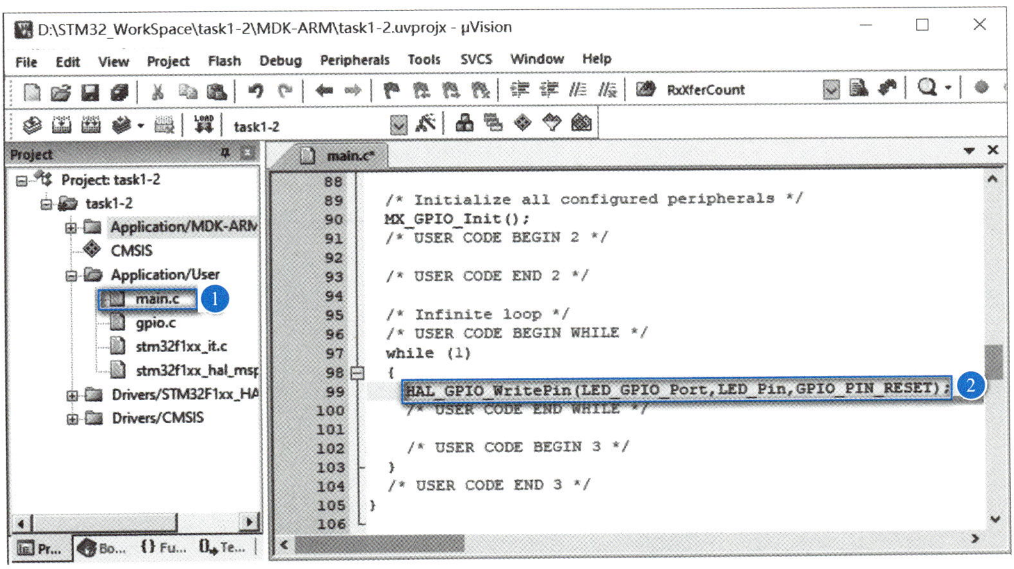

图1-44　主函数中添加代码

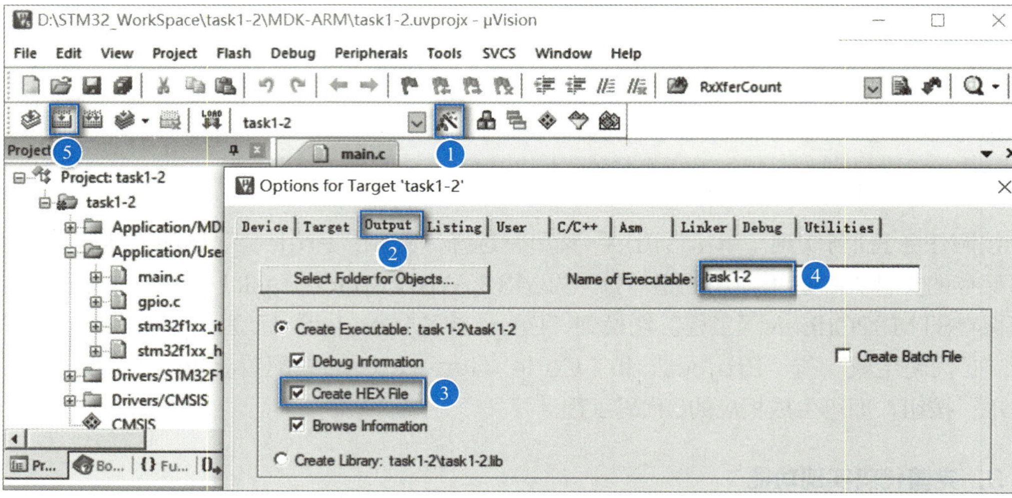

图1-45 Output配置

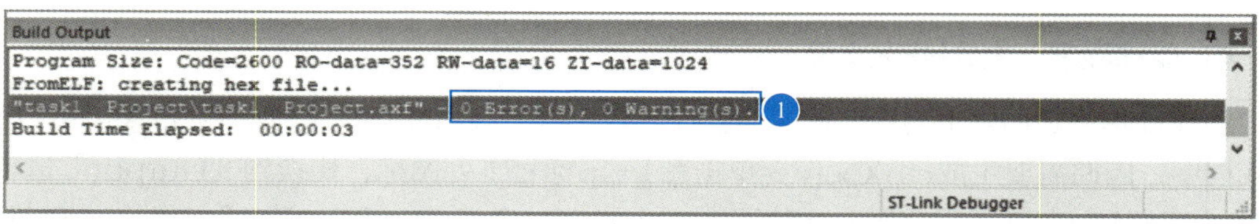

图1-46 编译成功

5. 烧写程序到M3核心模块

（1）安装下载USB串口驱动程序

NEWLab实训平台采用串口ISP下载程序，因此需要使用USB转串口线将PC的USB口连接到试验箱串口。把USB转串口线连到PC上就可自动安装驱动程序，如果没有安装成功，可手动安装驱动。安装好驱动程序后可以在设备管理器查看串口号，如图1-47中标号①处，图中显示的串口号为COM9。

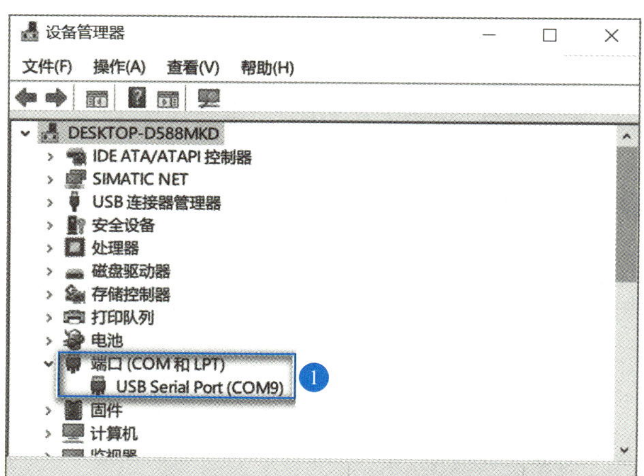

图1-47 查看串口号

（2）安装Flash烧写工具

为了把编译好的程序烧写到STM32芯片内部的Flash中，采用ST公司官方的串行烧写软件程序FlashLoader Demonstrator，最新版本可到ST官网下载。安装如图1-48所示。一直单击“Next”按钮，安装结束，单击“Finish”按钮退出。

图1-48　安装FlashLoader Demonstrator

（3）烧写程序

烧写前先把NEWLab实训平台右上角旋钮旋至“通信模式”，M3核心模块右上角JP1拨到“BOOT”，打开NEWLab实训平台电源。打开FlashLoader Demonstrator，在图1-49中标号①处选择的串口号和图1-47一致，图1-49中为COM9，标号②处选择115200，标号③处选择“Even”。单击“Next”按钮，进入图1-50器件选择界面。

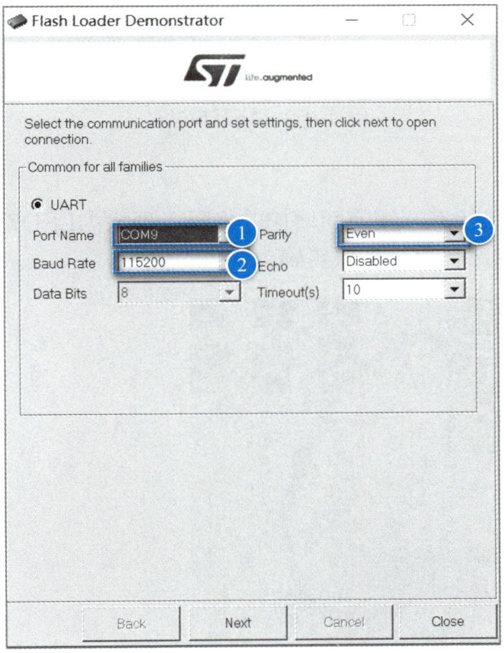

图1-49　通信参数

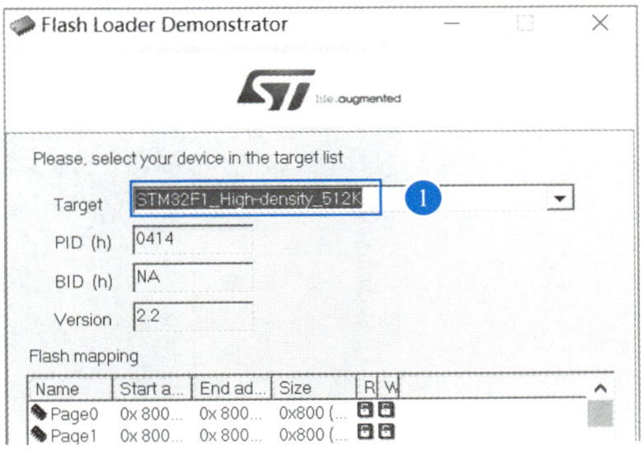

图1-50　器件选择

在图1-50器件选择界面中选择标号①所示器件类型，单击“Next”按钮进入选择烧写文件界面。

在图1-51中单击标号①处选择烧写文件，按前面的工程设置，HEX文件的路径为“用户文件夹\工程文件夹\MDK-ARM\工程名”，本例用户文件夹为“D:\STM32_WorkSpace”，工程名夹为“task1-2”，所以HEX文件路径为“D:\STM32_WorkSpace\task1-2\MDK-ARM\task1-2”，选择“task1-2.hex”，单击“Next”按钮继续，直至出现图1-52所示提示，烧写成功。

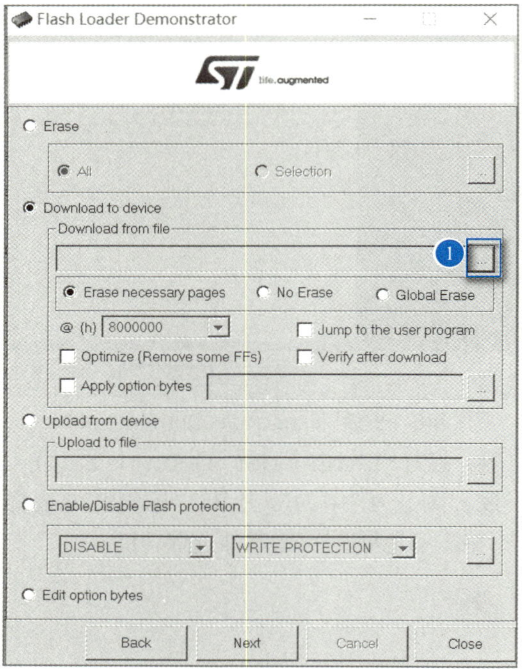

图1–51　选择烧写文件

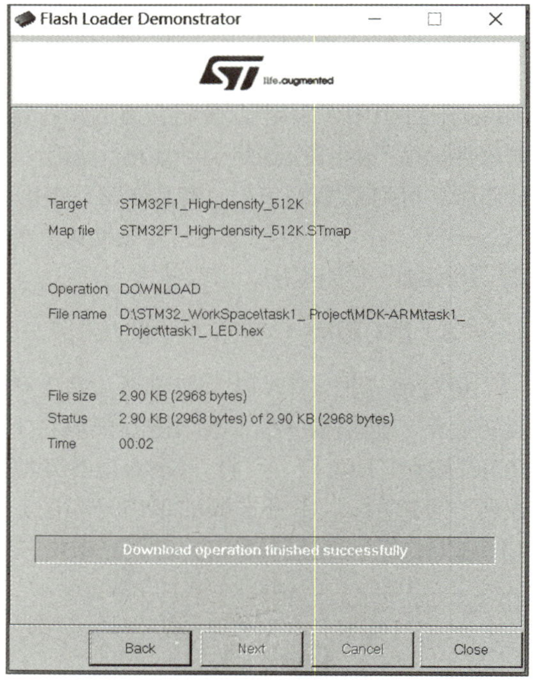

图1–52　烧写成功

6. 观察效果

将JP1拨到“NC”，按下复位按键，观察LED状态，按前面增加的代码，现象为LED灯长亮，如图1–53所示。如果不正确，检查电路和程序，直至现象正确。

图1–53　点亮一盏LED灯效果

任务小结

通过开发环境的搭建，可了解STM32微控制器的基础知识和软件开发模式，并掌握STM32开发环境的搭建方法。任务小结如图1-54所示。

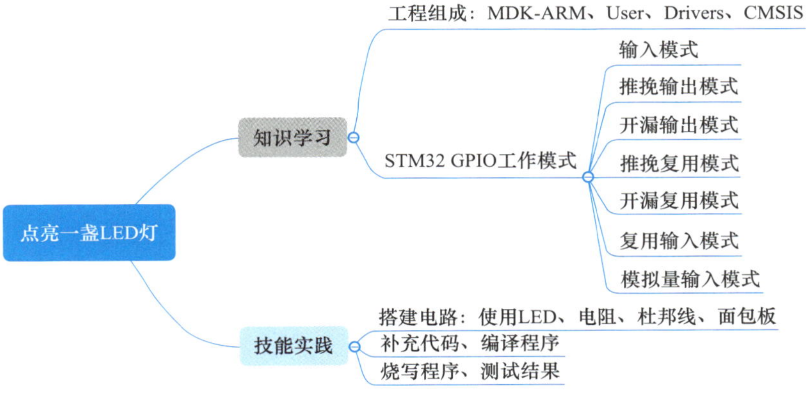

图1-54 任务小结

任务拓展

更换GPIO端口为PC8，控制LED灯长亮。

任务3 制作花样流水灯

职业能力目标

- 能够依据电路图，正确在面包板上搭建电路。
- 能够依据MCU的GPIO驱动技术，正确使用HAL库函数控制端口输出。

任务描述与要求

任务描述： 开幕式现场需要制作流水灯作为装饰，微控制器使用STM32F103VET6，采用4个LED灯实现，LED1亮1s后熄灭，LED2亮1s后熄灭，LED3亮1s后熄灭，LED4亮1s后熄灭，LED1亮1s后熄灭……，以此不断循环。

任务要求：

- 正确搭建LED电路。

- 完成工程的建立和代码的完善。

知识链接

1. 认识GPIO外设接口函数

在stm32f1xx_hal_gpio.c.里定义了8个GPIO口外设接口函数。可分为4类：

- 初始化函数：HAL_GPIO_Init()和HAL_GPIO_DeInit()。
- 控制函数：HAL_GPIO_ReadPin()、HAL_GPIO_WritePin()和HAL_GPIO_TogglePin()。
- 配置函数：HAL_GPIO_LockPin()。
- 中断相关函数：HAL_GPIO_EXTI_IRQHandler()和HAL_GPIO_EXTI_Callback()。

HAL_GPIO_Init在STM32CubeMX生成代码时已经调用，无需再调用。本任务重点介绍HAL_GPIO_WritePin和HAL_GPIO_TogglePin。表1-4为HAL_GPIO_Init说明。

表1-4 HAL_GPIO_Init函数表

函数原型	void HAL_GPIO_Init（GPIO_TypeDef *GPIOx，GPIO_InitTypeDef *GPIO_Init）;
功能描述	引脚初始化
入口参数1	GPIOx：引脚端口号，取值范围是GPIOA～GPIOG
入口参数2	GPIO_Init：指向引脚初始化类型GPIO_InitTypeDef的结构体指针，该结构体包含指定引脚的配置参数
返回值	无
注意事项	该函数可以由STM32CubeMX软件自动生成，不需要用户自己调用

2. 流水灯电路设计

流水灯的电路图如图1-55所示。4个LED灯的阳极分别连接1kΩ电阻（该电阻的取值范围可在几百欧姆到几千欧姆）的一端，电阻另外一端连接到3.3V电源上。当PC6～PC9给高电平时，对应的二极管截止，LED灯不发光，当PC6～PC9给低电平时，对应的二极管导通，LED灯发光。所以只要控制好PC6～PC9的电平变化时序，就可以实现LED流水灯。

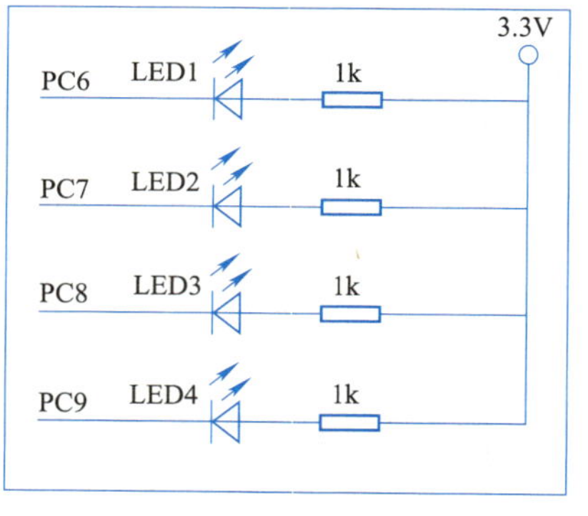

图1-55 流水灯电路图

3. GPIO引脚定义

在“stm32f1xx_hal_gpio.h”文件中给出了引脚的写法，定义如下：

```
#define GPIO_PIN_0          ((uint16_t)0x0001)  /* Pin 0 selected    */
#define GPIO_PIN_1          ((uint16_t)0x0002)  /* Pin 1 selected    */
```

```
#define GPIO_PIN_2          ((uint16_t)0x0004)  /* Pin 2 selected    */
#define GPIO_PIN_3          ((uint16_t)0x0008)  /* Pin 3 selected    */
#define GPIO_PIN_4          ((uint16_t)0x0010)  /* Pin 4 selected    */
#define GPIO_PIN_5          ((uint16_t)0x0020)  /* Pin 5 selected    */
#define GPIO_PIN_6          ((uint16_t)0x0040)  /* Pin 6 selected    */
#define GPIO_PIN_7          ((uint16_t)0x0080)  /* Pin 7 selected    */
#define GPIO_PIN_8          ((uint16_t)0x0100)  /* Pin 8 selected    */
#define GPIO_PIN_9          ((uint16_t)0x0200)  /* Pin 9 selected    */
#define GPIO_PIN_10         ((uint16_t)0x0400)  /* Pin 10 selected   */
#define GPIO_PIN_11         ((uint16_t)0x0800)  /* Pin 11 selected   */
#define GPIO_PIN_12         ((uint16_t)0x1000)  /* Pin 12 selected   */
#define GPIO_PIN_13         ((uint16_t)0x2000)  /* Pin 13 selected   */
#define GPIO_PIN_14         ((uint16_t)0x4000)  /* Pin 14 selected   */
#define GPIO_PIN_15         ((uint16_t)0x8000)  /* Pin 15 selected   */
#define GPIO_PIN_All        ((uint16_t)0xFFFF)  /* All pins selected */
```

GPIO_PIN_6～GPIO_PIN9可通过左移得到。

STM32CubeMX软件在main.h中生成了LED1～LED4引脚的宏定义，定义如下：

```
#define LED1_Pin GPIO_PIN_6
#define LED1_GPIO_Port GPIOC
#define LED2_Pin GPIO_PIN_7
#define LED2_GPIO_Port GPIOC
#define LED3_Pin GPIO_PIN_8
#define LED3_GPIO_Port GPIOC
#define LED4_Pin GPIO_PIN_9
#define LED4_GPIO_Port GPIOC
```

所以LED1～LED4引脚可以使用LEDx_Pin（x：1～4）来表示，端口可以用LEDx_GPIO_Port（x：1～4）来表示。

任务准备

任务实施前必须先准备好表1-5所列的设备/资源。

表1-5　设备/资源清单表

序　　号	设备/资源名称	数　　量	是否准备到位（√）
1	M3核心模块	1	
2	NEWLab实训平台	1	
3	USB转串口线	1	
4	1kΩ电阻	4	
5	LED	4	
6	杜邦线	5	

任务实施

要完成本任务，可以将实施步骤分成以下6步：

- 搭建LED电路。
- 建立工程并生成初始代码。
- 完善代码实现功能。
- 编译程序，生成HEX文件。
- 烧写程序到M3核心模块。
- 观察效果。

具体实施步骤如下：

1. 搭建LED电路

把M3核心模块正确放置到NEWLab实训平台，按照图1-56在NEWLab实训平台的面包板上搭建LED电路，为测试电路是否搭建成功，可以先把LED阴极连接到GND，打开NEWLab实训平台电源，如果LED点亮，说明电路正确，再使用杜邦线连接到PC6～PC9。搭建好的电路如图1-56所示。

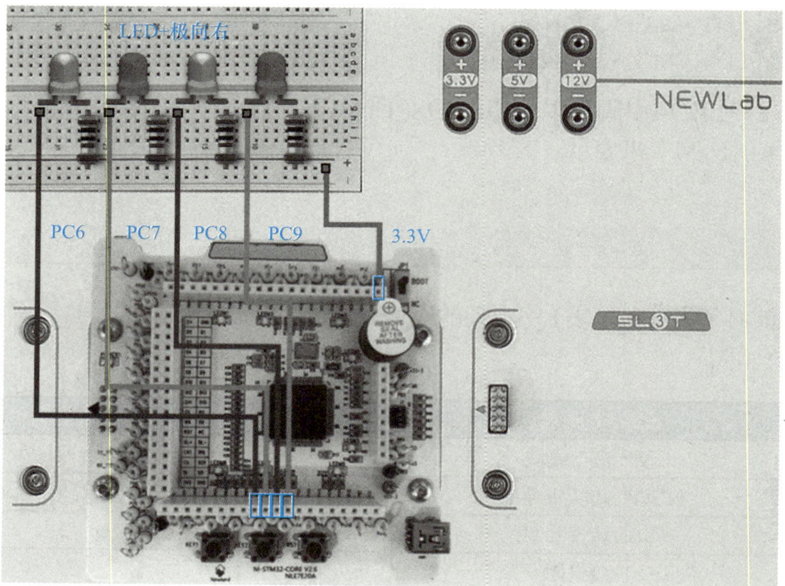

图1-56　电路连线图

2. 建立工程并生成初始代码

（1）建立工程存放的文件夹

在D盘文件夹“STM32_WorkSpace”下新建文件夹“task1-3”用于保存本任务工程。

（2）新建STM32CubeMX工程

参考任务1任务实施。

（3）配置调试端口

参考任务1任务实施。

（4）配置MCU时钟树

参考任务1任务实施相关内容，将HCLK配置为72MHz，PCLK1配置为36MHz，PCLK2配置为72MHz。

（5）配置LED灯相关的GPIO功能

本任务的4个LED灯分别与MCU的PC6～PC9相连。在STM32CubeMX工具的配置主界面，分别单击MCU的“PC6～PC9”引脚，选择功能“GPIO_Output”，如图1-57标号①所示。

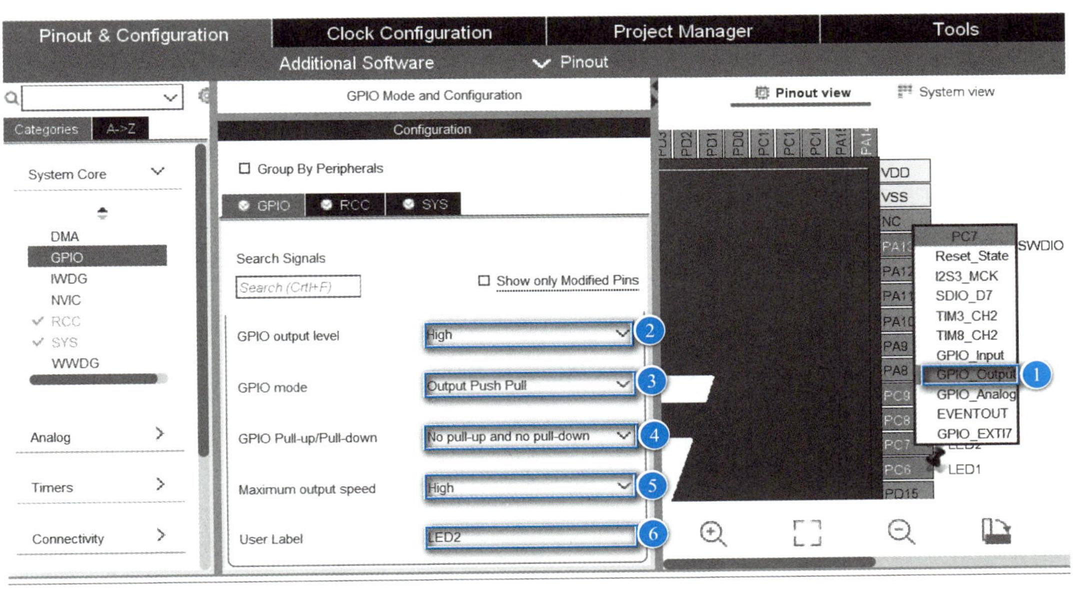

图1-57　LED灯相关的GPIO配置

GPIO功能的其他配置说明如下：

标号②：MCU输出低电平时LED灯亮，因此将GPIO默认的输出电平配置为“High（高电平）”。

标号③：GPIO模式配置为“Output Push Pull”（输出推挽功能）。

标号④：GPIO上拉下拉功能配置为“No pull-up and no pull-down”（无上拉下拉）。

标号⑤：GPIO最大输出速度配置为“High”（高速）。

标号⑥：用户标签分别配置成“LED1～LED4”。

（6）保存工程并生成初始化代码

按照任务1任务实施，单击“File”菜单，选择“SaveProject”选项，然后定位到工程要保存的文件夹，这里使用的是“D:\STM32_WorkSpace\task1-3”，单击“保存”按钮保存STM32CubeMX工程。切换到“Project Manager”标签，按照任务1任务实施进行“C代码生成”与“Project”和“Code Generator”的配置。单击“GENERATE CODE”按钮，即可生成相应的C代码工程。

3. 完善代码实现功能

（1）在main.c中定义公共变量num

```
/* USER CODE BEGIN PV */
 uint16_t num=0x0040;
/* USER CODE END PV */
```

（2）编写main()函数的主循环程序

```
/* USER CODE BEGIN WHILE */
while (1)
{
    HAL_GPIO_WritePin(GPIOC,LED1_Pin|LED2_Pin|LED3_Pin|LED4_Pin,GPIO_PIN_SET);
    HAL_GPIO_WritePin(GPIOC,num,GPIO_PIN_RESET);
    HAL_Delay(1000);
    num=num<<1;
    if(num==0x400)
    num=0x0040;

        /* USER CODE END WHILE */
```

4. 编译程序，生成HEX文件

参考任务2任务实施对工程进行配置，确保编译通过，生成HEX文件。

5. 烧写程序到M3核心模块

参考任务2任务实施，使用FlashLoader Demonstrator工具将HEX文件烧写到M3核心模块。

6. 观察效果

将JP1拨到“NC”，按下复位按键，观察LED状态，按前面增加的代码，现象为LED1亮1s后熄灭，LED2亮1s后熄灭，LED3亮1s后熄灭，LED4亮1s后熄灭，LED1亮1s后熄灭……以此不断循环。如果不正确，检查电路和程序，直至现象正确。

任务小结

通过开发环境的搭建，可了解STM32微控制器的基础知识和软件开发模式，并掌握STM32开发环境的搭建能力。任务小结如图1-58所示。

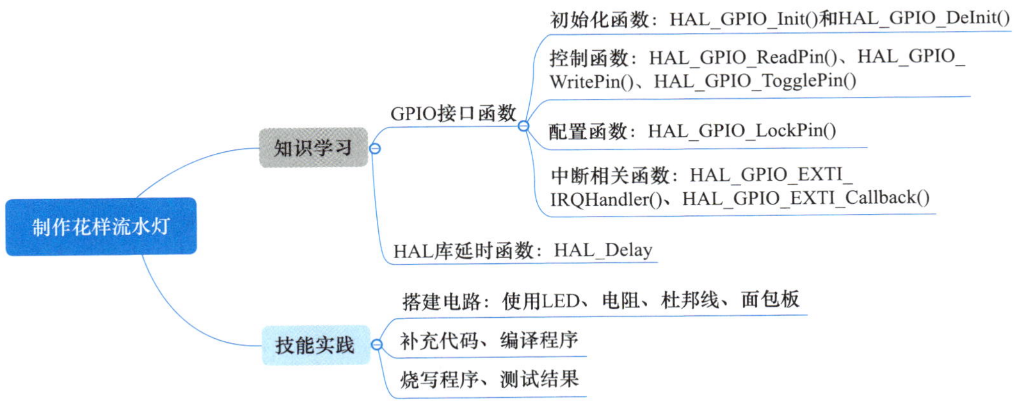

图1-58 任务小结

任务拓展

增加LED的数量为8个，控制8个LED灯每隔0.5s闪烁1次，即LED1亮0.5s后熄灭，LED2亮0.5s后熄灭，……，最后LED8亮0.5s后熄灭，以此不断循环。

项目扩展阅读

与传统光源相比，LED灯具发光效率显著提升。室内灯具中，白炽灯光效约20lm/W（流明/瓦），荧光灯光效约60～80lm/W，LED灯具光效约为110lm/W；室外灯具中，高压钠灯光效75～100lm/W，金卤灯光效60～90lm/W，LED路灯光效130lm/W。“光效越高，对能源的利用率也就越高，所以LED灯是当之无愧的绿色照明的代表。由于LED所具备的独特优势，使得其在照明之外的新应用层出不穷。在非功能性照明领域，我国推动文化旅游、新能源汽车、新型信息显示等举措，将带动LED在显示、车用照明、景观照明等市场持续增长。

“十四五”期间，LED照明将继续替代传统照明，预计到2025年，LED照明产品的在用量将达到86亿只，在用量渗透率也将提高到63.5%，而整体销量渗透率将超过85%。预计“十四五”时期将累计节电1.48万亿度，减少碳排放13.42亿吨。在这样的大背景下，我国LED产业要加快推进“中国制造向中国创造转变，中国速度向中国质量转变，中国产品向中国品牌转变”。

Project 2

项目2

制作柜台报警系统

引导案例

2022年2月21日，某城银行突然出现一个劫匪，工作人员第一时间按下柜台下方的一键报警按纽，如图2-1所示。收到报警的警务人员，立刻连线接通并上报给了指挥中心，半小时后，通过高效、准确的命令下达与执行，成功抓捕了劫匪。本项目将制作简易报警系统。

图2-1　银行一键报警按钮示例

任务1 用轮询方式实现一键报警

职业能力目标

- 能根据功能需求，正确添加代码，使用STM32实现按键检测。
- 能根据功能需求，正确添加代码，使用GPIO驱动蜂鸣器发声。

扫码观看视频

任务描述与要求

任务描述：用轮询方式实现一键报警，当检测到按下按键时蜂鸣器发声，抬起按键时蜂鸣器停止发声。

任务要求：

- 正确使用轮询方式检测按键。
- 正确进行按键消抖。
- 使用方波驱动蜂鸣器发声。

知识链接

1. STM32 GPIO端口的数据输入功能

（1）GPIO端口位的数据输入通道

STM32的I/O引脚有4个功能，分别是输入、输出、复用和模拟信号输入/输出。

如图2-2所示，阴影部分为STM32的GPIO端口位的数据输入通道框图。

（2）GPIO端口输入配置及上/下拉电阻使能

在使用I/O端口的输入功能时要先配置I/O端口为输入，然后配置使用上拉电阻还是下拉电阻。接下来以图2-3为例来讨论什么时候采用上拉电阻和什么时候采用下拉电阻。

在图2-3中，按键及其左边是处理器外部电路，按键右边是处理器内部的上/下拉控制电路，当S1闭合时为上拉使能，当S2闭合时为下拉使能。图2-4为KEY接高电平电路图。

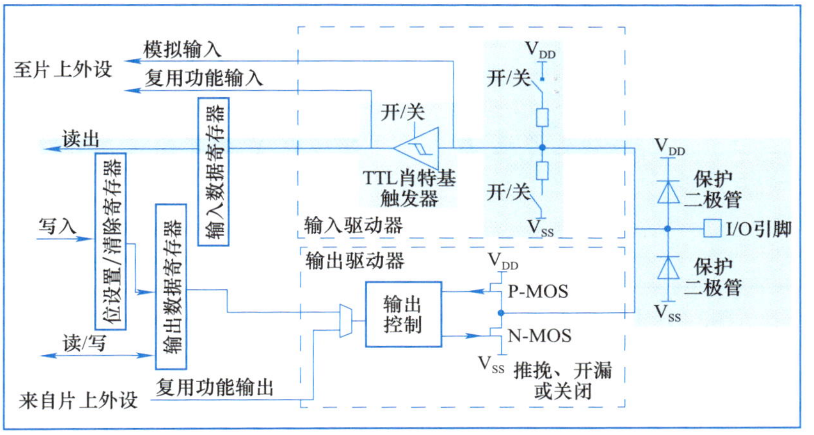

图2-2　GPIO端口位的数据输入通道框图

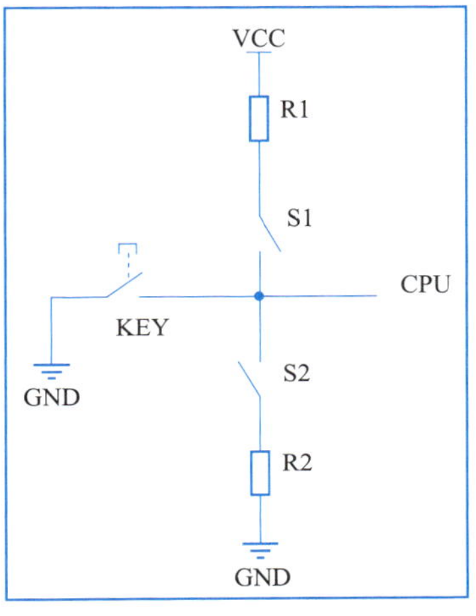

图2-3　KEY接低电平电路图

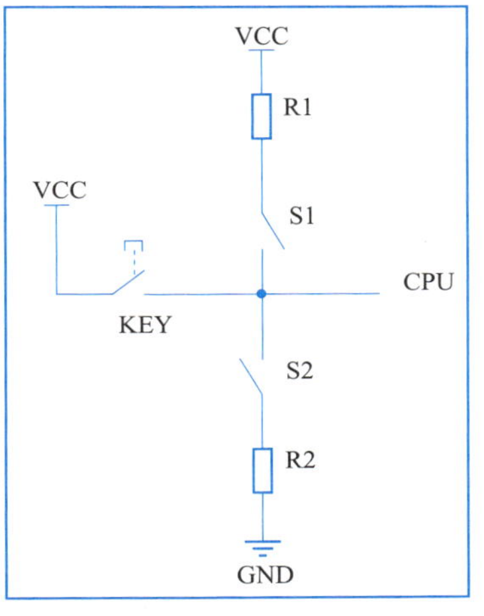

图2-4　KEY接高电平电路图

2. 按键状态的判断

按键机械触点断开、闭合时，由于触点的弹性作用，按键开关不会马上稳定接通或一下子断开，就会产生带波纹信号。

假设按键电路如图2-5所示，按键左侧接地，右侧接处理器的PC13引脚，同时这一端接一个上拉电阻。当电路中的按键被按下时，PC13端电信号变化过程如图2-6所示，按键没有被按下时，PC13端通过上拉电阻与高电平相连，此时PC13端为高电平；当按键被按下时按键所在电路的电平先抖动然后趋于稳定，稳定时为低电平，弹起时也会有抖动然后才稳定。

3. 蜂鸣器电路

蜂鸣器按结构方式可分为压电式蜂鸣器和电磁式蜂鸣器。压电式蜂鸣器为压电陶瓷片发音，电流比较小一些，电磁式蜂鸣器为线圈通电振动发音，体积比较小。

如图2-7所示，给PA8_BUZZ引脚一个高电平，蜂鸣器就会直接响。而无源蜂鸣器内部是不带振荡源的，要让它响必须给500Hz～4.5kHz之间的脉冲频率信号驱动才会响。

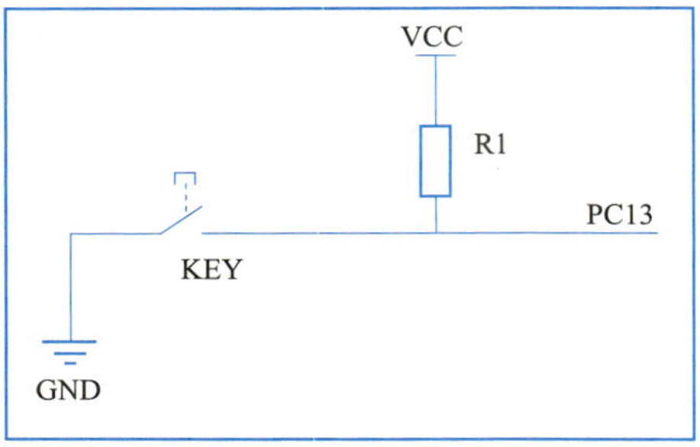

图2-5　按键电路

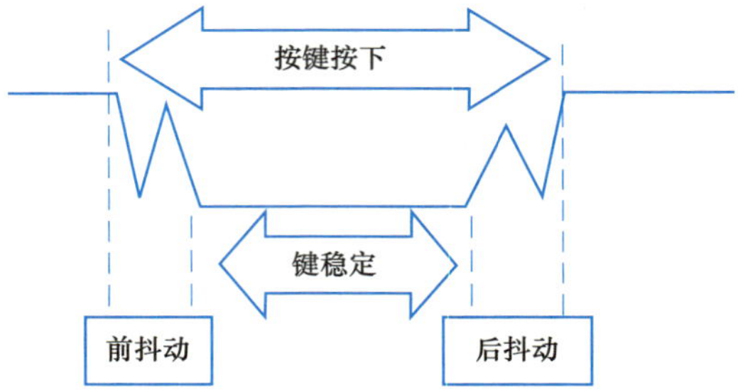

图2-6　按键抖动过程

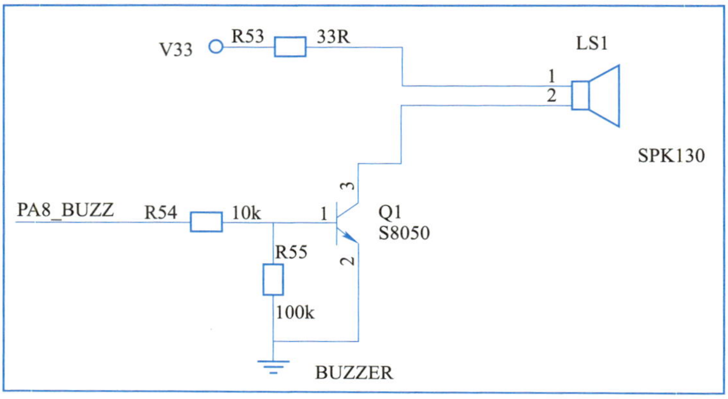

图2-7　蜂鸣器电路

4. 按键轮询控制蜂鸣器发声时序分析

本任务要使用1个按键控制蜂鸣器的状态，所以需要完成按键的检测和蜂鸣器的控制。按键的检测采用轮询的方式，即在主程序里不断查询按键状态，如果按下按键，给蜂鸣器方波信号，控制蜂鸣器发声；如果抬起按键，控制蜂鸣器停止发声。本任务方波信号的频率设置为500Hz。

5. 代码分析

按键电路如图2-8所示，按键连接在PC13引脚上，则检测按键状态使用的语句是：

```
HAL_GPIO_ReadPin(GPIOC,GPIO_PIN_13);
```

如图2-8所示，M3核心模块上的按键电路带硬件消抖功能，它利用电容C1充放电的延时消除了波纹，从而简化软件的处理，软件只需要直接检测引脚PC13_KEY1的电平即可。按键在没有被按下的时候，PC13_KEY1引脚的输入状态为高电平（按键所在的电路不通，PC13_KEY1引脚接V33），当按键按下时，PC13_KEY1引脚的输入状态为低电平（按键所在的电路导通，PC13_KEY1引脚接地）。只需判断读到的状态是否为低电平，即可确定

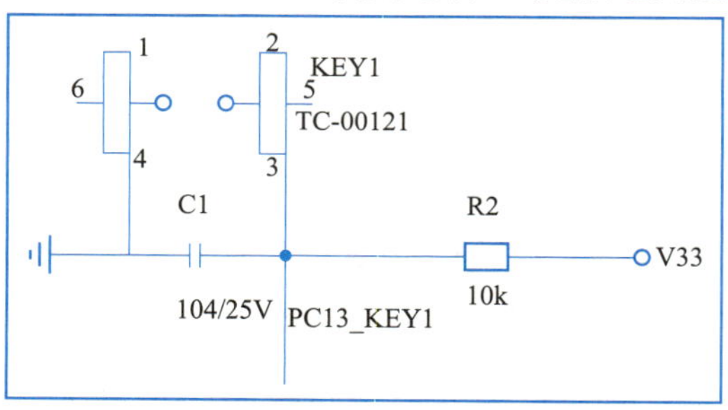

图2-8　M3核心模块上的按键电路图

按键是否被按下。

500Hz的方波如图2-9所示，1ms的时间在本任务采用延时的方法。每隔1ms输出I/O口翻转一次。蜂鸣器电路如图2-7所示，所以使用的语句为：

```
HAL_GPIO_TogglePin(GPIOA, GPIO_Pin_8);
```

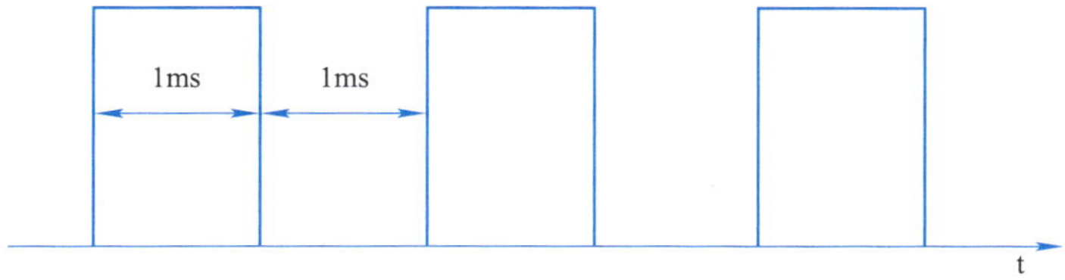

图2-9　500Hz方波信号

任务准备

任务实施前必须先准备好表2-1所列的设备/资源。

表2-1　设备/资源清单表

序　号	设备/资源名称	数　量	是否准备到位（√）
1	M3核心模块	1	

任务实施

要完成本任务，可以将实施步骤分成以下5步：

- 建立工程并生成初始代码。
- 完善代码实现功能。
- 编译程序，生成HEX文件。
- 烧写程序到STM32F103VET6。
- 测试效果。

具体实施步骤如下：

1. 建立工程并生成初始代码

（1）建立工程存放的文件夹

在D盘文件夹“STM32_WorkSpace”下新建文件夹“task2-1”用于保存该任务的工程。

（2）新建STM32CubeMX工程

参考项目1中任务1的任务实施，选择MCU型号为STM32F103VETx。

（3）配置调试端口

参考项目1中任务1的任务实施。

（4）配置MCU时钟树

参考项目1任务1任务实施相关内容，将HCLK配置为72MHz，PCLK1配置为36MHz，PCLK2 配置为72MHz。

（5）配置按键相关的GPIO功能

该任务的1个按键连接在PC13，蜂鸣器连接在PA8。在STM32CubeMX工具的配置主界面，单击MCU的“PC13”引脚，选择功能“GPIO_Input”，如图2-10标号①所示。由于外部电路已经连接上拉电阻，内部不需要上拉、下拉，如标号②所示。用户标号设为KEY1，如标号③所示。

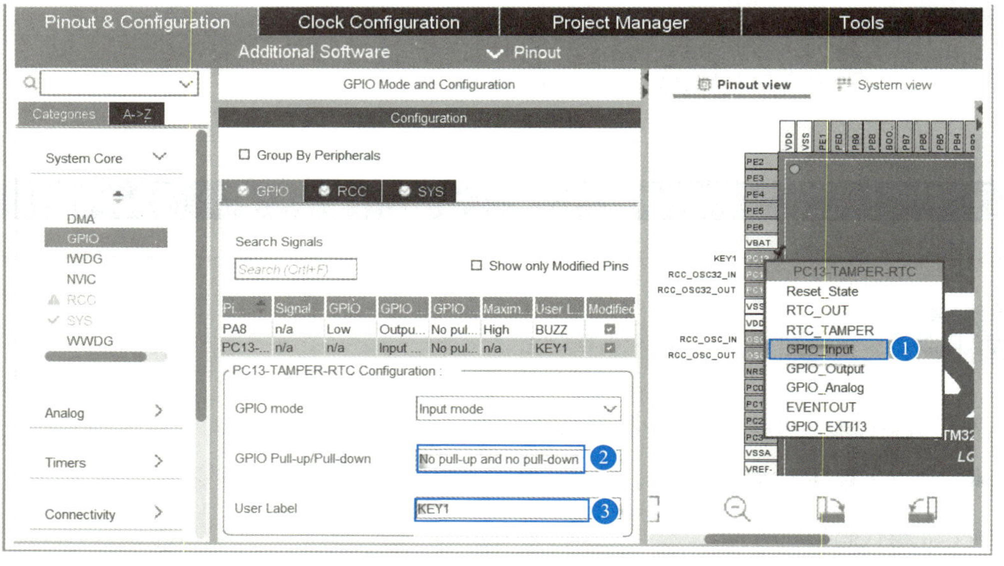

图2-10　按键相关的GPIO配置

（6）配置蜂鸣器相关的GPIO功能，如图2-11所示。

- 标号①：单击MCU的“PA8”引脚，选择功能为“GPIO_Output”。
- 标号②：MCU 输出低电平时蜂鸣器不鸣叫，因此将GPIO默认的输出电平配置为“Low”（低电平）。
- 标号③：GPIO模式配置为“Output Push Pull”（输出推挽功能）。
- 标号④：GPIO上拉下拉功能配置为“No pull-up and no pull-down”（无上拉下拉）。
- 标号⑤：GPIO 最大输出速度配置为“High”（高速）。
- 标号⑥：用户标签分别配置成“BUZZ”。

（7）保存STM32CubeMX工程

按照项目1任务1任务实施，单击“File”菜单，选择“Save Project”选项，然后定位到工程要保存的文件夹，这里使用的是“D:\STM32_WorkSpace\task2-1”，单击“保存”按钮保存STM32CubeMX工程。

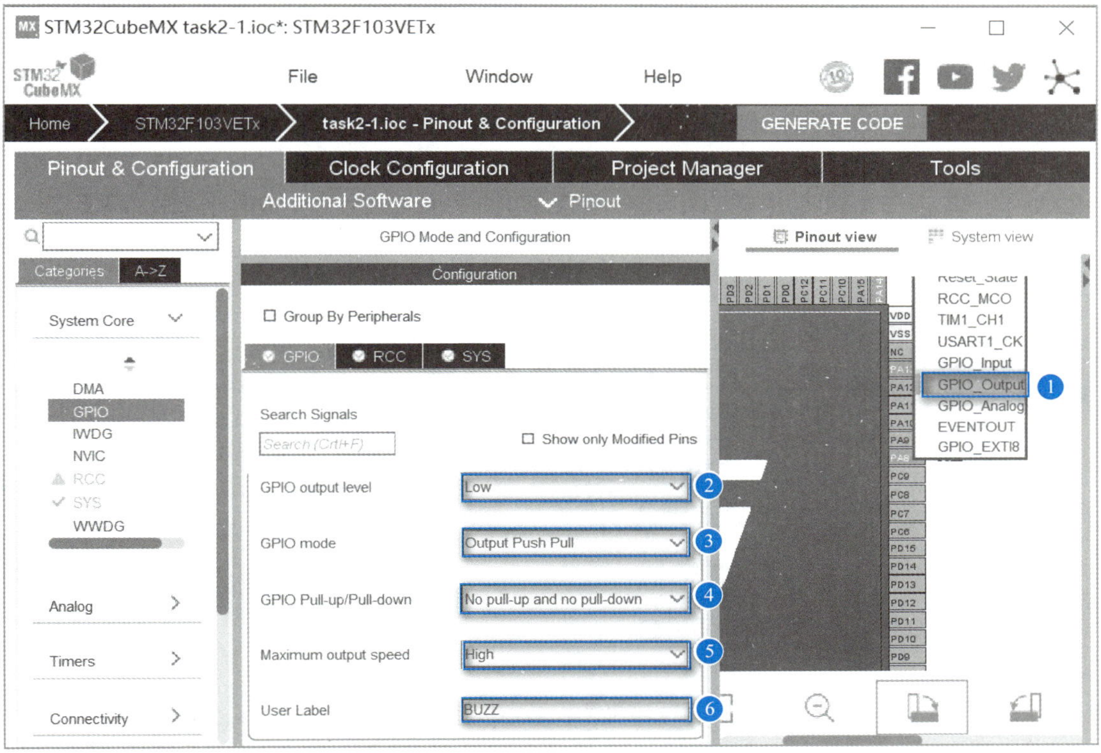

图2–11　蜂鸣器相关的GPIO配置

（8）生成初始C代码工程

切换到“Project Manager”标签，按照项目1任务1任务实施进行“C代码生成”与“Project”和“Code Generator”的配置。单击“GENERATE CODE”按钮，即可生成相应的C代码工程。

2. 完善代码实现功能

在main()函数的“USER CODE BEGIN WHILE”和“USER CODE END WHILE”之间添加代码段。

```
/* USER CODE BEGIN WHILE */
while (1)
{
if(HAL_GPIO_ReadPin(GPIOC,GPIO_PIN_13)==GPIO_PIN_RESET)
{
        HAL_GPIO_TogglePin(GPIOA,GPIO_PIN_8);
}
```

```
else
{
        HAL_GPIO_WritePin(GPIOA,GPIO_PIN_8,GPIO_PIN_RESET);
}
HAL_Delay(1);
    /* USER CODE END WHILE */
```

3. 编译程序，生成HEX文件

在编译程序之前需要对C代码工程进行一些配置。因为NEWLab实训平台采用串口ISP下载程序，因此需要生成HEX文件。单击图2-12中的标号①图标，切换到“Output”选项卡（标号②处），确定标号③处勾选了“Create HEX File”，标号④处为生成的.hex文件名称。

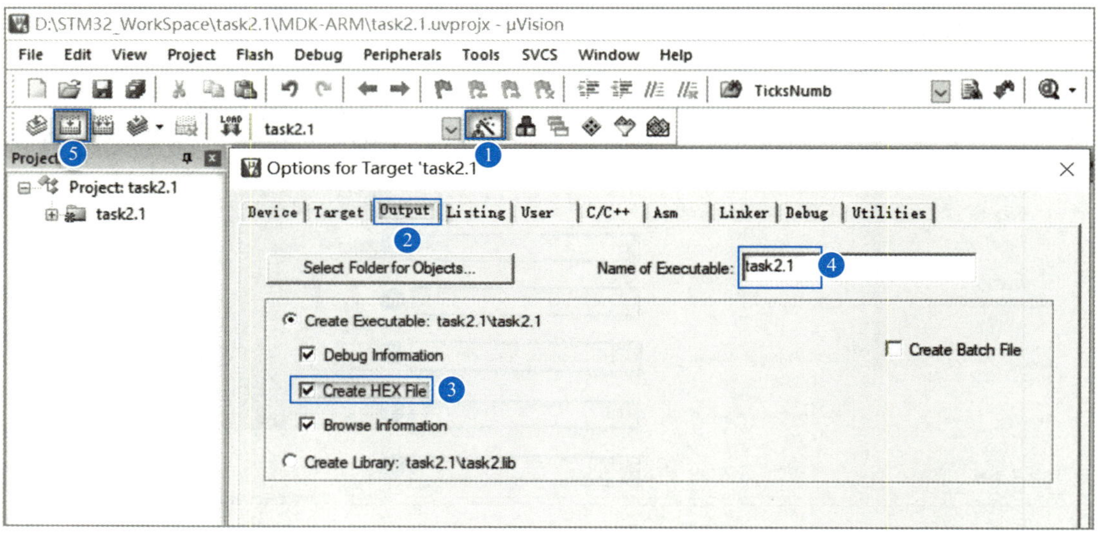

图2-12　Output配置

关闭“Options”对话框，单击标号⑤处的编译按钮进行编译，编译成功后，信息显示窗口会显示图2-13中标号①所示的信息。如果编译未通过，则根据提示信息进行相应的排错，直到编译通过。

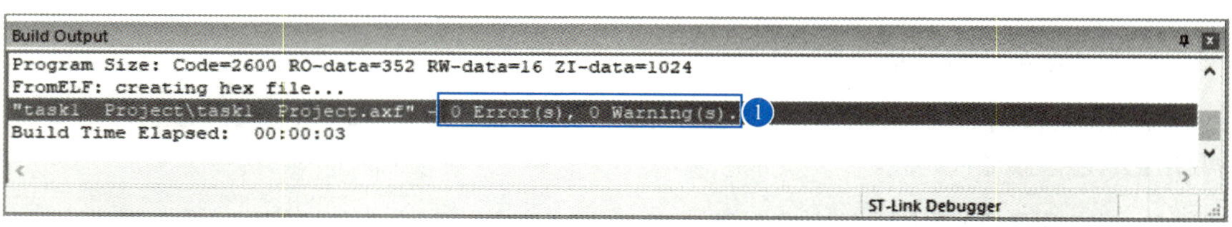

图2-13　编译成功

4. 烧写程序到STM32F103VET6

参考项目1中任务2的任务实施部分，完成固件下载。

HEX文件的路径为“D:\STM32_WorkSpace\task2-1\MDK-ARM\task2-1\

task2-1.hex”。

5. 测试效果

将JP1拨到“NC”，按下复位按键，蜂鸣器不鸣叫，按下按键KEY1，蜂鸣器鸣叫，释放按键，蜂鸣器停止鸣叫。

任务小结

通过蜂鸣器发声的实验，读者可了解STM32微控制器如何驱动蜂鸣器发声，并掌握相关的代码编写能力。任务小结如图2-14所示。

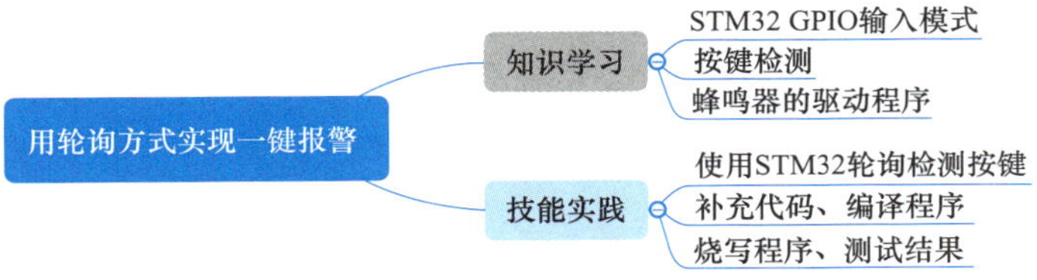

图2-14　任务小结

任务拓展

M3核心模块上的按键KEY2电路如图2-15所示，尝试使用轮询方式检测按键KEY2，按下按键KEY2蜂鸣器发声，按键KEY2抬起，蜂鸣器停止发声。

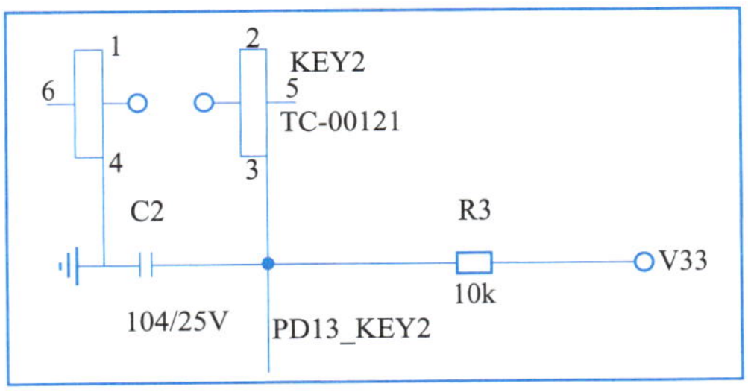

图2-15　KEY2电路图

任务2　用中断方式实现一键报警

职业能力目标

- 能根据功能需求，使用STM32外部中断，实现外部中断检测一键报警。

任务描述与要求

任务描述：用中断方式检测一键报警，当检测到按下按键时蜂鸣器发声，抬起按键时蜂鸣器停止发声。

任务要求：

- 正确使用外部中断方式检测按键。
- 使用方波驱动蜂鸣器发声。

知识链接

1. STM32中断和异常

（1）中断概述

中断是处理器具有多任务处理能力的一个重要技术。它是指处理器在执行某一程序的过程中，由于系统中出现了某种急需处理的情况，必须停止原程序的执行，转去执行相应的处理程序，待处理结束后，再回来继续执行被停止原程序的过程。

（2）STM32中断概述

STM32F103在内核水平上搭载了一个异常响应系统，支持为数众多的系统异常和外部中断。其中系统异常有8个（如果把Reset和HardFault也算上的话就是10个），外部中断有60个。表2-2列出了系统异常清单，表2-3列出了0～16号外部中断清单，17～59号请参考STM32F10xxx参考手册。

表2-2　STM32F10x系统异常清单

优先级	优先级类型	名称	说明	地址
–	–	–	保留	0x0000_0000
-3	固定	Reset	复位	0x0000_0004
-2	固定	NMI	不可屏蔽中断 RCC时钟安全系统（CSS）连接到NMI向量	0x0000_0008
-1	固定	硬件失效（HardFault）	所有类型失效	0x0000_000C
0	可设置	存储管理（MemManage）	存储器管理	0x0000_0010
1	可设置	总线错误（BusFault）	预取指失效，存储器访问失败	0x0000_0014
2	可设置	错误应用（UsageFault）	未定义的指令或非法状态	0x0000_0018
–	–	–	保留	0x0000_001C ~0x0000_002B
3	可设置	SVCall	通过SWI指令的系统服务调用	0x0000_002C
4	可设置	调试监控（DebugMonitor）	调试监控器	0x0000_0030

（续）

优先级	优先级类型	名称	说明	地址
–	–	–	保留	0x0000_0034
5	可设置	PendSV	可挂起的系统服务	0x0000_0038
6	可设置	SysTick	系统嘀嗒定时器	0x0000_003C

表2-3　STM32F10x外部中断部分清单

位置	优先级	优先级类型	名　　称	说　　明	地　　址
0	7	可设置	WWDG	窗口定时器中断	0x0000_0040
1	8	可设置	PVD	连到EXTI的电源电压检测（PVD）中断	0x0000_0044
2	9	可设置	TAMPER	侵入检测中断	0x0000_0048
3	10	可设置	RTC	实时时钟（RTC）全局中断	0x0000_004C
4	11	可设置	FLASH	闪存全局中断	0x0000_0050
5	12	可设置	RCC	复位和时钟控制（RCC）中断	0x0000_0054
6	13	可设置	EXT10	EXTI线0中断	0x0000_0058
7	14	可设置	EXT11	EXTI线1中断	0x0000_005C
8	15	可设置	EXT12	EXTI线2中断	0x0000_0060
9	16	可设置	EXT13	EXTI线3中断	0x0000_0064
10	17	可设置	EXT14	EXTI线4中断	0x0000_0068
11	18	可设置	DMA1通道1	DMA1通道1全局中断	0x0000_006C
12	19	可设置	DMA1通道2	DMA1通道2全局中断	0x0000_0070
13	20	可设置	DMA1通道3	DMA1通道3全局中断	0x0000_0074
14	21	可设置	DMA1通道4	DMA1通道4全局中断	0x0000_0078
15	22	可设置	DMA1通道5	DMA1通道5全局中断	0x0000_007C
16	23	可设置	DMA1通道6	DMA1通道6全局中断	0x0000_0080

（3）NVIC简介

NVIC（Nested Vectored Interrupt Controller，嵌套向量中断控制器）属于M3内核的一个外设，控制着芯片的中断相关功能。

STM32支持16级优先级，使用4位表示，分组方式如下：

- 第0组：所有4位用于指定子优先级。
- 第1组：最高1位用于指定抢占式优先级，最低3位用于指定子优先级。
- 第2组：最高2位用于指定抢占式优先级，最低2位用于指定子优先级。
- 第3组：最高3位用于指定抢占式优先级，最低1位用于指定子优先级。
- 第4组：所有4位用于指定抢占式优先级。

STM32CubeMX在初始化的时候默认优先级分组为第4组，如图2-16中标号②所示，即有0～15，共16级抢占优先级，没有子优先级。编号越小的优先级越高：0号为最高，15号为最低。标号③处是抢占优先级，标号④处是子优先级。可根据需要修改优先级组、抢占优先级和子优先级。

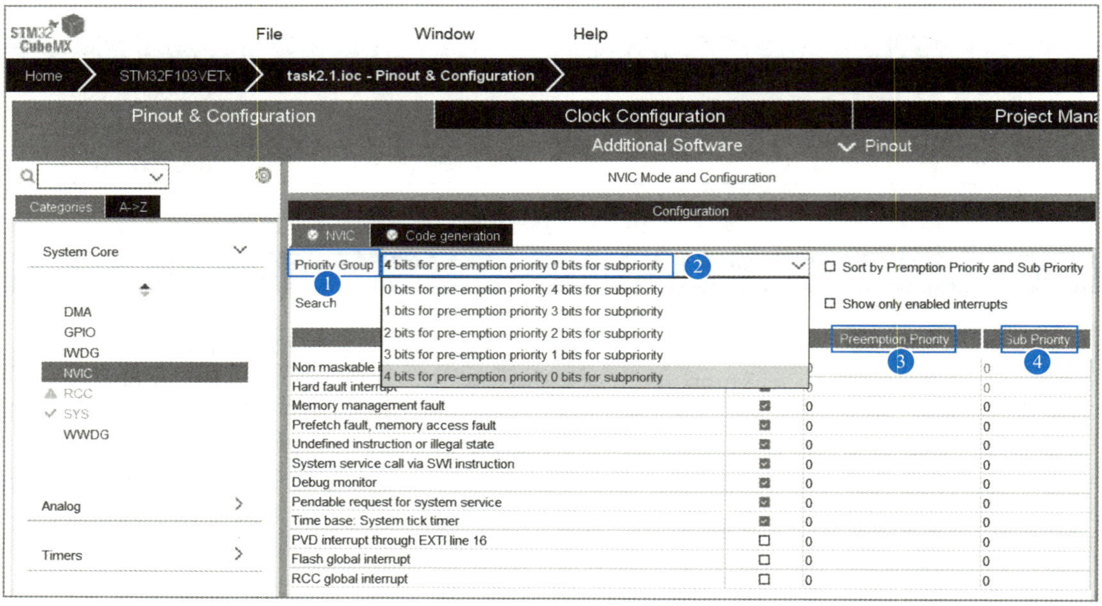

图2-16　NVIC中断优先级设置

2. STM32外部中断/事件控制器

中断与GPIO映射关系如图2-17所示。尾号相同的引脚一组，接入1个外部中断线，同组引脚只能有一个设置为外部中断功能。EXTI0～EXTI4分别具有独立的中断通道，EXTI5～EXTI9共享同一个中断通道，EXTI10～EXIT15共享同一个中断通道。

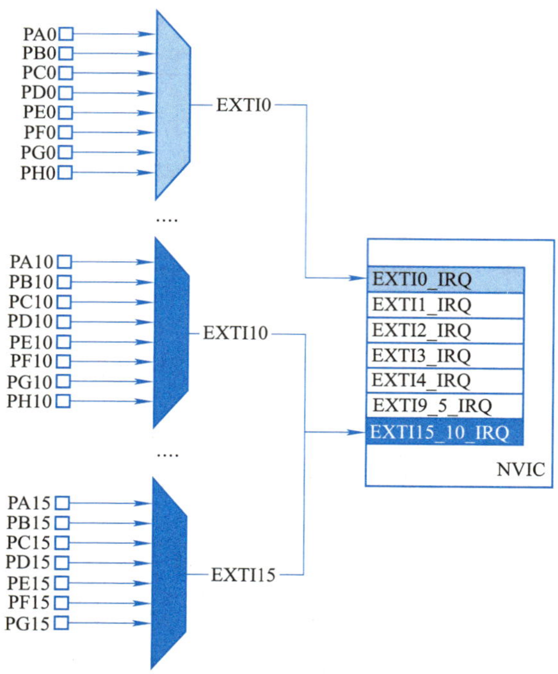

图2-17　中断线与GPIO映射示意图

3. HAL库对中断的封装处理

HAL库统一规定处理各个外设的中断服务程序的名称为HAL_PPP_IRQHandler，其中PPP代表外设的名称。在中断服务程序HAL_PPP_IRQHandler中完成了中断标志的判断和清除，用户不需要手动清除。将中断中需要执行的操作以回调函数的形式提供给用户使用，用户只需要编写回调函数。

如图2-18中标号②和标号③所示为外部中断线0的中断服务程序入口地址和外部中断线5~9的共用中断服务程序入口地址。

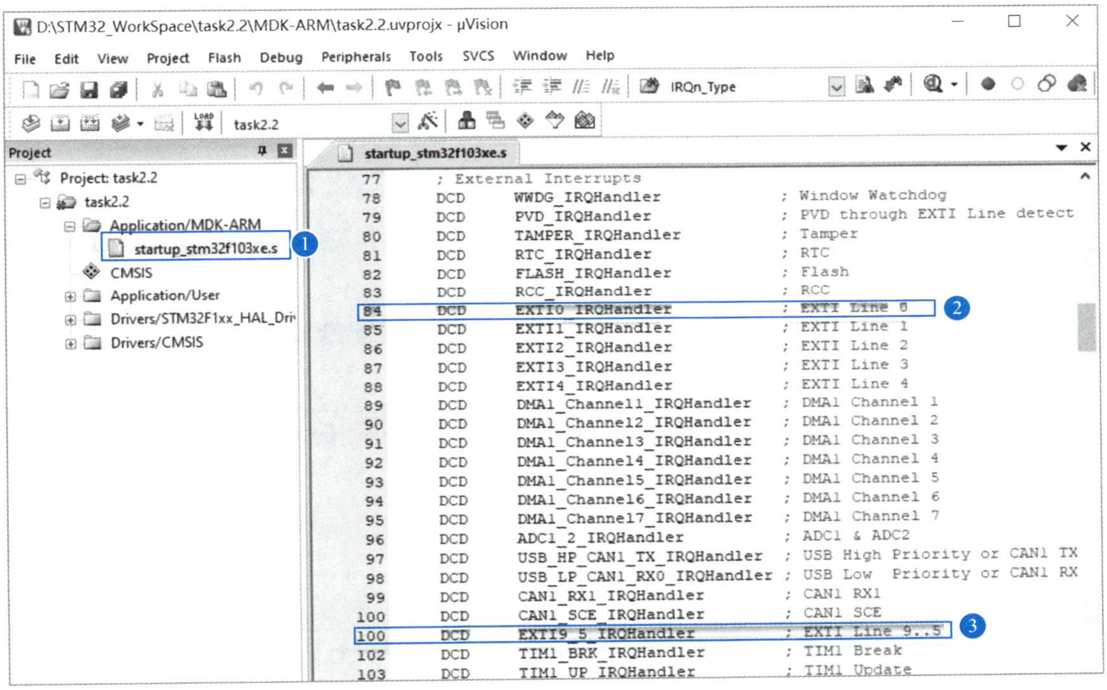

图2-18　启动文件中断向量表

4. STM32外部中断处理流程

STM32外部中断处理流程可以分为4步：

（1）中断跳转

跳转到该中断所对应的中断服务程序。

（2）执行中断服务程序

执行在stm32f1xx_it. c中对应的中断服务程序。

（3）外部中断通用处理函数

中断服务程序会调用外部中断通用处理函数，判断中断标志并清除，调用外部中断回调函数。

（4）执行用户编写的回调函数

完成具体的中断任务处理。

该程序在图2-19标号①所示的stm32f1xx_it. c文件中，如标号②所示。在中断服务程序里调用外部中断通用处理函数HAL_GPIO_EXTI_IRQHandler，如标号③所示。外部中断通用处理函数是所有外部中断服务程序共用的处理函数。HAL_GPIO_EXTI_IRQHandler的定义在图2-20中标号①处的stm32f1xx_hal_gpio. c文件中，如标号②所示。在函数内部首先检测中断标志，如果中断标志置位，则清除中断标志，然后调用回调函数，完成具体的中断处理任务。

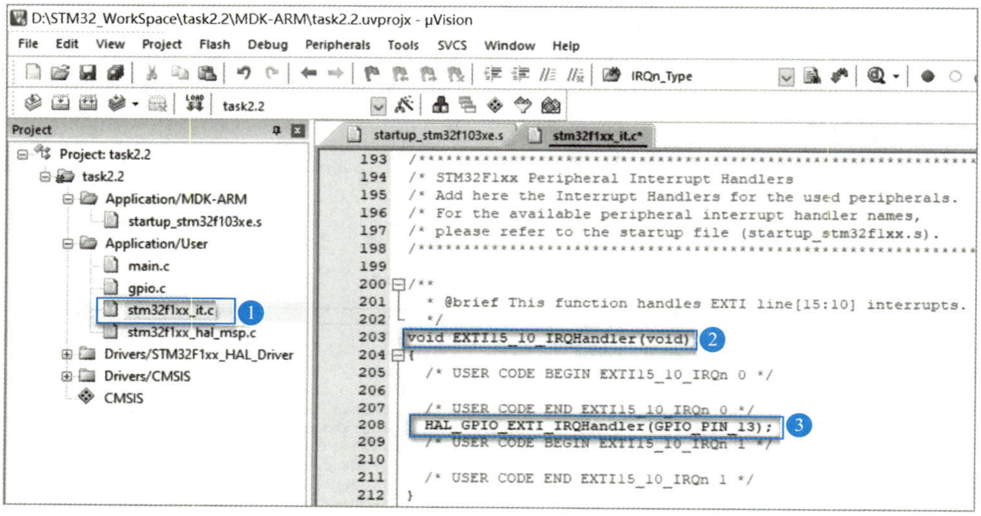

图2-19　中断服务程序

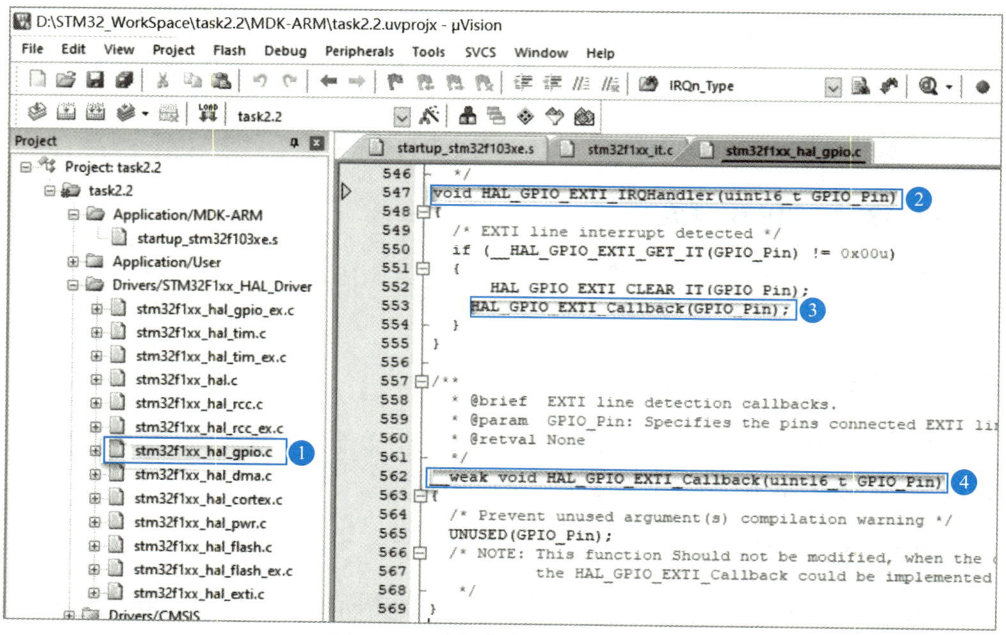

图2-20　外部中断通用处理函数

STM32CubeMX自动生成的回调函数的属性定义为“weak”，如图2-20标号④处所示。weak属性的函数表示，如果该函数没有在其他文件中定义，则使用该函数；如果用户定义了该函数，则使用用户定义的函数。所以用户的任务是编写回调函数。

任务准备

任务实施前必须先准备好表2-4所列的设备/资源。

表2-4　设备/资源清单表

序　号	设备/资源名称	数　量	是否准备到位（√）
1	M3核心模块	1	

任务实施

要完成本任务，可以将实施步骤分成以下5步：

- 建立工程并生成初始代码。
- 完善代码实现功能。
- 编译程序，生成HEX文件。
- 烧写程序到STM32F103VET6。
- 测试效果。

具体实施步骤如下：

1. 建立工程并生成初始代码

（1）建立工程存放的文件夹

在D盘文件夹“STM32_WorkSpace”下新建文件夹“task2-2”用于保存本任务工程。

（2）新建STM32CubeMX工程

参考项目1任务1任务实施，选择MCU型号为STM32F103VETx。

（3）配置调试端口

参考项目1任务1任务实施。

（4）配置MCU时钟树

参考项目1任务1任务实施相关内容，将HCLK配置为72MHz，PCLK1配置为36MHz，PCLK2 配置为72MHz。

（5）配置按键相关的GPIO功能

本任务的1个按键连接在PC13，蜂鸣器连接在PA8。在STM32CubeMX工具的配置主界面，单击MCU的“PC13” 引脚，选择功能“GPIO_EXTI13”，如图2-21标号①所示。设置外部中断触发方式为上升沿和下降沿，如图2-21标号②所示。由于外部电路已经连接上拉电阻，内部不需要上拉、下拉，如图2-21标号③所示。用户标号设为KEY1，如图2-21标号④所示。

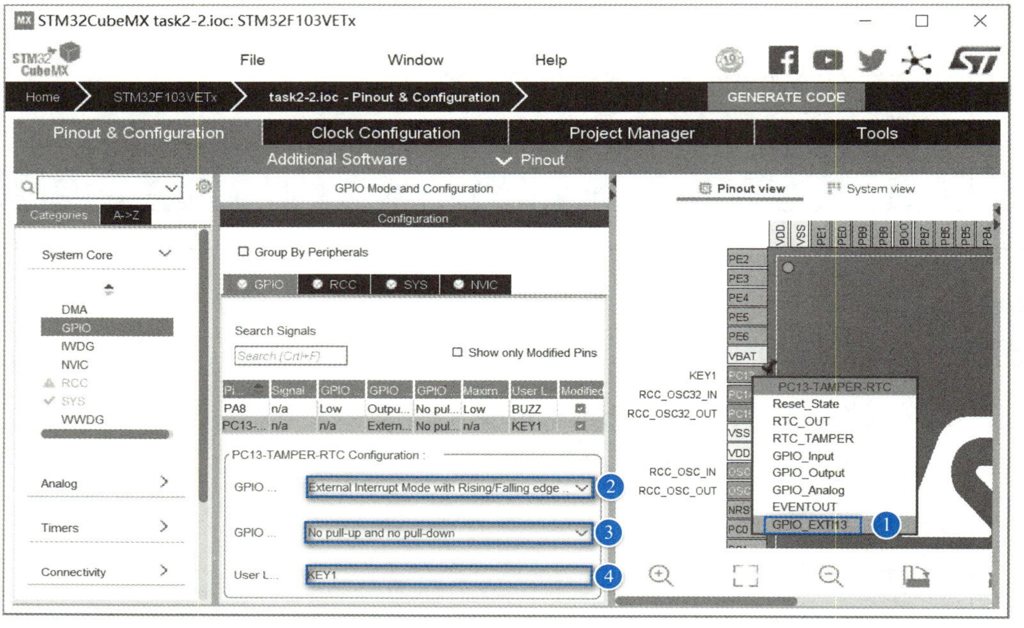

图2-21　按键相关的GPIO配置

单击图2-22标号①处的NVIC，标号②处勾选，使能外部中断线。抢占优先级和子优先级使用默认值。

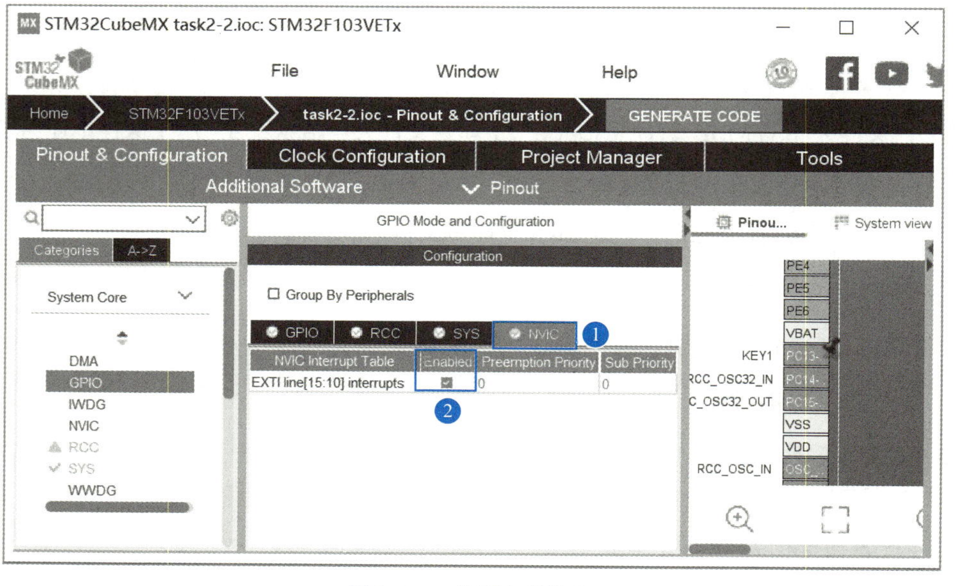

图2-22　外部中断使能

（6）配置蜂鸣器相关的GPIO功能

参考本项目任务1任务实施。

（7）保存STM32CubeMX工程

参考项目1任务1任务实施。

（8）生成初始代码

参考项目1任务1任务实施，正确设置后，单击“GENERATE CODE”按钮，即可生成相应的初始C代码工程。

2. 完善代码实现功能

（1）定义按键状态变量

在main. c中添加按键状态变量定义：

```
/* USER CODE BEGIN PV */
uint8_t  KeyDown_Flag=0;   //按键的状态，0按键抬起，1按键按下
/* USER CODE END PV */
```

（2）编写回调函数

```
/* USER CODE BEGIN 4 */
void HAL_GPIO_EXTI_Callback(uint16_t GPIO_Pin)
{
    if(GPIO_Pin==KEY1_Pin)
      {
          if(KeyDown_Flag==0)
          {
                KeyDown_Flag=1;
          }
          else
          {
                KeyDown_Flag=0;
          }
      }
}
/* USER CODE END 4 */
```

（3）编写主循环程序

```
/* USER CODE BEGIN WHILE */
while (1)
{
    if(KeyDown_Flag==1)
```

```
    {
        HAL_GPIO_TogglePin(BUZZ_GPIO_Port,BUZZ_Pin);
    }
    else
    {
        HAL_GPIO_WritePin(BUZZ_GPIO_Port,BUZZ_Pin,GPIO_PIN_SET);
    }
    HAL_Delay(1);
  /* USER CODE END WHILE */
```

3. 编译程序，生成HEX文件

参考项目1任务2的编译程序部分，完成项目配置，并根据提示信息进行相应的排错，直到编译通过，生成HEX文件。

4. 烧写程序到STM32F103VET6

参考本项目任务1的任务实施中“烧写程序到STM32F103VET6”部分，完成程序的下载。

5. 测试效果

将JP1拨到“NC”，按下复位按键，蜂鸣器不鸣叫，按下按键KEY1，蜂鸣器鸣叫，释放按键，蜂鸣器停止鸣叫。

任务小结

通过按键轮询控制蜂鸣器发声，读者可了解关于PWM、周期、占空比的知识，并掌握相关的编程能力。任务小结如图2-23所示。

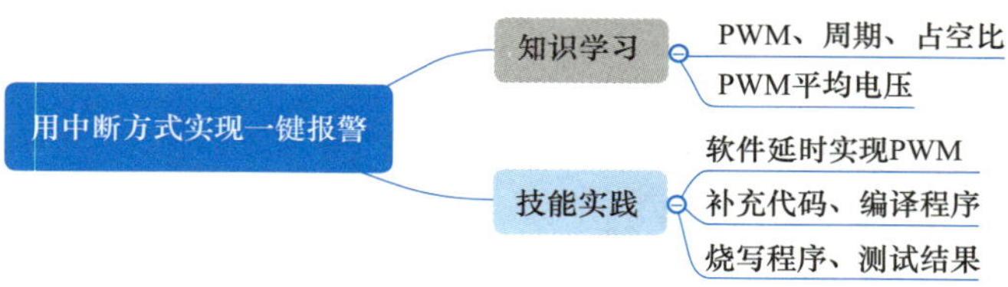

图2-23　任务小结

任务拓展

M3核心模块上的按键KEY2电路如图2-24所示，尝试使用中断方式检测按键KEY2，按下按键KEY2蜂鸣器发声，按键KEY2抬起蜂鸣器停止发声。

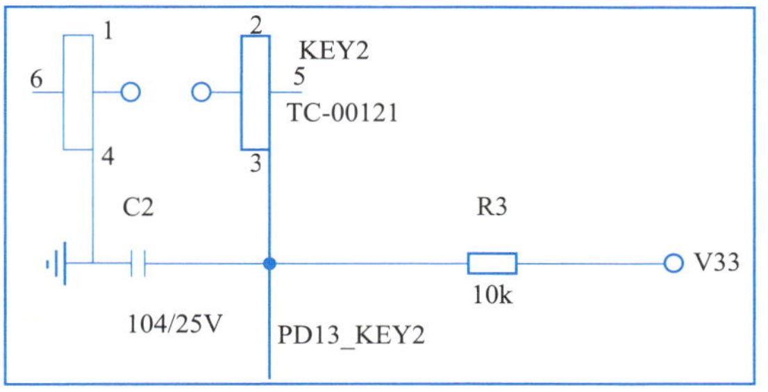

图2-24　KEY2电路图

项目扩展阅读

10年前，中国的各大赛事与重大会议的安防主要以前端传统技术手段为主，且技术手段相对单一，一定程度上会对安保人员正确评估产生影响。例如，使用红外技术防止入侵，可能会因为有人晃动或者落叶等产生误报。

近些年，为满足整体安全防控需求，全面应用了移动互联网、物联网、人工智能和5G等先进技术手段，推进数据融合共享，加强高端集成应用，全方位构建安全保障技术体系，全力打造融合、可视、智能、协同和移动的新型安保指挥模式，同时也成为公安机关打击防控的“尖刀利器”。

现在我国大型会议、赛事的安保系统都应用了新的技术，除了常规的物理手段，如红外、激光、高压脉冲和无线振动等设备来精确检测入侵并发送警情外，还基于物联网、大数据和云计算等技术，将传感器、无人机等新产品融合运用到安保指挥中，实现对入侵目标的探测、定位、分类识别和轨迹跟踪等功能，并可通过前端探测设备与声光电联动机制。如图2-25所示，工作人员正在建立某赛事安保系统。

图2-25　国内某大型赛事屋顶安保系统

随着各种探测技术不断出现，各种入侵探测报警系统融入到安防领域，安保防范系统再也不是“单打独斗”，而是针对开放式、范围广、环境复杂、各方面条件极端严峻的实际情况，融合多种物理手段，建立人力无法到达区域的安保防线，构建“远可探、中可管、近可打”的纵深防护体系，实现对低空、地面和地下三大区域的防控覆盖，让这道屏障更加全面、坚固和安全，打造成联动和一体化的智慧平台。

Project 3

项目3

制作竞赛电子秒表

引导案例

秒表旧称马表、跑表，如图3-1所示，是一种常用的计时仪器，多在竞技赛事中计时用，例如，棋类比赛或田径比赛中电子秒表的使用就非常普遍。秒表主要有机械和电子两大类，电子表又可分为三按键和四按键两大类。绝大部分体育教师使用的是电子秒表，机械秒表在很多地方已经成为历史。电子秒表是一种较先进的电子计时器，国产的电子秒表一般都是采用6位液晶数字显示时间，具有显示直观、读取方便、功能多等优点。

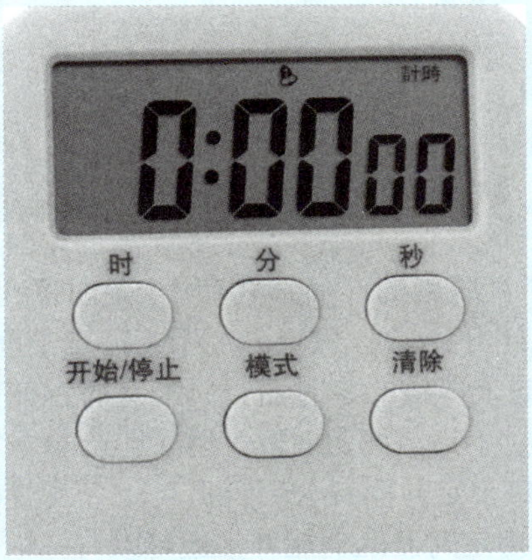

图3-1　秒表

任务1　使用定时器定时一秒

职业能力目标

扫码观看视频

- 能根据功能需求，使用STM32CubeMX软件，正确配置STM32定时器。
- 能根据功能需求，正确添加代码，操控STM32定时器实现基本定时。

任务描述与要求

任务描述：电子秒表的制作需要产生一个精确的1s时间，本任务要求使用定时器产生1s的时间，并控制LED灯1s闪烁1次。

任务要求：

- 正确配置定时器。
- 使用定时器中断方式产生1s时间。

知识链接

1. STM32定时/计数器

（1）定时/计数器分类

STM32F1系列中，除了互联型的产品，共有8个定时器，分为2个基本定时器TIM6和TIM7，4个通用定时器TIM2、TIM3、TIM4、TIM5，2个高级定时器TIM1和TIM8。基本定时器是一个16位的只能向上计数的定时器，只能定时，产生时基，没有外部I/O；通用定时器是一个16位的可以向上/下计数的定时器，除了包含基本定时器的功能外，还有输入捕捉、输出比较和PWM功能，每个定时器有4个外部I/O；高级定时器是一个16位的可以向上/下计数的定时器，除了具有通用定时器的功能外，还可以有三相电机互补输出信号，每个定时器有8个外部I/O。更加具体的分类详情见表3-1。

表3-1　STM32F1定时器分类

定时器类型	定时器编号	计数器位数	计数器类型	捕获/比较通道数	挂载总线/接口时钟	定时器时钟
高级控制定时器	TIM1、TIM8	16位	递增、递减、递增/递减	4	APB2/72MHz	72MHz
通用定时器	TIM2、TIM3、TIM4、TIM5	16位	递增、递减、递增/递减	4	APB1/36MHz	72MHz
基本定时器	TIM6、TIM7	16位	递增	无	APB1/36MHz	72MHz

（2）定时/计数工作原理

通过表3-1可以发现，其实通用定时器和高级控制定时器的功能项是很接近的，只是高级控制定时器针对电动机的控制增加了一些功能（刹车信号输入、死区时间可编程的互补输出等）；基本定时器又是3种定时器中实现功能最简单的定时器。因而阅读STM32F10xxx参考手册时应从最简单的基本定时器去理解其工作原理，而在使用时只要掌握了一个定时器的使用方法，其他定时器就可以类推了。

通过基本定时器的框图来看一下定时器的工作原理。

通过图3-2可以发现，其工作原理是：定时器使能后，时钟源通过预分频器分频后驱动计数器，计数器具有重装载寄存器。另外，基本定时器还可以为数模转换器（DAC）提供时钟、在溢出事件时产生DMA请求等。4个重要部分功能如图3-2所示。

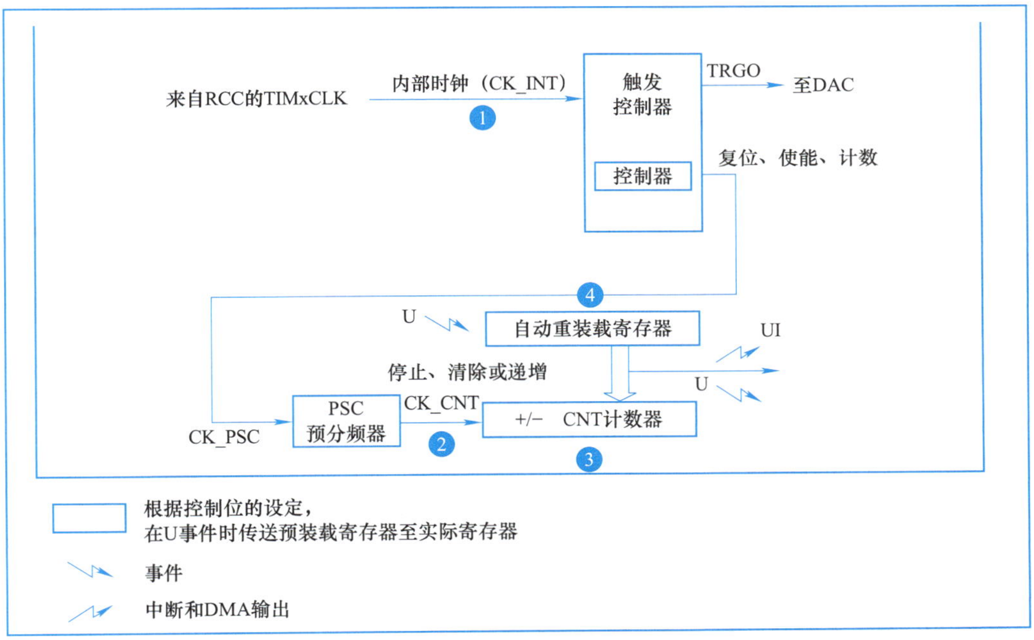

图3-2　基本定时器框图

如图3-3所示：

标号①时钟源：定时器时钟TIMxCLK，即内部时钟CK_INT，是HCLK经APB1预分频器分频后提供。

标号②计数器时钟CK_CNT：定时器时钟经过TIMx_PSC预分频器之后，即CK_CNT，用来驱动计数器计数。

标号③计数器TIMx_CNT：计数器TIMx_CNT是一个16位的计数器，只能往上计数，最大计数值为65 535。

标号④自动重装载寄存器TIMx_ARR：自动重装载寄存器TIMx_ARR是一个16位的寄

存器，这里面装着计数器能计数的最大数值。当计数到这个值的时候，如果使能了中断的话，定时器就产生溢出中断。

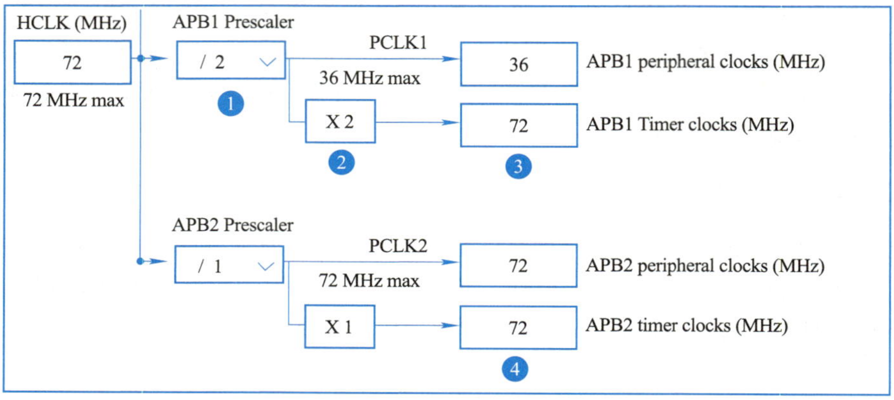

图3-3　定时器时钟源

2. 定时/计数功能的数据类型和接口函数

（1）时基单元初始化类型

在头文件stm32f1xx_hal_tim. h中对定时器外设建立一个TIM_Base_InitTypeDef（时基单元的初始化类型）结构体，它完成了定时器工作参数的配置，其定义如下：

```
typedef struct
{
    uint32_t Prescaler;           // 表示预分频系数PSC，即TIMx_ PSC寄存器的内容
    uint32_t CounterMode;         //设置计数模式
    uint32_t Period;              //表示自动重载值ARR，即TIMx_ARR寄存器的内容
    uint32_t ClockDivision;       //设置定时器时钟TIM_CLK分频值，用于输入信号滤波
    uint32_t RepetitionCounter;   //表示重复定时器的值，只针对高级定时器
    uint32_t AutoReloadPreload;   //设置自动重载寄存器TIMx_ARR内容的生效时刻
} TIM_Base_InitTypeDef;
```

（2）定时器定时相关接口函数

在stm32f1xx_hal_tim. c里定义了10个与定时器定时功能有关的接口函数。可分为4类：

- 时基单元初始化函数：HAL_TIM_Base_Init和HAL_TIM_Base_Deinit。
- 定时器启动函数：HAL_TIM_Base_Start、HAL_TIM_Base_Start_IT和HAL_TIM_Base_Start_DMA。
- 定时器停止函数：HAL_TIM_Base_Stop、HAL_TIM_Base_Stop_IT和HAL_TIM_Base_Stop_DMA。
- 中断相关函数：HAL_TIM_IRQHandler和HAL_TIM_PeriodElapsedCallback。

定时器相关接口函数举例见表3-2。

表3-2 定时器相关接口函数举例

HAL_TIM_Base_Init函数	
函数原型	HAL_StatusTypeDef HAL_TIM_Base_Init(TIM_HandleTypeDef *htim)
功能描述	按照定时器句柄中指定的参数初始化定时器时基单元
入口参数	*htim：定时器句柄的地址
返回值	HAL_StatusTypeDef：HAL_OK初始化成功，HAL_ERROR：初始化失败
注意事项	该函数可以由STM32 CubeMX软件自动生成，不需要用户自己调用

3. 使用定时器定时1秒

项目1里使用延时的方法控制LED灯1s闪烁1次，在本项目里需要使用定时器控制LED灯1s闪烁1次。任务实现的关键在如何产生1s的时间。定时器在上溢和下溢时会产生更新事件，因此只需要设定定时器的参数使得定时器的溢出时间为1s即可。

定时时间计算公式为：$T=\frac{(PSC+1)\times(ARR+1)}{TIMxCLK}$

式中，PSC为分频系数；ARR为重装载计数值；TIMxCLK为定时器频率，单位为Hz。

4. 定时器中断流程

定时器中断按照以下流程进行：

- 定时器6递增计数，从0开始记到自动重载值ARR时，产生计数器上溢事件，触发更新中断。
- 在启动文件中找到对应的中断服务程序TIM6_IRQHandler。
- 在中断服务程序中再调用定时器通用处理函数HAL_TIM_IRQHandler。
- 在HAL_TIM_IRQHandler函数内部先判断中断类型，并清除对应的中断标志，然后调用更新中断回调函数HAL_TIM_PeriodElapsedCallback完成具体的任务处理。

所以要做的是使能定时器的更新中断，并启动定时器运行，编写回调函数完成任务功能。

任务准备

任务实施前必须先准备好表3-3所列的设备/资源。

表3-3 设备/资源清单表

序　号	设备/资源名称	数　量	是否准备到位（√）
1	M3核心模块	1	
2	1kΩ电阻	1	
3	LED	1	
4	杜邦线	2	

任务实施

要完成本任务，可以将实施步骤分成以下6步：

- 搭建LED电路。
- 建立工程并生成初始代码。
- 完善代码实现功能。
- 编译程序，生成HEX文件。
- 烧写程序到STM32F103VET6。
- 测试效果。

具体实施步骤如下：

1. 搭建LED电路

把M3核心模块正确放置到NEWLab实训平台，按照图3-4a在NEWLab实训平台的面包板上搭建LED电路，为测试电路是否搭建成功，可以先把LED阴极连接到GND，打开NEWLab实训平台电源，如果LED点亮，说明电路正确，再使用杜邦线连接到PC6。搭建好的电路如图3-4b所示。

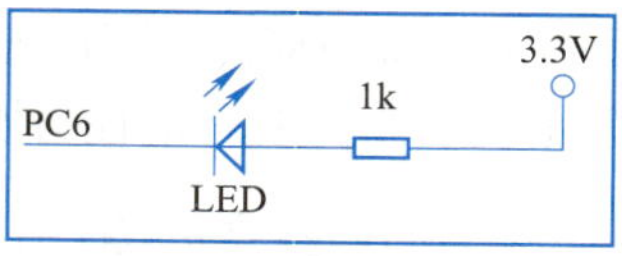

a）

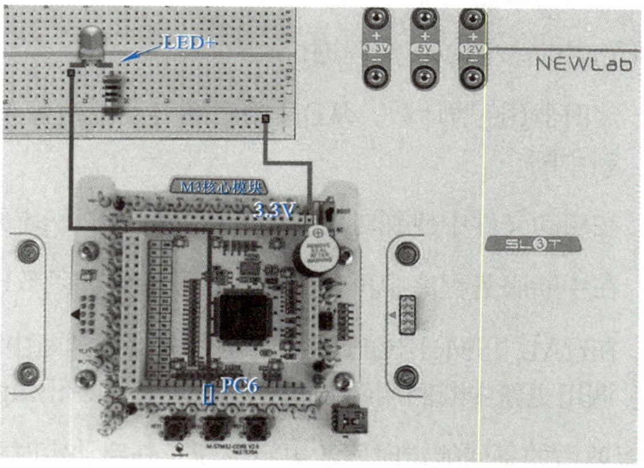

b）

图3-4　电路图

a）LED原理图　b）实物图

2. 建立工程并生成初始代码

（1）建立工程存放的文件夹

在D盘文件夹“STM32_WorkSpace”下新建文件夹“task3-1”用于保存本任务工程。

（2）新建STM32CubeMX工程

参考项目1任务1任务实施，选择MCU型号为STM32F103VETx。

（3）配置调试端口

参考项目1任务1任务实施。

（4）配置MCU时钟树

参考项目1任务1任务实施相关内容，将HCLK配置为72MHz，PCLK1 配置为36MHz，PCLK2配置为72MHz，得到APB1 Timer clocks为72MHz，即为TIM2～TIM7的TIMxCLK为72MHz，如图3-5标号①处所示。

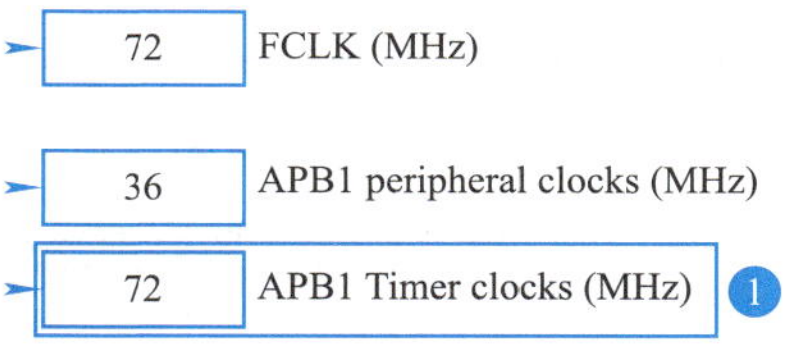

图3-5　定时器时钟配置

（5）配置LED的GPIO功能

LED连接在PC6。在STM32CubeMX工具的配置主界面，单击MCU的“PC6”引脚，选择功能“GPIO_Output”，如图3-6标号③所示。

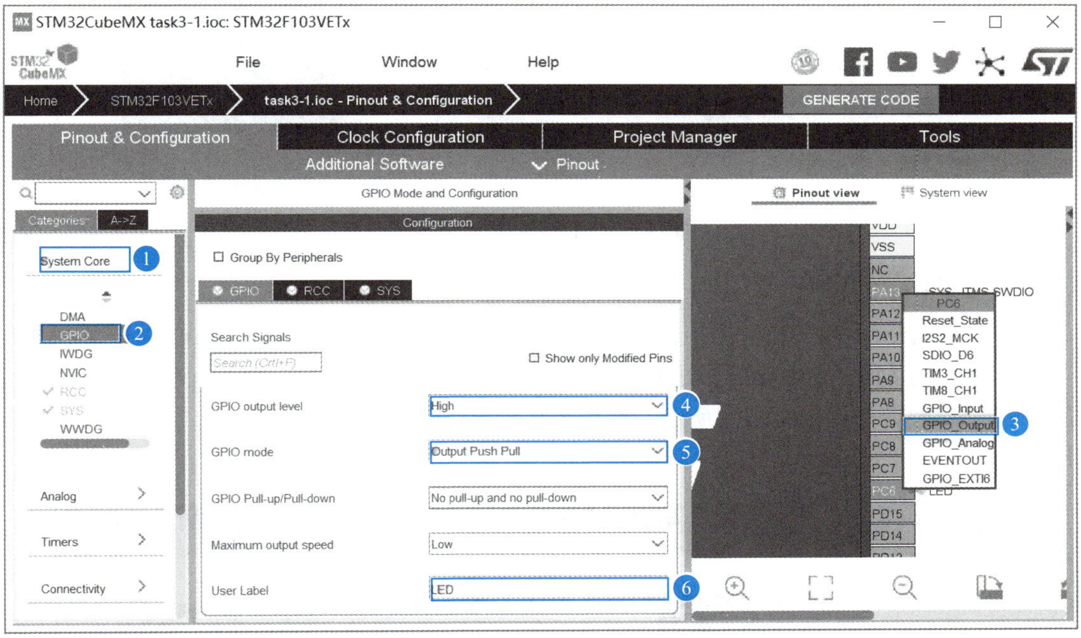

图3-6　LED相关的GPIO配置

GPIO功能的其他配置说明如下：

- 标号④：MCU输出高电平时LED灯不亮，因此将GPIO默认的输出电平配置为“High”（高电平）。
- 标号⑤：GPIO模式配置为“Output Push Pull”（输出推挽功能）。
- 标号⑥：用户标签分别配置成“LED”。

（6）配置定时器TIM6的参数

展开“Pinout & Configuration”标签页左侧的“Timers”选项，选择“TIM6”（图3-7标号①处）。在Mode下勾选“Activated”复选框（图3-7中的标号②处）。在“Parameter Settings”选项里将“Prescaler（PSC-16 bits value）”配置为“7200-

1”（图3-7中的标号③处），将定时器6的时钟频率配置为10kHz。将“Counter Period（AutoReload Register-16 bits value）”配置为“10000-1”（图3-7中的标号④处），即将定时器的更新周期设置为1s。

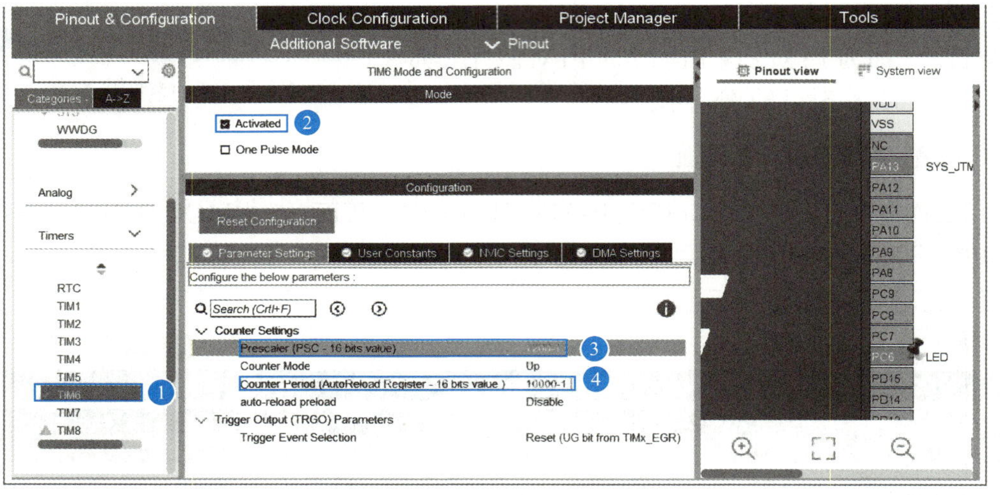

图3-7　LED相关的GPIO配置

（7）配置定时器TIM6的中断

展开“Pinout & Configuration”标签页左侧的“System Core”选项，选择“NVIC”选项（图3-8中标号①处）。勾选使能“TIM6 global interrupt”（定时器6全局中断），如图3-8中的标号②所示。然后将其抢占优先级配置为“1”级，如图3-8中的标号③所示。

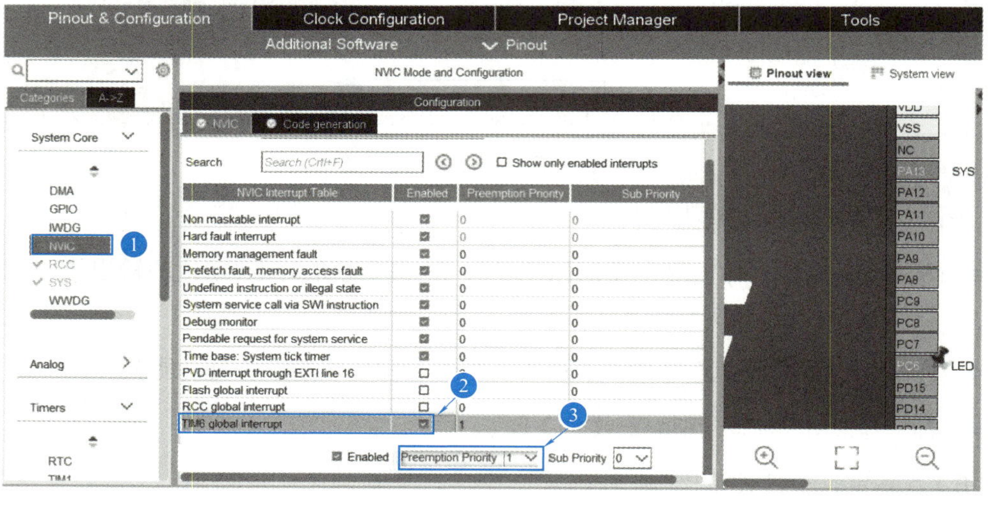

图3-8　定时器TIM6的中断配置

（8）保存STM32CubeMX工程

具体可以参考项目1中的任务1任务实施部分，完成工程的保存，单击“File”（文件）菜单，选择“Save Project”（保存工程）选项。然后定位到文件夹“D:\SIM32_WorkSpace\Task3-1”，单击“确定”按钮保存SIM32CubeMX工程。

（9）生成初始C代码工程

具体可以参考项目1中的任务1任务实施部分，完成操作，切换到“Project Manager”标签，正确配置后，单击“GENERATE CODE”按钮成代码。

3. 完善代码实现功能

（1）启动TIM6并使能更新中断

在main()函数的“USER CODE BEGIN 2”和“USER CODE BEGIN 2”之间添加代码段。

```
1.  /* USER CODE BEGIN 2 */
2.  if(HAL_TIM_Base_Start_IT(&htim6)!=HAL_OK)
3.  {
4.      Error_Handler();
5.  }
6.  /* USER CODE END 2 */
```

（2）编写TIM6更新中断服务程序

在main()函数的“USER CODE BEGIN 4”和“USER CODE BEGIN 4”之间添加代码段。

```
1.  /* USER CODE BEGIN 4 */
2.  void HAL_TIM_PeriodElapsedCallback(TIM_HandleTypeDef *htim)
3.  {
4.      if(htim->Instance==TIM6)                    //判断发生更新中断的定时器
5.      {
6.          HAL_GPIO_TogglePin(LED_GPIO_Port,LED_Pin);//翻转LED状态
7.      }
8.  }
9.  /* USER CODE END 4 */
```

第4行的语句使用句柄的实例来判断发生更新中断的定时器。每隔1s定时器产生一次更新中断，调用一次更新中断回调函数，第6行的语句执行一次，LED使状态翻转一次。

4. 编译程序，生成HEX文件

参考前面的任务，编译程序。如果编译未通过，请根据提示信息进行相应的排错，直到编译通过，生成HEX文件。

5. 烧写程序到STM32F103VET6

烧写前先把NEWLab实训平台右上角旋钮旋至“通信模式”，M3核心模块右上角JP1拨

到“BOOT”打开NEWLab实训平台电源。使用FlashLoader Demonstrator，参考前面的任务将HEX文件烧写到STM32F103VET6里。

6. 测试效果

将JP1拨到“NC”，按下复位按键，可以看到LED每隔1s亮灭一次。

任务小结

通过使用定时器控制LED灯1s闪烁1次，读者可了解STM32微控制器的定时器的工作原理、定时时间的设置方法，并掌握使用STM32定时器完成定时时间的能力。任务小结如图3-9所示。

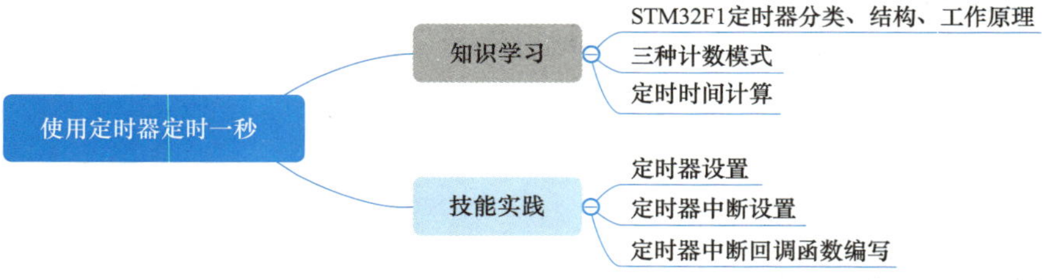

图3-9 任务小结

任务拓展

使用定时器TIM2控制LED灯0.5s闪烁1次。

任务2 控制数码管显示

职业能力目标

- 能根据功能需求，使用STM32CubeMX软件，正确配置STM32定时器。
- 能根据功能需求，正确添加代码，操控STM32定时器实现基本定时。

任务描述与要求

任务描述：电子秒表的制作需要使用数码管作为显示器件，本任务要求使用数码管作为显示器件，显示不断累加的数字。

任务要求：

- 数码管使用动态显示方式。
- 使用8位数码管。

知识链接

1. LED数码管的结构及显示原理

（1）LED数码管的结构

LED数码管（LED Segment Displays）由多个发光二极管封装在一起组成“8”字形的器件，引线已在内部连接完成，只需引出它们的各个笔划、公共电极。常用的LED数码管由7段LED构成，如图3-10所示。显示模块中有8个发光二极管，7个发光二极管组成字符“8”，1个发光二极管组成小数点。这些段分别由字母a、b、c、d、e、f、g、dp来表示。

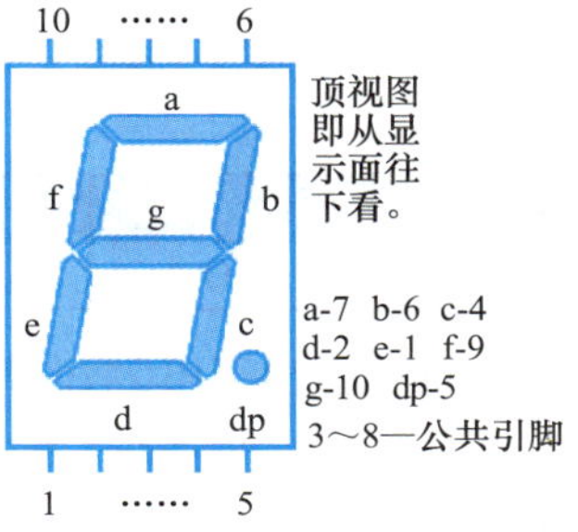

图3-10 一位数码管引脚排列

数码管依据内部连接的形式分为两种：共阴极和共阳极，如图3-11所示。

共阴极：LED数码管的发光二极管的阴极连接在一起作为公共引脚，如果把它接地，当某个发光二极管的阳极电压为高电平时，二极管发光。

共阳极：LED数码管的发光二极管的阳极连接在一起作为公共引脚，如果把它接电源，当某个发光二极管的阴极电压为低电平时，二极管发光。

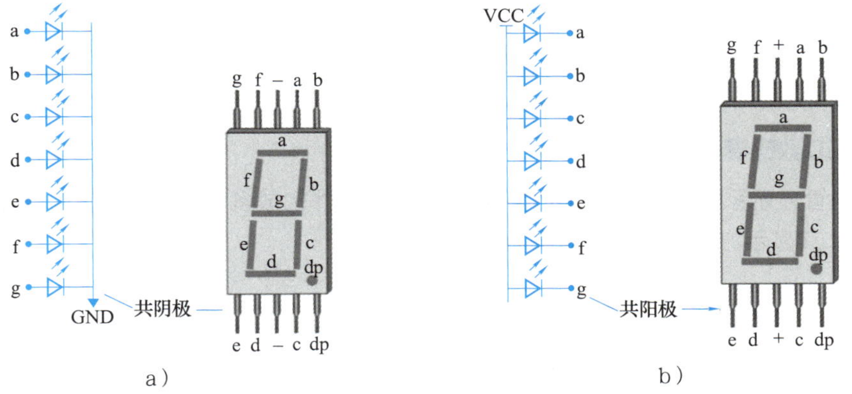

图3-11 数码管分类

a）共阴极数码管 b）共阳极数码管

（2）显示原理

如果把数码管的引脚和微控制器的输出口相连，控制输出口的数据就可以使数码管显示不同的数字和字符。如显示“2”，则要a、b、d、e、g同时发光。由于使发光二极管发光的原理不一样，对数码管各个显示字段的编码也不同，例如，如果a接端口低位，dp接端口高位，则：

共阴极：要使这5个发光二极管发光，则这5个发光二极管的阳极要给高电平“1”，则输出的8位字节数据为：0101 1011B=5BH，段位配置见表3-4。

表3-4 共阴极显示2的段位配置

dp	g	f	e	d	c	b	a
0	1	0	1	1	0	1	1

共阳极：要使这5个发光二极管发光，则这5个发光二极管的阴极要给低电平“0”，则输出的8位字节数据为：1010 0100B=A4H，段位配置见表3-5。

表3-5 共阳极显示2的段位配置

dp	g	f	e	d	c	b	a
1	0	1	0	0	1	0	0

表3-6给出了8段数码管的字段编码。

表3-6 8段数码管的字段编码

显示字符	共阴极字段编码	共阳极字段编码	显示字符	共阴极字段编码	共阳极字段编码
0	3FH	C0H	b	7CH	83H
1	06H	F9H	C	39H	C6H
2	5BH	A4H	D	5EH	A1H
3	4FH	B0H	E	79H	86H
4	66H	99H	F	71H	8EH
5	6DH	92H	U	3EH	C1H
6	7DH	82H	r	31H	CEH
7	07H	F8H	Y	6EH	91H
8	7FH	80H	8.	FFH	00H
9	6FH	90H	“灭”	00H	FFH
A	77H	88H			

2. LED数码管的显示方式

在数码管显示系统中，一般利用多块LED显示器件构成多位LED显示器。构成原理如图3-12所示。其显示方式有两种：静态显示、动态显示。

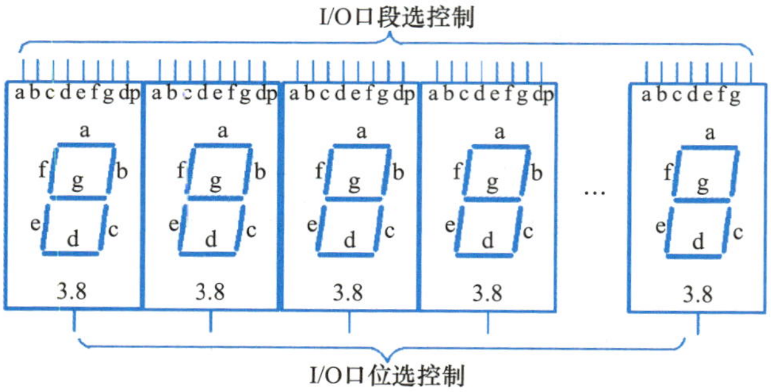

图3-12 多位LED显示器

（1）数码管的静态显示

图3-13所示为一个4位静态LED数码管显示电路。

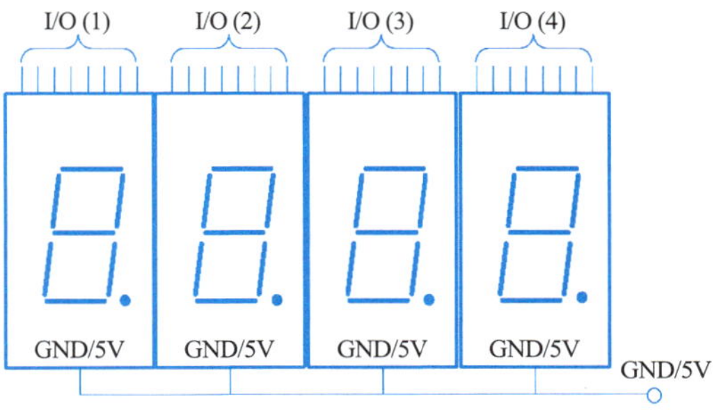

图3-13　4位静态LED数码管显示电路

（2）数码管的动态显示

图3-14所示为一个8位动态LED数码管显示电路。

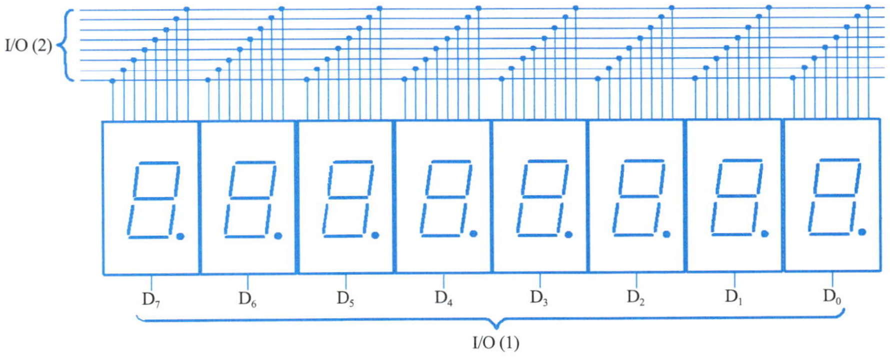

图3-14　8位动态LED数码管显示电路

3. 数码管动态显示的思路

1）送清屏段码数据，也就是让数码管不显示数据，否则把位选信号一输出就会导致某位数码管显示乱码。

2）通过位选信号选定特定编号的数码管，由于步骤1）的存在，此时该位数码管不显示数据。

3）将该位数码管要显示数据的字段编码送出去。

4）延迟一段时间以保证该位数码管在每轮显示周期中被点亮足够的时间，否则该位数码管最终显示的效果会比较暗。

5）送清屏段码数据，否则进入到6）的时候，刚刚被显示的图形会在下一位数码管上被短暂显示。

6）改变位选信号，使得下一位数码管开始显示属于它的数据。

7）进入到3），不断循环。

4. NEWLab数码管模块

NEWLab数码管模块集成了8个共阳数码管。如图3-15所示，8个数码管共用段选输入J7，如图3-16所示，位选端口由J4和J6构成，S1～S8分别控制从左到右8个数码管。

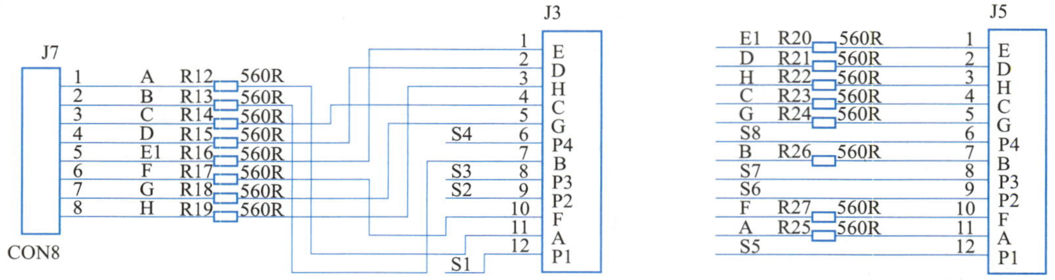

图3-15 段选输入接口

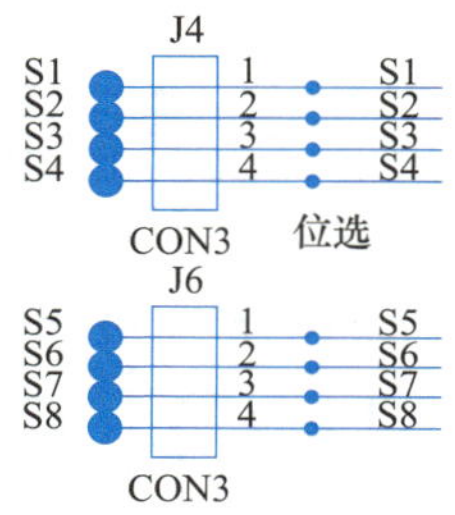

图3-16 位选输入接口

任务准备

任务实施前必须先准备好表3-7所列的设备/资源。

表3-7 设备/资源清单表

序 号	设备/资源名称	数 量	是否准备到位（√）
1	M3核心模块	1	
2	显示模块	1	
3	杜邦线	16	

任务实施

要完成本任务，可以将实施步骤分成以下6步：

- 搭建电路。
- 建立工程并生成初始代码。

- 完善代码实现功能。
- 编译程序，生成HEX文件。
- 烧写程序到STM32F103VET6。
- 测试效果。

具体实施步骤如下：

1. 搭建电路

把M3核心模块和显示模块正确放置到NEWLab实训平台，按照图3-17搭建电路，连线关系见表3-8。

表3-8　设备各引脚连线对应表

序　　号	M3核心模块	显 示 模 块	序　　号	M3核心模块	显 示 模 块
1	PA0	J7–A	9	PB10	J4–S1
2	PA1	J7–B	10	PB11	J4–S2
3	PA2	J7–C	11	PB12	J4–S3
4	PA3	J7–D	12	PB13	J4–S4
5	PA4	J7–E	13	PC6	J6–S5
6	PA5	J7–F	14	PC7	J6–S6
7	PA6	J7–G	15	PC8	J6–S7
8	PA7	J7–H	16	PC9	J6–S8

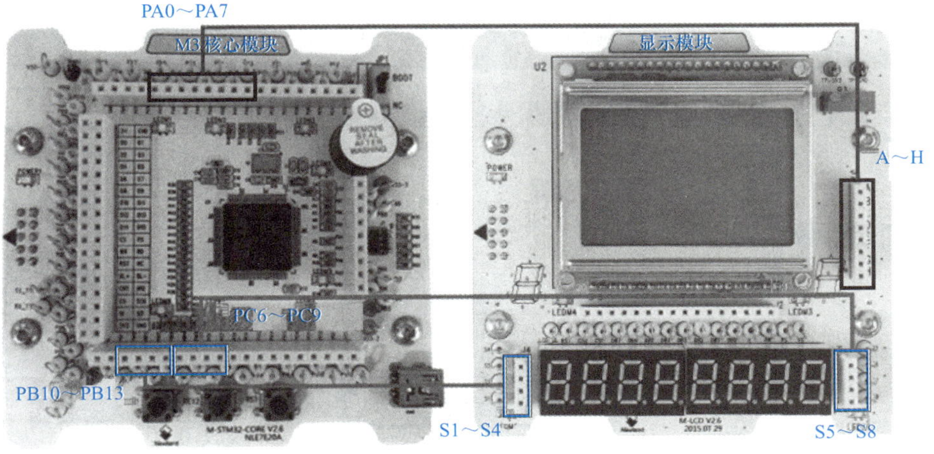

图3–17　连接示意图

2. 建立工程并生成初始代码

（1）建立工程存放的文件夹

在D盘文件夹“STM32_WorkSpace”下新建文件夹“task3-2”用于保存本任务工程。

（2）新建STM32CubeMX工程

参考项目1任务1任务实施，选择MCU型号为STM32F103VETx。

（3）配置调试端口

参考项目1任务1任务实施。

（4）配置MCU时钟树

参考项目1任务1任务实施相关内容，将HCLK配置为72MHz，PCLK1配置为36MHz，PCLK2配置为72MHz。

（5）配置段选引脚的GPIO功能

段选A～E连接在PA0～PA7，配置PA0～PA7为“GPIO_Output”，单击MCU的“PA0”引脚，选择功能“GPIO_Output”，如图3-18标号①所示。展开“Pinout & Configuration”标签页左侧的“GPIO”选项，设置GPIO功能的其他配置，具体说明如下：

标号③：MCU输出高电平时数码管不显示，因此将GPIO默认的输出电平配置为“High”（高电平）。

标号④：GPIO模式配置为“Output Push Pull”（输出推挽功能）。

标号⑤：GPIO的上拉下拉配置为“No pull-up and no pull-down”。

标号⑥：GPIO的最大输出速度配置为“Low”。

用户标签不需要设置。PA1～PA7的配置和PA0一样。

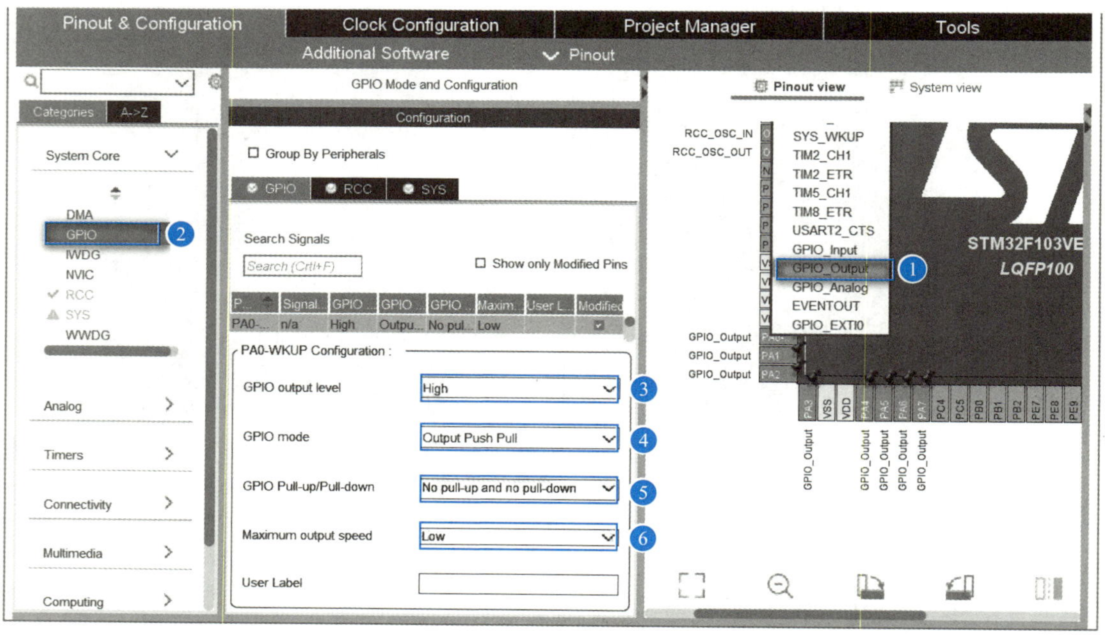

图3-18　PA0的GPIO配置

（6）配置位选引脚的GPIO功能

位选S1～S4连接在PB10～PB13，S5～S8连接在PC6～PC9，配置这些引脚为“GPIO_Output”，单击MCU的“PB10”引脚，选择功能“GPIO_Output”，如图3-19标号①所示。展开“Pinout & Configuration”标签页左侧的“GPIO”选项，设置GPIO功能的其他配置，具体说明如下：

标号②：MCU 输出低电平时位选无效，数码管不显示，因此将GPIO默认的输出电平配置为“Low”（低电平）。

标号③：GPIO模式配置为“Output Push Pull”（输出推挽功能）。

标号④：GPIO的上拉下拉配置为“No pull-up and no pull-down”。

标号⑤：GPIO的最大输出速度配置为“Low”。

标号⑥：用户标签设置为“S1”。

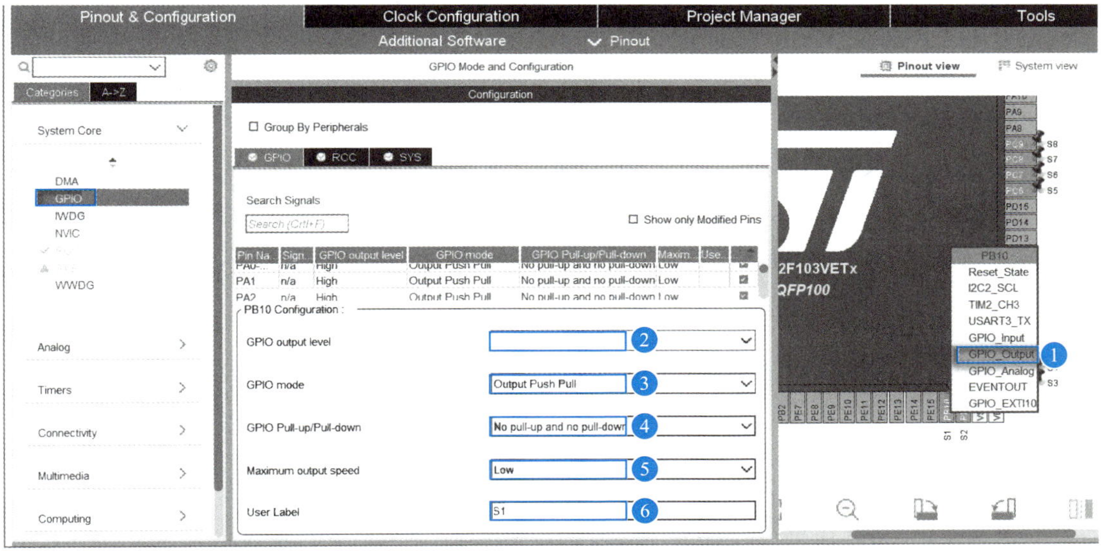

图3-19 PB10的GPIO配置

PB11～PB13和PC6～PC9的配置除用户标签外和PB10一样，具体设置如图3-20所示。

（7）保存STM32CubeMX工程

单击“File”（文件）菜单，选择“Save Project”（保存工程）选项。然后定位到文件夹“D:\SIM32_WorkSpace\task3-2”，单击“确定”按钮保存STM32CubeMX工程。

（8）生成初始C代码工程

切换到“Project Manager”标签，参考项目1任务1任务实施，正确配置，单击“GENERATE CODE”按钮生成代码。

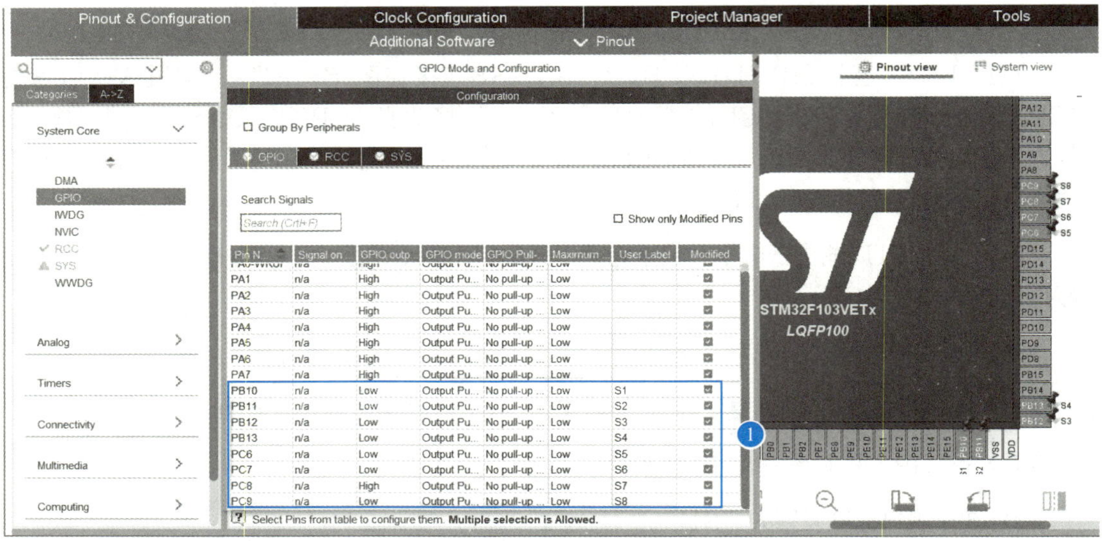

图3-20　位选相关的GPIO配置

3. 完善代码实现功能

（1）定义变量

在main()函数的“USER CODE BEGIN PV”和“USER CODE END PV”之间添加代码段。

```
/* USER CODE BEGIN PV */
uint32_t count=0;           //显示数据，不断累加
uint8_t  i=0;               //循环变量
uint8_t  LED7Code[16]={0x3F, 0x06, 0x5B, 0x4F, 0x66, 0x6D, 0x7D,0x07,
                        0x7F, 0x6F, 0x77, 0x7C, 0x39, 0x5E,0x79,0x71};
                        //0~F 共阳数码管使用的段选数据
uint16_t LED_Disp[10];      //数码管各位显示数据
/* USER CODE END PV */
```

（2）添加主循环程序

在main()函数的“USER CODE BEGIN WHILE”和“USER CODE END WHILE”之间添加第一个代码段。

```
/* USER CODE BEGIN WHILE */
    while (1)
    {
        count++;
        LED_Disp[1]=count/100000000;
        LED_Disp[2]=count%10000000/1000000;
        LED_Disp[3]=count%1000000/100000;
        LED_Disp[4]=count%100000/10000;
```

```
        LED_Disp[5]=count%10000/1000;
        LED_Disp[6]=count%1000/100;
        LED_Disp[7]=count%100/10;
        LED_Disp[8]=count%10;
        for(i=1;i<9;i++)
        {
          HAL_GPIO_WritePin(GPIOA,0xFF,GPIO_PIN_SET);//清除段选数据
          HAL_GPIO_WritePin(GPIOB,S1_Pin|S2_Pin|S3_Pin|S4_Pin,GPIO_PIN_RESET);
          HAL_GPIO_WritePin(GPIOC,S5_Pin|S6_Pin|S7_Pin|S8_Pin,GPIO_PIN_RESET); //关闭位选
              switch(i)                //输出位选数据
              {
                  case 1:
                          HAL_GPIO_WritePin(S1_GPIO_Port,S1_Pin,GPIO_PIN_SET);
                          break;
                  case 2:
                          HAL_GPIO_WritePin(S2_GPIO_Port,S2_Pin,GPIO_PIN_SET);
                          break;
                  case 3:
                          HAL_GPIO_WritePin(S3_GPIO_Port,S3_Pin,GPIO_PIN_SET);
                          break;
                  case 4:
                          HAL_GPIO_WritePin(S4_GPIO_Port,S4_Pin,GPIO_PIN_SET);
                          break;
                  case 5:
                          HAL_GPIO_WritePin(S5_GPIO_Port,S5_Pin,GPIO_PIN_SET);
                          break;
                  case 6:
                          HAL_GPIO_WritePin(S6_GPIO_Port,S6_Pin,GPIO_PIN_SET);
                          break;
                  case 7:
                          HAL_GPIO_WritePin(S7_GPIO_Port,S7_Pin,GPIO_PIN_SET);
                          break;
                  case 8:
                          HAL_GPIO_WritePin(S8_GPIO_Port,S8_Pin,GPIO_PIN_SET);
                          break;
              }
              HAL_GPIO_WritePin(GPIOA,LED7Code[LED_Disp[i]],GPIO_PIN_RESET);
              //送段选数据
              HAL_Delay(1);   //第i个数码管显示1ms
          }
      /* USER CODE END WHILE */
```

4. 编译程序，生成HEX文件

参考前面的任务，编译程序。如果编译未通过，根据提示信息进行相应的排错，直到编译通过，生成HEX文件。

5. 烧写程序到STM32F103VET6

烧写前先把NEWLab实训平台右上角旋钮旋至“通信模式”，M3核心模块右上角JP1拨到“BOOT”打开NEWLab实训平台电源。按下复位按键，使用FlashLoader Demonstrator，参考前面的任务将“task3-2”烧写到STM32F103VET6里。

6. 测试效果

将JP1拨到“NC”，按下复位按键，可以看到第8个数码管每隔大约10ms亮加1，第8个数码管加满10，第7个数码管加1，第7个数码管加满10，第6个数码管加1，依次类推……

任务小结

通过使用STM32控制数码管进行动态显示，读者可了解LED数码管的结构、分类和显示的原理，同时掌握STM32微控制器输出段码、位码，并使用STM32微控制器完成数码管的动态显示。任务小结如图3-21所示。

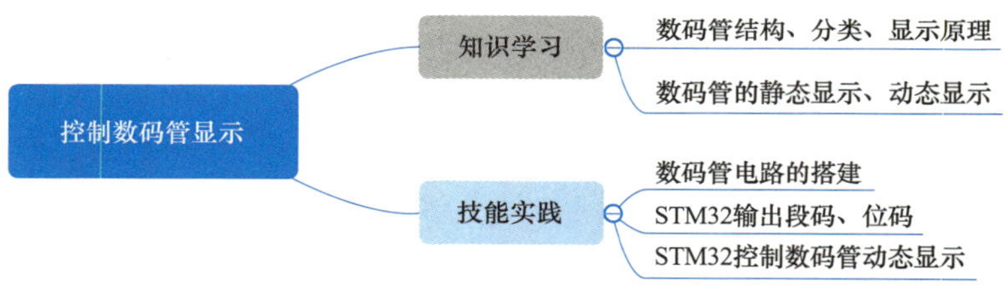

图3-21　任务小结

任务拓展

制作数字显示器，要求使用数码管作为显示器件，显示不断累加的数字，数字每隔1s加1。

任务3　实现电子秒表

职业能力目标

- 能根据功能需求，使用STM32CubeMX软件，正确配置STM32定时器。

- 能根据功能需求，正确添加代码，操控STM32定时器实现基本定时。
- 能根据按键电路，使用STM32CubeMX软件，正确配置外部中断。

任务描述与要求

任务描述：完成电子秒表的制作，要求每隔1s时间变化1次，有启动/暂停按键，能够实现正计数和反计数。

任务要求：

- 采用定时器产生1s的定时时间。
- 使用数码管作为显示器件，显示方式××分××秒。
- 按下按键1启动电子秒表，再按一下暂停秒表；默认正计数，按下按键2电子秒表反计数，再按一下正计数。

知识链接

1. 矩阵键盘简介

键盘是嵌入式系统常用的人机输入接口。在嵌入式系统中，经常使用排布类似于矩阵形式的按键组，如图3-22所示。与独立按键相比，矩阵键盘占用的I/O口资源大大减少。在矩阵键盘中，每条水平和垂直线在交叉处不直接联通，而是通过一个按键加以连接，其内部结构如图3-22所示。该键盘由4行、4列的按键矩阵组成，总共有16个按键，占用8个I/O端口。一般M行、N列的矩阵键盘占用M+N个端口，可容纳MN个按键。矩阵键盘具体的工作原理和键值获取方法，将在项目6中介绍。

本任务中只需要两个按键，因此把矩阵键盘当独立按键使用。在图3-22中若Row1="0"，Col1接STM32的某个I/O口，使能上拉电阻，即可等效成图3-23的电路。这样把Row1接地，Col1和Col2接STM32的两个I/O口，就可以把SW1和SW2当成独立按键使用。

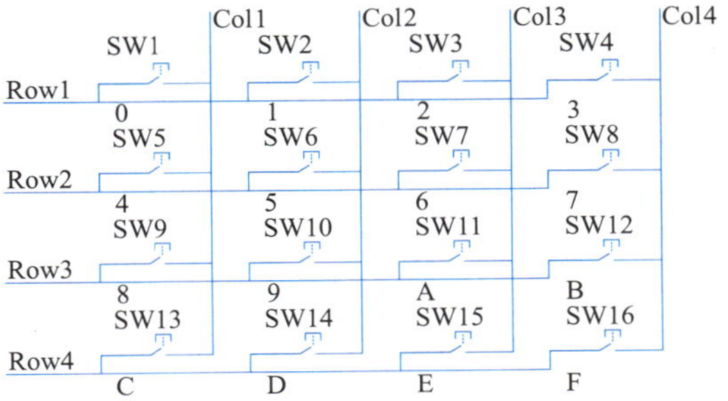

图3-22 矩阵键盘

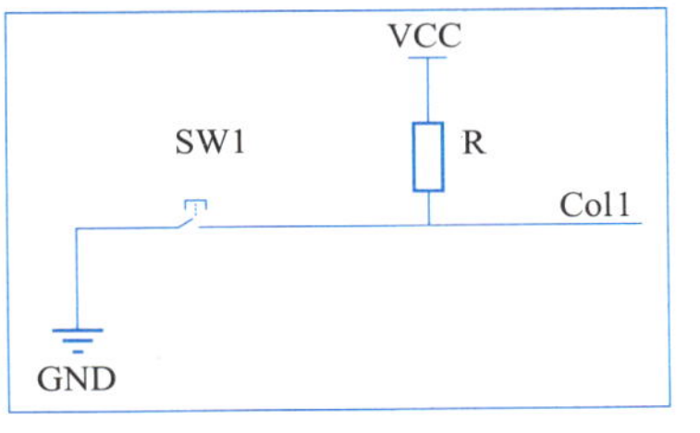

图3-23 等效电路

2. 电子秒表的设计思路

1）定义分、秒两个变量。设置定时器产生1s的更新中断，在更新中断回调函数中，依据计数的模式修改分、秒的值。

2）采用外部中断检测按键1和按键2，检测到按键1，控制定时器启动还是停止；检测到按键2，控制计数模式是正计数还是反计数。

3）主程序在while循环中使用动态扫描方式把分和秒的值送数码管显示。

3. 代码分析

两个按键采用外部中断进行检测，由于外部中断回调函数使用同一个函数，所以需要在回调函数里判断具体是哪一个按键，如果定义了两个按键的用户标签位“KEY1”和“KEY2”，则外部中断回调函数的结构是：

```
void HAL_GPIO_EXTI_Callback(uint16_t GPIO_Pin)
{
    if(GPIO_Pin==KEY1_Pin)
    {
        //按键1的处理
    }
    if(GPIO_Pin==KEY2_Pin)
    {
        //按键2的处理
    }
}
```

任务准备

任务实施前必须先准备好表3-9所列的设备/资源。

表3-9　设备/资源清单表

序　　号	设备/资源名称	数　　量	是否准备到位（√）
1	M3核心模块	1	
2	显示模块	1	
3	键盘模块	1	
4	杜邦线	15	
5	键盘模块14P线	1	

任务实施

要完成本任务，可以将实施步骤分成以下6步：

- 搭建电路。
- 建立工程并生成初始代码。
- 完善代码实现功能。
- 编译程序，生成HEX文件。
- 烧写程序到STM32F103VET6。
- 测试效果。

具体实施步骤如下：

1. 搭建电路

根据图3-24的设备连线图完成设备搭建，把M3核心模块、显示模块和键盘模块正确放置到NEWLab实训平台，由于本任务只需要4位数码管，所以J4与M3核心模块的4根连线不接。使用键盘模块14P线连接M3核心模块上的PB10、PB11到键盘模块的COL3、COL2，键盘模块的ROW1接地（见图3-24）。具体连线关系见表3-10。

表3-10 设备各引脚连线对应表

序号	M3核心模块	显示模块	序号	M3核心模块	键盘模块
1	PA0	J7-A	13	PB10	COL3
2	PA1	J7-B	14	PB11	COL2
3	PA2	J7-C	15	GND	ROW1
4	PA3	J7-D			
5	PA4	J7-E			
6	PA5	J7-F			
7	PA6	J7-G			
8	PA7	J7-H			
9	PC6	J6-S5			
10	PC7	J6-S6			
11	PC8	J6-S7			
12	PC9	J6-S8			

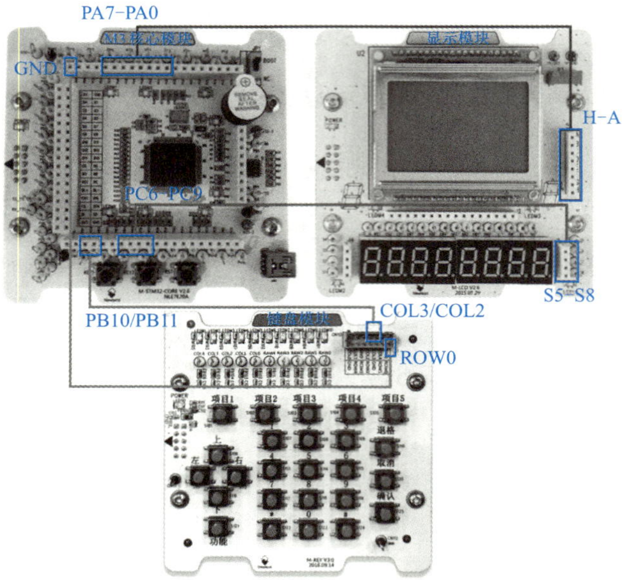

图3-24 设备连线图

2. 修改本项目任务2的STM32CubeMX工程配置并生成初始代码

（1）打开本项目任务2的STM32CubeMX工程

在“D:\STM32_WorkSpace\task3-2”中打开“task3-2. ioc”工程文件。

（2）配置按键引脚的GPIO功能

修改PB10的配置为“GPIO_EXTI10”，单击MCU的“PB10”引脚，选择功能“GPIO_EXTI10”，如图3-25标号②所示。展开“Pinout & Configuration”标签页左侧的“GPIO”选项，设置PB10的其他配置，具体说明如下：

标号③：按键没有按下时是高电平，按下是低电平，因此将触发方式配置为“External Interrupt Mode with Falling edge trigger detection”（下降沿触发）。

标号④：GPIO的上拉下拉配置为“Pull-up”（上拉）。

标号⑤：用户标签设置为“KEY1”。

修改PB11的配置为“GPIO_EXTI11”，单击MCU的“PB11”引脚，选择功能“GPIO_EXTI11”，如图3-26标号②所示。展开“Pinout & Configuration”标签页左侧的“GPIO”选项，设置PB11的其他配置，具体说明如下：

标号③：按键没有按下时是高电平，按下是低电平，因此将触发方式配置为“External

Interrupt Mode with Falling edge trigger detection”（下降沿触发）。

标号④：GPIO的上拉下拉配置为“Pull-up”（上拉）。

标号⑤：用户标签设置为“KEY2”。

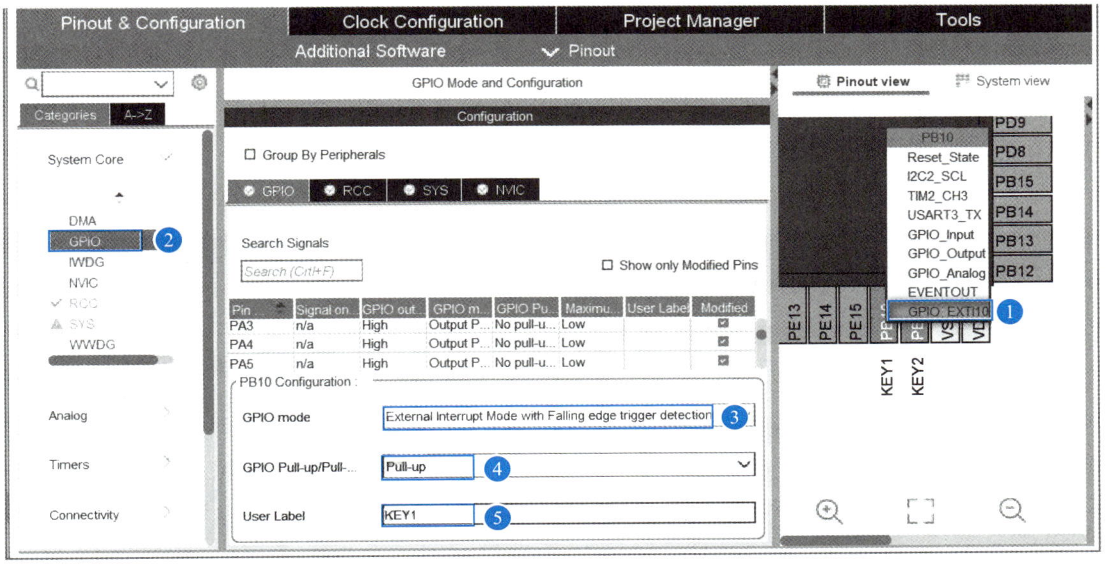

图3–25　按键1的GPIO配置

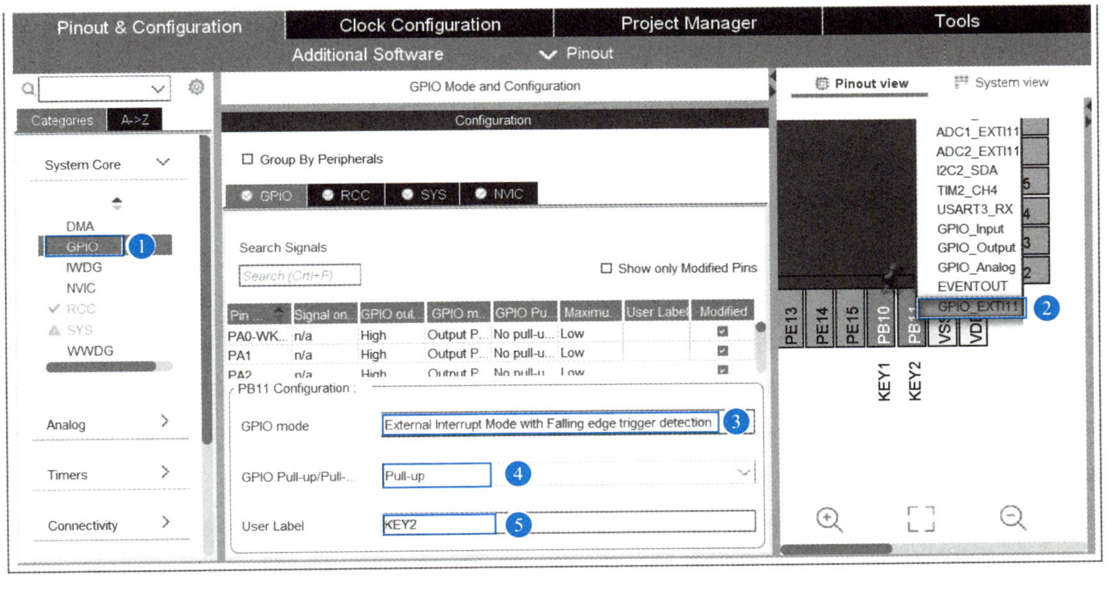

图3–26　按键2的GPIO配置

（3）配置定时器TIM6的参数

展开“Pinout & Configuration”标签页左侧的“Timers”选项，选择“TIM6”（图3-27标号①处）。在“Mode”下勾选“Activated”复选框（图3-27中的标号②处）。在“Parameter Settings”选项里将“Prescaler（PSC-16 bits value）”配置为“7200-1”（图3-27中的标号③处），将定时器6的时钟频率配置为10kHz。将“Counter Period（AutoReload Register-16 bits value）”配置为“10000-1”（图3-27中的标号④处），即将定时器的更新周期设置为1s。

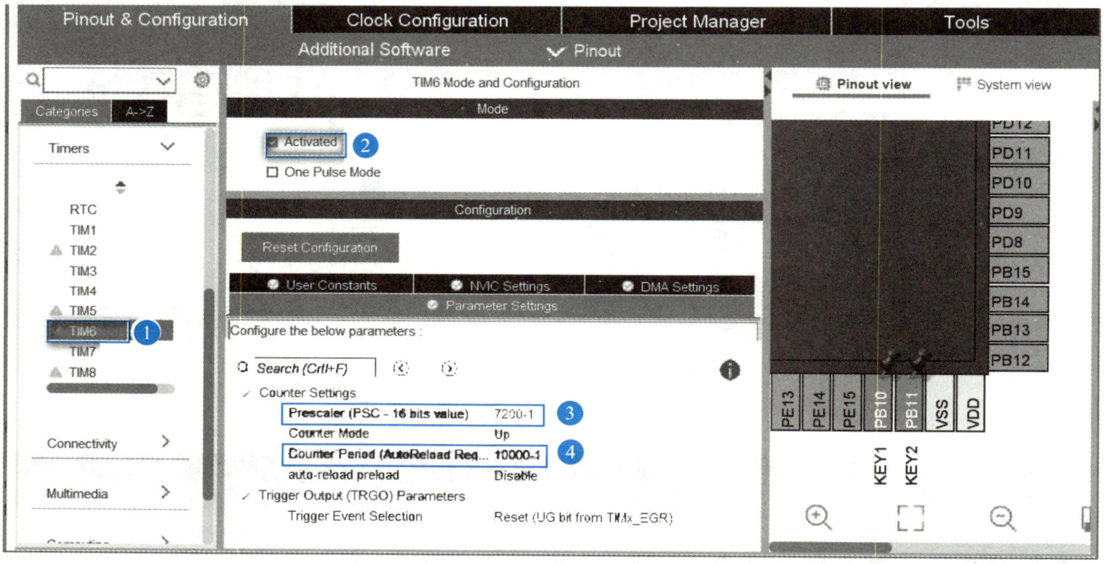

图3-27　定时器TIM6的参数

（4）配置中断

展开“Pinout & Configuration”标签页左侧的“System Core”选项，选择“NVIC”选项（图3-28中标号①处）。勾选使能“EXTI line[15:10] interrupts”（外部中断线[15～10]中断）并且设置抢占优先级为“1”，如图3-28中的标号②所示。勾选使能“TIM6 global interrupt”（定时器6全局中断）并且设置抢占优先级为“2”，如图3-28中的标号③所示。

（5）生成初始C代码工程

单击“GENERATE CODE”按钮，生成相应的C代码工程，然后用MDK-ARM打开工程。

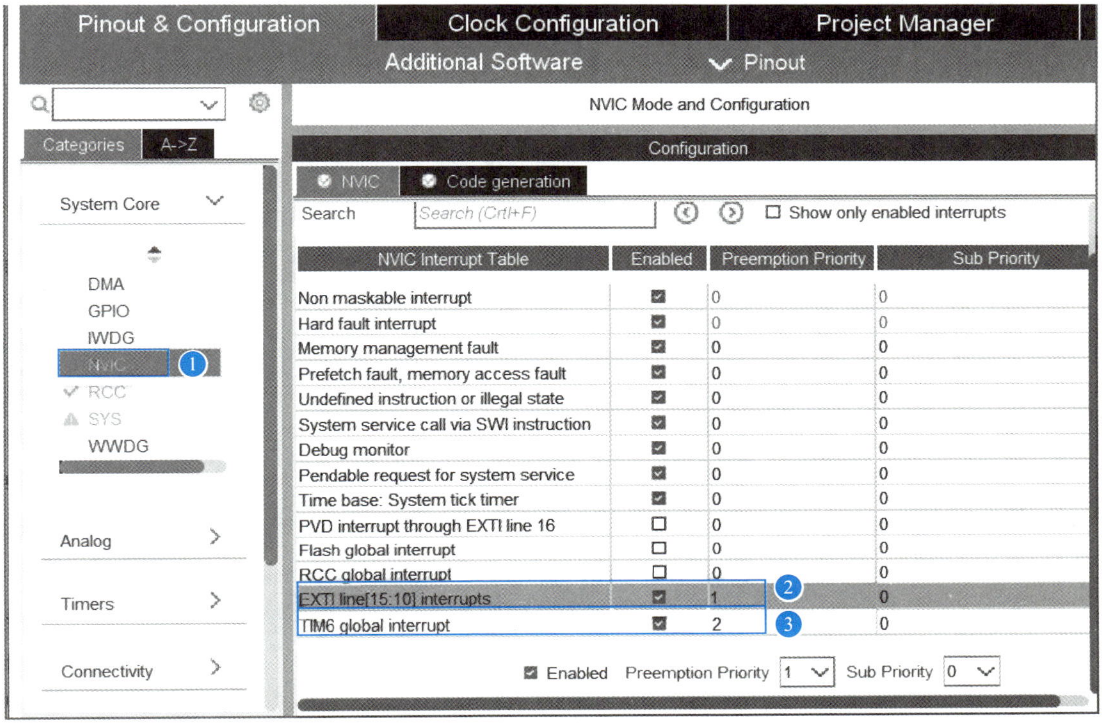

图3-28　中断配置

3. 完善代码实现功能

（1）增加定义变量

修改在main()函数的“USER CODE BEGIN PV”和“USER CODE END PV”之间的代码段。

```
/* USER CODE BEGIN PV */
uint8_t  i=0;       //循环变量
uint8_t  LED7Code[16]={0x3F, 0x06, 0x5B, 0x4F, 0x66, 0x6D, 0x7D,0x07,
                       0x7F, 0x6F, 0x77, 0x7C, 0x39, 0x5E,0x79,0x71};
//0~F 共阳数码管使用的段选数据
uint16_t  LED_Disp[10]; //数码管各位显示数据
volatile uint8_t   second=0;  //秒
volatile uint8_t   minute=0;  //分
volatile uint8_t   State_Flag=0;//0:停止 1：计数
volatile uint8_t   CountMode_Flag=0;//0:正计数 1：减计数
/* USER CODE END PV */
```

（2）编写回调函数

在main()函数的“USER CODE BEGIN 4”和“USER CODE END 4”之间添加代码段。

```
/* USER CODE BEGIN 4 */
 void HAL_GPIO_EXTI_Callback(uint16_t GPIO_Pin)
 {
       if(GPIO_Pin==KEY1_Pin)
       {
           if(State_Flag==0)
           {
               State_Flag=1;
               HAL_TIM_Base_Start_IT(&htim6);
           }
           else if(State_Flag==1)
           {
               State_Flag=0;
               HAL_TIM_Base_Stop_IT(&htim6);
           }
       }
       if(GPIO_Pin==KEY2_Pin)
       {
           if(CountMode_Flag==0)
           {
         CountMode_Flag=1;
           }
           else if(CountMode_Flag==1)
           {
               CountMode_Flag=0;
           }
       }
 }
 /* USER CODE END 4 */
```

（3）编写TIM6更新中断服务程序

在main()函数的“USER CODE BEGIN 4”和“USER CODE END 4”之间添加代码段。

```
/* USER CODE BEGIN 4 */
 void HAL_TIM_PeriodElapsedCallback(TIM_HandleTypeDef *htim)
 {
       if(htim->Instance==TIM6)
       {
```

```
        switch(CountMode_Flag)
        {
            case 0:
                if(second==59)
                {
                  minute++;
                  second=0;
                }
                else
                  second++;
                break;
            case 1:
                if(second==0)
                {
                  minute--;
                  second=59;
                }
                else
                  second--;
                break;
        }
    }
}
/* USER CODE END 4 */
```

（4）修改主循环程序

在main()函数的“USER CODE BEGIN WHILE”和“USER CODE END WHILE”之间添加第一个代码段。

```
/* USER CODE BEGIN WHILE */
while (1)
{
    LED_Disp[5]=minute/10;
        LED_Disp[6]=minute%10;
    LED_Disp[7]=second/10;
    LED_Disp[8]=second%10;
    for(i=5;i<9;i++)
    {
        HAL_GPIO_WritePin(GPIOA,0xFF,GPIO_PIN_SET);//清除段选数
        HAL_GPIO_WritePin(GPIOC,S5_Pin|S6_Pin|S7_Pin|S8_Pin,GPIO_PIN_RESET);//关闭位选
        switch(i)             //输出位选数据
```

```
        {
            case 5:
                    HAL_GPIO_WritePin(S5_GPIO_Port,S5_Pin,GPIO_PIN_SET);
                    break;
            case 6:
                    HAL_GPIO_WritePin(S6_GPIO_Port,S6_Pin,GPIO_PIN_SET);
                    break;
            case 7:
                    HAL_GPIO_WritePin(S7_GPIO_Port,S7_Pin,GPIO_PIN_SET);
                    break;
            case 8:
                    HAL_GPIO_WritePin(S8_GPIO_Port,S8_Pin,GPIO_PIN_SET);
                    break;
      }
        HAL_GPIO_WritePin(GPIOA,LED7Code[LED_Disp[i]],GPIO_PIN_RESET);
        //送段选数据
        HAL_Delay(1);                //第i个数码管显示1ms
   }
 /* USER CODE END WHILE */
```

4. 编译程序，生成HEX文件

参考前面的任务，编译程序。如果编译未通过，根据提示信息进行相应的排错，直到编译通过，生成HEX文件。

5. 烧写程序到STM32F103VET6

烧写前先把NEWLab实训平台右上角旋钮旋至“通信模式”，M3核心模块右上角JP1拨到“BOOT”打开NEWLab实训平台电源。按下复位按键，使用FlashLoader Demonstrator，参考前面的任务将“task3-2”烧写到STM32F103VET6里。

6. 测试效果

将JP1拨到“NC”，按下复位按键，可以看到4位数码管显示“0000”，按下1键，每隔1s最右侧数码管加1，显示“0001”“0002”……当显示“0059”后下一秒显示“0100”，即分钟数加1。按下1键，显示数字静止，不再加1，停止计数。按下2键，再按1键，显示数值每隔1s减1，实现反计数。按下2键，显示每隔1s加1，实现增计数。

任务小结

通过使用STM32实现电子秒表，读者可加强使用STM32微控制器定时器定时功能的使用能力、外部中断的使用能力、数码管动态显示的能力。任务小结如图3-29所示。

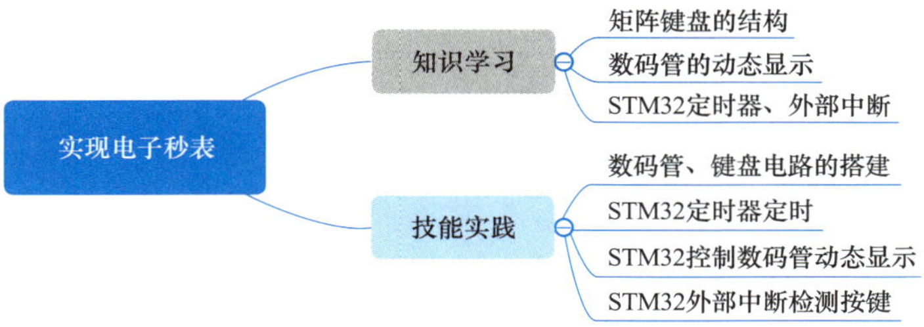

图3-29　任务小结

任务拓展

将定时器TIM6换成TIM2，实现电子秒表。

项目扩展阅读

大国工匠——每个钟表匠人都是高明的钟表医生

中国古代有日晷、水钟、火钟、铜壶滴漏等，这只能算是古人的计时器。没有嘀嗒嘀嗒的钟表声，都不能称为钟表。到了1090年，北宋宰相苏颂主持建造了一台水运仪象台，能报时打钟，它的结构已近似于现代钟表的结构，可称为钟表的鼻祖。

如今人们越来越习惯于通过手机看时间，钟表尤其是机械钟表正从大众的生活中退出，坚守这个老行当的人也越来越少。年逾花甲的钟表匠人刘吉林，不舍老手艺消失，四十多年独自坚守3平米钟表修理铺，甘愿做“时间的守护者”。由明至清的四百多年间，西洋钟表一直是贵族阶级的奢侈用品，乾隆年间，修表技术传入民间，才有了修钟表这一行当。刘吉林师傅退休前是广西现代运输集团的一名职工，同时也是一个钟表迷，对各种钟表非常感兴趣，从小就喜欢拆卸、组装和修理各种钟表。由于修钟表是一项技术含量高且吃功夫的活儿，没有过硬的本领，根本就修不了。年复一年，日积月累，刘吉林不仅自学成才，技术更是越来越娴熟。

每一个钟表匠人都是高明的钟表医生，他们听一听钟表的脉搏跳动，便知道是哪个部位、哪个神经出了问题，他们是懂得时间奥秘的人，只有懂得，才能修复。做这一切时，钟表匠总是高度认真，一丝不苟，心思缜密细致得如绣花，面对眼花缭乱的各种微型零件毫不慌乱，他们有着泰山崩于前而不变的从容淡定，真如医术精湛的大夫在做手术。渐渐地，那错乱或停滞的时间，又被拉回到正常的轨道上来，再次贴近耳畔谛听，滴答、滴答……

Project 4

项目4

制作智慧滑冰场馆温控系统

引导案例

在滑冰场地，精彩纷呈的比赛项目会吸引不少观众前来。不过，长时间现场观赛会不会让观众“冷到发抖”？如果开足了暖气，那赛场的冰温还能有所保障吗？滑冰场地和冰壶场地如图4-1所示。

图4-1 滑冰场地和冰壶场地

一面是对冰雪温度控制极严的赛场，一面是在赛场边一坐就是数小时的观众，滑冰场采用了大量的科技手段。举例来说，场地在不同的区域有不同的温度控制机制，这样一来，既符合场地对低温的要求，又能保证现场观众“温暖舒适”的观赛体验。

对于冰壶比赛而言，需要比赛场地的冰温达到-7～-4℃，冰面以上1.5m的空气温度也要维持在10℃左右，只有这样才能保证冰壶运动正常比赛。然而，现场观众席距离比赛冰面不足10m，在这种低温下长时间观赛，想想都令人瑟瑟发抖。但是通过对冰场智能化的温度控制，能够将观众席的温度保持在16～18℃，把观赛的“热度”保持恰到好处。一般情况下，智慧控温系统需要包含超过上千个传感器，仿佛一个“聪明大脑”一样，它可以随时监测并控制场馆内的温度、湿度乃至露点温度等方面的变化。

同时，观众席座椅下方的区域，增加了直径1m的蓝色风管，如图4-2所示，这些除湿送风系统就像是“聪明大脑”的帮手——当室内某处的参数发生改变时，它们就会依据控制系统的“指挥”，精准地调节该区域的温度、湿度，从而实现精准区域控温。

图4-2 滑冰场馆观众席

那么，类似这种滑冰赛事，场馆具体是如何实现温度上报和控温的呢？

任务1 滑冰场温度上报

扫码观看视频

职业能力目标

- 根据异步串口通信协议，设计合理的通信参数。
- 能根据MCU的编程手册，利用STM32CubeMX准确配置STM32串口发送功能。
- 能根据功能需求，正确添加串口处理代码，实现字符串的发送。

任务描述与要求

任务描述：一个大学生创业团队为国内某家滑冰运动场提供场地温度管理解决方案。任务是设计一个温度监控设备完成场地冰面温度和场馆各区域温度数据的采集以及与管理室的通信功能。该项目共分为4个阶段进行，第一阶段完成温度数据的上报，为便于验证，此阶段发送内容为固定格式数据，在计算机端使用串口调试助手观察接收数据以达到验证的效果。

任务要求：

- 配置串口发送模式。
- 发送固定格式数据。
- 在计算机上使用串口调试助手观察数据。

知识链接

1. STM32串口基本功能

串口是各类电子产品中最常见的通信接口之一，它具有线路简单、连接方便，开发、调试工具丰富的优点，当前，串口已经成了几乎所有单片机的必备外设之一。串口数据传输过程如图4-3所示。

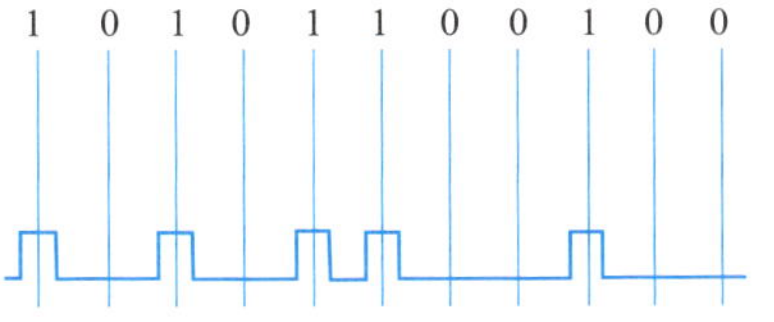

图4-3 串口数据传输示意图

STM32的串口非常强大，它不仅支持最基本的通用串口同步、异步通信，还具有LIN总线功能（局域互联网）、IrDA功能（红外通信）、智能卡功能。STM32的串口架构图如图4-4所示。该图看起来十分复杂，实际上对于软件开发人员来说，只需要大概了解串口的发送过程即可。

从下至上，串口主要由3个部分组成，分别是波特率控制、收发控制和数据存储转移。

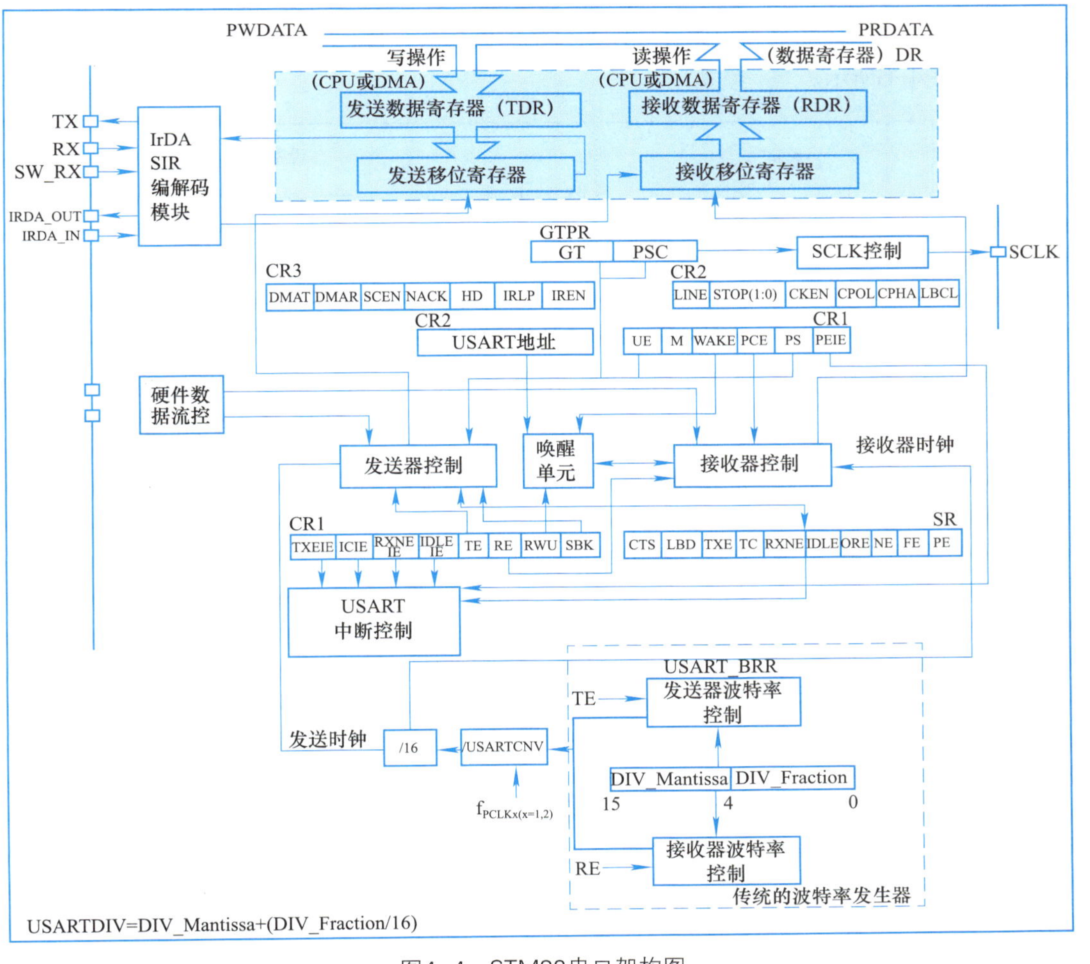

图4-4 STM32串口架构图

接收数据则是一个逆过程，数据从串口线RxD一位一位地输入到接收移位寄存器，然后自动地转移到接收数据寄存器RDR，最后用内核指令或DMA读取到内存（变量）中。

2. 常见串口驱动电路

两块单片机之间使用串口进行通信，如果双方都使用相同的TTL电平，则其连接方式如图4-5所示。两块单片机的TxD与RxD交叉相连。此外GND直接相连，这里没有画出。

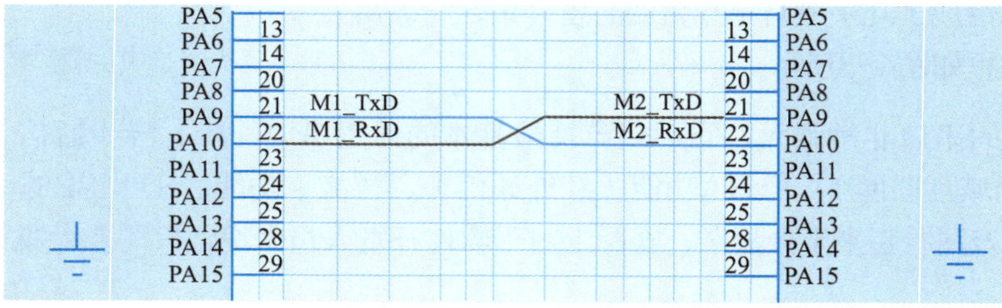

图4-5 两块单片机之间串口通信连接方式

如果单片机与不同电平的设备相连，则需要进行电平转换以保护设备，达到正常通信的效果。显然，这样的电平转换电路在收发双方都应该各有一套。所以，通常情况下实际电路的连接方式如图4-6所示。

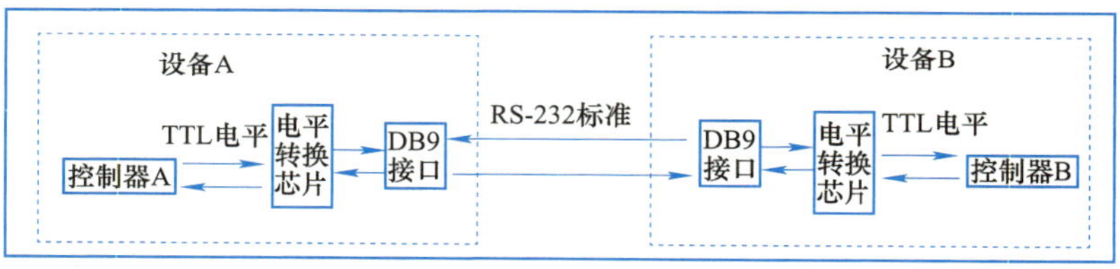

图4-6 通常情况下串口的连接方式

这里的控制器可理解为单片机等采用TTL电平的设备，通信数据从控制器发出后经电平转换电路转换为RS-232标准接口电平，继而通过“DB9”接口连接到对方的接收通道。

MAX232系列芯片是最常见的电平转换芯片，其电路图如图4-7所示。

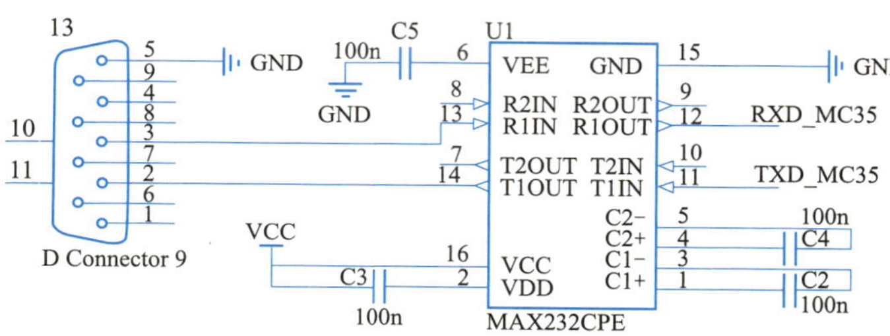

图4-7 MAX232电平转换电路

3. 串口发送步骤分析

UART串口属于异步通信，时钟信号需要通信双方各自产生。同时，各项通信数据也要统一约定。约定内容包括通信速率、字长、校验模式、起始位个数、停止位个数等。

（1）通信速率

通信速率，一般也称为波特率，也就是每秒传送的字节数。常见波特率及误差如图4-8所示。

序号	波特率 /Kbit·s^{-1}	f_{PCLK}=36MHz			f_{PCLK}=72MHz		
		实际 /Kbit·s^{-1}	置于波特率寄存器中的值/Kbit·s^{-1}	误差	实际 /Kbit·s^{-1}	置于波特率寄存器中的值 /Kbit·s^{-1}	误差
1	2.4	2.400	937.5	0%	2.4	1875	0%
2	9.6	9.600	234.375	0%	9.6	468.75	0%
3	19.2	19.2	117.1875	0%	19.2	234.375	0%
4	57.6	57.6	39.0625	0%	57.6	78.125	0%
5	115.2	115.384	19.5	0.15%	115.2	39.0625	0%
6	230.4	230.769	9.75	0.16%	230.769	19.5	0.16%
7	460.8	461.538	4.875	0.16%	461.538	9.75	0.16%
8	921.6	923.076	2.4375	0.16%	923.076	4.875	0.16%
9	2250	2250	1	0%	2250	2	0%
10	4500	不可能	不可能	不可能	4500	1	0%

图4-8 STM32常见波特率及误差

（2）字长

STM32的串口支持8、9位字长。

（3）校验模式

为了能够了解通信过程中是否发生错误，还可以在传送数据之外额外增加1位用于检验，这一位就称为“校验位”。假设要传送8位数据，分别采用1位奇/偶校验位之后数据变化见表4-1。

表4-1 奇/偶校验示例

有效数据（8位）	奇校验（Odd）	偶校验（Even）
0000 0000	0000 0000 1	0000 0000 0
0101 0101	0101 0101 1	0101 0101 0
0100 1100	0100 1100 0	0100 1100 1
1111 1111	1111 1111 1	1111 1111 0

（4）起始位、停止位

串口为了区分停止状态和数据传输状态还设置了起始位、停止位的概念，这在下一个任务中详细解释。一般情况下采用默认值1位起始位、1位停止位即可。

（5）硬件流控

标准串口除了上述3个引脚之外还有RTS、CTS等引脚用于硬件流控制。

4. 单片机发送数据

使用HAL库开发STM32单片机的优点之一就是有大量的HAL库函数供调用，以加速开发过程。关于串口发送函数根据串口的工作模式不同也有多个函数可供调用。如:

HAL_UART_Transmit ( )
HAL_UART_Transmit_IT ( )
HAL_UART_Transmit_DMA ( )

5. 在计算机上查看数据

串口调试助手界面如图4-9所示。硬件连接完毕，在计算机上使用串口调试助手，将通信参数设为一致，即可正常查看发送的数据。

图4-9 串口调试助手设置

任务准备

任务实施前必须先准备好表4-2所列的设备/资源。

表4-2 设备/资源清单表

序 号	设备/资源名称	数 量	是否准备到位（√）
1	M3主控模块	1	
2	配书资源	1	

任务实施

要完成本任务，可以将实施步骤分成以下4步：

- 新建STM32CubeMX串口工程。
- 添加串口发送代码。

- 搭建硬件测试环境。
- 使用串口调试助手验证结果。

具体实施步骤如下:

1. 新建STM32CubeMX串口工程

（1）新建STM32CubeMX工程

（2）调试接口、时钟基础配置

（3）配置串口参数

其中（1）、（2）步已经在前述项目中多次配置，这里不再赘述。串口配置如图4-10所示。

这里将串口速率配置为115 200bit/s，字长8位，无校验，1位停止位。在这一步串口向外发送数据，不接收。完成以上基本配置后将工程保存到相应的文件夹中，并命名为“Task4-1-SerialTx”。这里需要强调，文件夹路径中不能用中文。

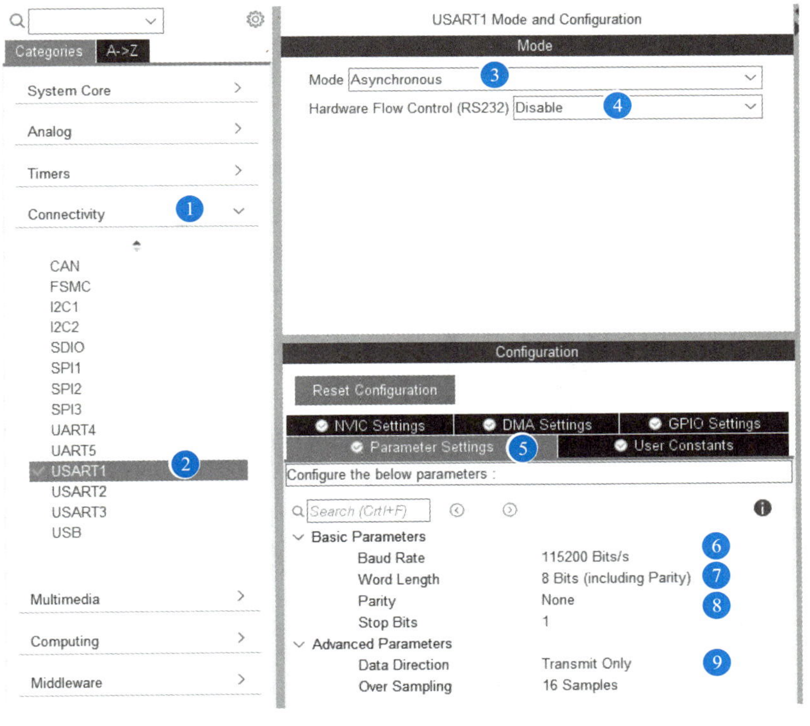

图4-10　串口配置

2. 添加发送代码

STM32CubeMX中集成的HAL库中有很多关于串口数据的函数，这里使用HAL_UART_Transmit()函数，让串口发送一个经典字符串“Hello world!”到计算机。代码如下:

```
// Para1:端口号; Para2:发送数据; Para3:数据长度; Para4:最大阻塞时间
HAL_UART_Transmit (&huart1,(uint8_t *)"Hello world!\r\n",14,1000);
```

第三个参数是发送数据长度，显然如果逐个数字符就太麻烦了，也容易出错。可以使用C语言中的sizeof()运算符自动计算字符串长度。

```
HAL_UART_Transmit(&huart1,(uint8_t *)"How are you?\r\n", sizeof("How are you?\r\n"),1000);
```

完成字符串发送的关键代码如下（仅列出有添加代码部分）。

```
/* USER CODE BEGIN WHILE */
while (1)
{
    // Para1:端口号; Para2:发送数据; Para3:数据长度; Para4:最大阻塞时间
    HAL_UART_Transmit(&huart1,(uint8_t *)»Hello world!\r\n»,14,1000);
    HAL_UART_Transmit(&huart1,(uint8_t *)"How are you?\r\n",sizeof("How are you?\r\n"),1000);
    // 延时，防止缓冲区溢出
    HAL_Delay(50);
/* USER CODE END WHILE */
/* USER CODE BEGIN 3 */
}
/* USER CODE END 3 */;
```

代码添加完毕后，编译无警告、错误即可下载到单片机中运行测试。

3. 搭建硬件环境

将M3核心板放置在实验平台上。如果PC有标准COM口，可以直接利用实验平台所配备的标准串口线将NEWLab实验平台与PC的COM口进行连接。如果PC没有COM口，可以使用USB转串口线，将其一端连接NEWLab实验平台背部的COM口，另一端连接PC的USB口（需要预先安装USB转串口线驱动程序）。连接示意图如图4-11所示。

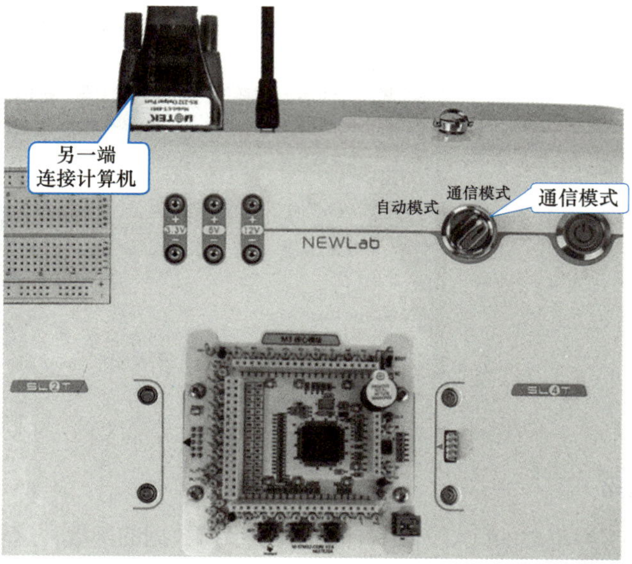

图4-11　串口通信示意图

4. 结果验证

（1）查看串口号

（2）配置串口助手参数

使用USB转串口线连接NEWLab与计算机时，计算机将会分配给USB线一个模拟串口号。查看这个虚拟串口线的方法与使用串口线下载STM32程序一样，如图4-12所示，这里不再赘述。

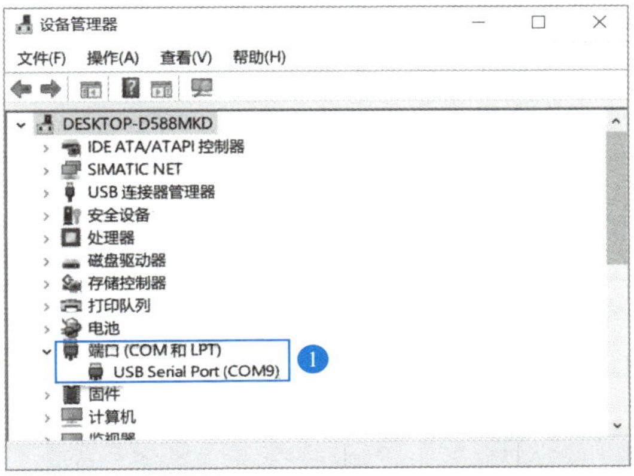

图4-12　查看USB转串口线虚拟串口号

在计算机端开启串口调试助手，选择合适的虚拟串口号（串口调试助手会自动将发现的串口显示出来，选择即可）以及与STM32相同的串口设置，完成设置。设置界面如图4-13所示。

将JP1拨到“NC”，按下复位按键，使得单片机处在运行状态。在串口调试助手上观察数据，如图4-14所示。

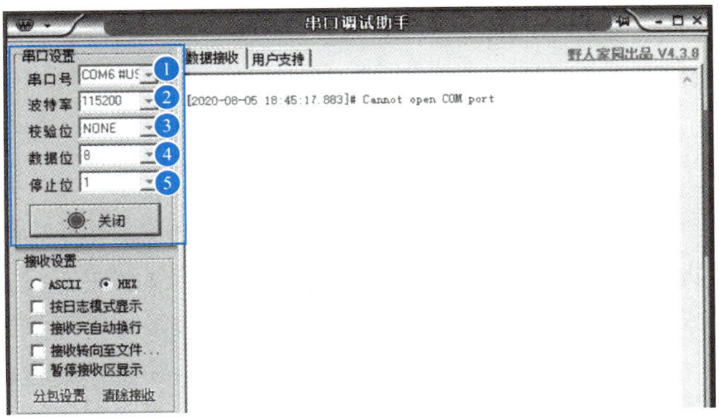

图4-13　串口调试助手设置

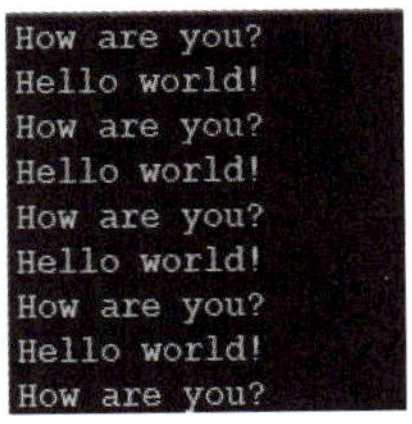

图4-14　串口接收数据监控

任务小结

通过设备发送数据任务的设计与实现，读者可了解使用STM32CubeMX配置STM32F1xx

单片机的串口方法，以及HAL库中串口发送函数HAL_UART_Transmit()的基本使用方法。任务小结如图4-15所示。

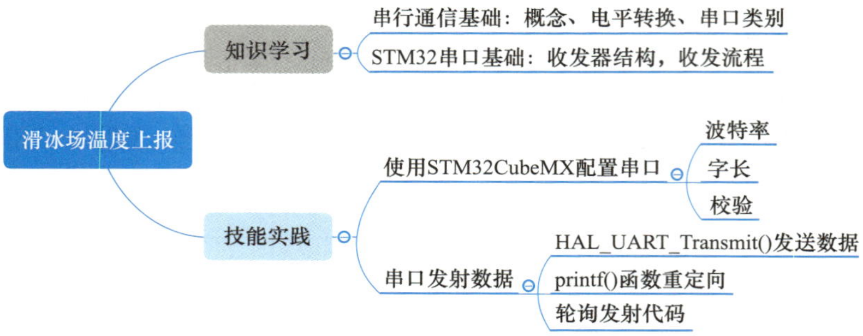

图4-15　任务小结

任务拓展

在学习C语言时，最常使用的函数之一就是格式化输出printf()函数。在单片机编程中能不能使用这个函数呢？请查阅资料并实现。

任务2　温控设备接收外部命令

职业能力目标

- 能根据MCU的编程手册，利用STM32CubeMX准确配置STM32串口接收功能。
- 能根据任务要求，快速查阅硬件连接资料，准确搭建设备环境。
- 能根据功能需求，正确添加串口处理代码，实现字符串的查询接收。

任务描述与要求

任务描述：一个大学生创业团队为国内某家滑冰运动场提供场地温度管理解决方案。任务是设计一个温度监控设备完成场地冰面温度和场馆各区域温度数据的采集以及与管理室的通信功能。该项目共分为4个阶段进行，第二阶段完成温控设备外部数据接收，并显示接收命令代码功能。此阶段使用查询方式接收串口数据。为便于测试，在计算机端使用串口调试助手发射字符串；温控设备接收完成使用数码管显示，以达到验证的效果。

任务要求：

- 配置串口接收模式。
- 查询方式接收数据。

- 数码管显示数据。
- 在计算机上使用串口调试助手观察数据。

知识链接

1. 异步串口通信协议

任务1利用STM32CubeMX中的相关库函数完成了串口数据的发送，而接收则是由串口调试助手工具自动完成的。本阶段，来处理一个相反的过程。在计算上使用串口调试助手发送数据，使用STM32单片机接收。异步串口通信协议如图4-16所示（1bit起始位+8bit数据+1bit校验位+1bit停止位）。在发送引脚TxD上，1）没有数据发送时，引脚一直处在高电平；2）当有数据要发送时，TxD上输出1bit周期低电平，表示起始位；3）后面接着输出8bit数据，其中“1”用高电平表示，“0”用低电平表示；4）数据位结束后紧跟着1bit的奇偶校验位（也可以没有）；5）数据传输完毕，TxD输出高电平1bit周期，表示停止位。

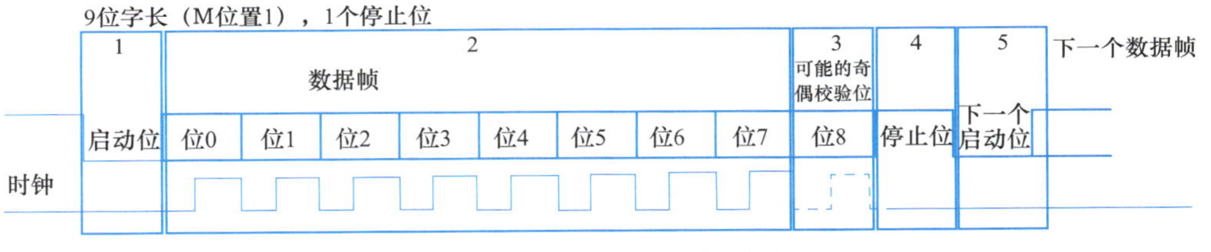

图4-16　异步串口通信协议

这里的bit周期就是波特率的倒数，比如当波特率为9600bit/s时，1s传输9600个bit，bit周期大约为0.1ms。可以发现，以上的串口发送过程中，起始位+停止位+校验位（也可以没有）共3bit，有效数据为8bit，则传送效率约为70%。特别注意，STM32单片机中，奇偶校验位也是包含在字长Word Length中的，一般情况下，是按照整个字节传输数据的，不希望校验位占用字节内容，所以如果要奇偶校验，就要设置Word Length为9，如图4-17所示；反之，如果不设校验，则Word Length设置为8即可。

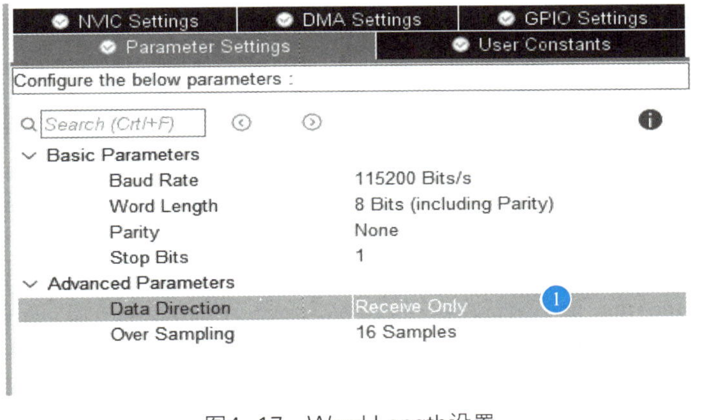

图4-17　Word Length设置

STM32单片机支持查询接收、中断接收等模式，先来使用查询方式进行数据接收。为了检验接收是否正确，使用数码管对接收到的数据进行指示。

2. 查询接收HAL库函数

使用STM32CubeMX开发的方便之处是其官方为单片机准备了大量的库函数以供调用。在使用库函数之前，首先来研究一下STM32串口的收发器接收部分。

STM32的HAL函数库中提供了HAL_UART_Receive () 函数来进行查询接收。该函数原型为:

```
HAL_StatusTypeDef HAL_UART_Receive(UART_HandleTypeDef *huart,
uint8_t *pData,
uint16_t Size,
uint32_t Timeout);
```

形参*huart是串口句柄指针，这里使用串口1，该传输即为“huart1”。

形参*pData是串口接收数据的存放地址，在使用该函数之前应该在内存中开辟一段内存用于存放接收数据。

形参Size是指定串口接收数据的长度。

形参Timeout是查询串口最长等待时间，这里是以ms为单位。

该函数是一个阻塞函数，即在执行本函数期间，单片机不能做其他事。如果超时没接收完成，则不再接收数据到指定缓冲区，返回超时标志（HAL_TIMEOUT）。

3. 数码管显示

单片机收到数据之后驱动数码管显示命令代码，数码管本质上是发光二极管的组合。在显示数字时给相应的二极管加正偏电压即可。图4-18是CL3641BH型4位8段数码管，图4-19是共阳极型数码管的其中1位的内部结构示意图，图4-20为1位8段数码管，CL3641BH相当于内部集成了4个这样的结构。

图4-18　共阳极4位数码管

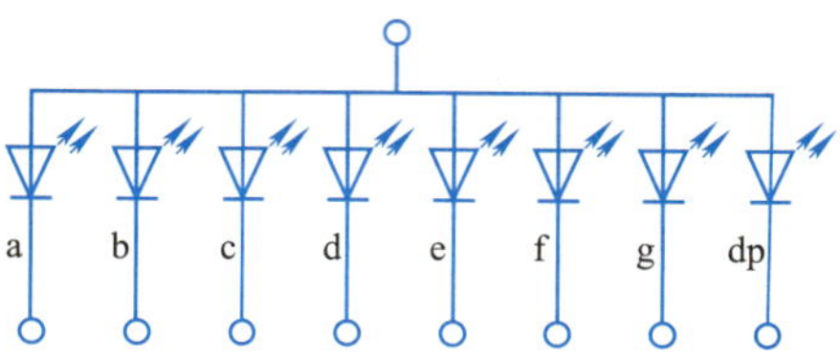

图4-19　共阳极数码管内部

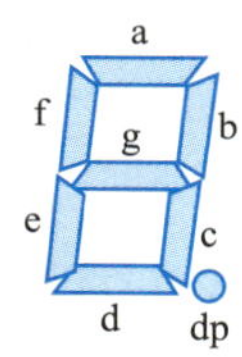

图4-20　数码管中发光二极管

电路连接时只需要将CL3641BH的一位数码管阳极（公共端）接到电源，其余8只引脚通过限流电阻接到单片机控制引脚即可。比如要显示数字“0”，则需要二极管a、b、c、d、e、f亮起即可。因为是共阳极，所以单片机控制a~f的引脚输出低电平即可显示数字“0”。

4. 串口接收流程分析

与任务1类似，作为异步串口通信，通信双方波特率、字长、校验方式等参数都要相同方可通信。

1）波特率：115 200bit/s。任务1中对各个参数的作用做了一个简要的介绍，这里再对波特率这一重要参数的计算做一个补充。STM32的USART1接在APB2时钟上，所以其波特率跟APB2的时钟速率有关。

波特率即每秒传输的二进制位个数，用bit/s表示，通过对时钟的控制可以改变波特率。在配置波特率时，向波特率比率寄存器USART_BRR写入参数，修改了串口时钟的分频值USARTDIV。USART_BRR寄存器包含两部分，分别是DIV_Mantissa（USARTDIV的整数部分）和DIV_Fraction（USARTDIV的小数）部分，最终计算公式为USARTDIV=DIV_Mantissa+(DIV_Fraction/16）。因为使用了库函数对STM32进行配置，所以无须计算寄存器的USARTDIV的值。大大提高了开发效率。

2）字长：8位。

3）校验：无校验。

4）停止位：1位。

5）数据收发：Receive only。

6）过采样：16抽样。

配置完成生成初始代码。

5. 添加串口接收代码

调用HAL_UART_Receive()函数实现串口接收是非常简单的，但要注意一点，接收到的数据是以字符的形式存在的。

任务准备

任务实施前必须先准备好表4-3所列的设备/资源。

表4-3 设备/资源清单表

序 号	设备/资源名称	数 量	是否准备到位（√）
1	M3主控模块	1	
2	显示模块	1	
3	香蕉线	1	
4	配书资源	1	

任务实施

工程创建与基本配置部分与任务1大同小异，这里不再详细阐述，直接给出配置步骤与配置截图。

具体实施步骤如下：

1. 修改STM32CubeMX工程

1）基本配置（时钟、调试口）。

2）LED驱动GPIO配置。

3）串口配置。

新建工程文件夹“Task4-2-SerialRx”，将任务1中的STM32CubeMX工程复制过来并修改名称为“Task4-2-SerialRx”。在任务1工程的基础上，只需要配置串口为接收，以及驱动数码管的相关GPIO即可。单片机时钟、调试接口等配置都不变。配置方法可参考任务1。

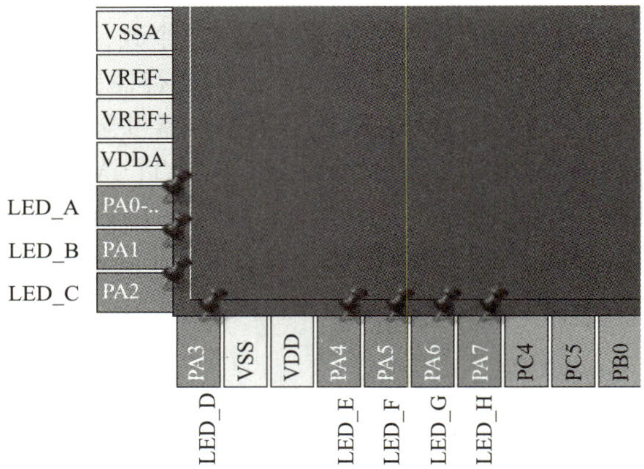

图4-21 配置数码管驱动管脚

单片机使用PA0～PA7驱动数码管，需要将其设置为推挽输出模式。为方便记忆，将这8个引脚分别使用LED_A，LED_B……表示，代表驱动相对应的数码管引脚。配置界面如图4-21所示。

与任务1相同，串口参数在“Connectivity”中配置，选择USART1，配置参数如图4-22所示。这里将串口速率配置为115 200bit/s，字长8位，无校验，1位停止位。在这一步串口接收外部数据。

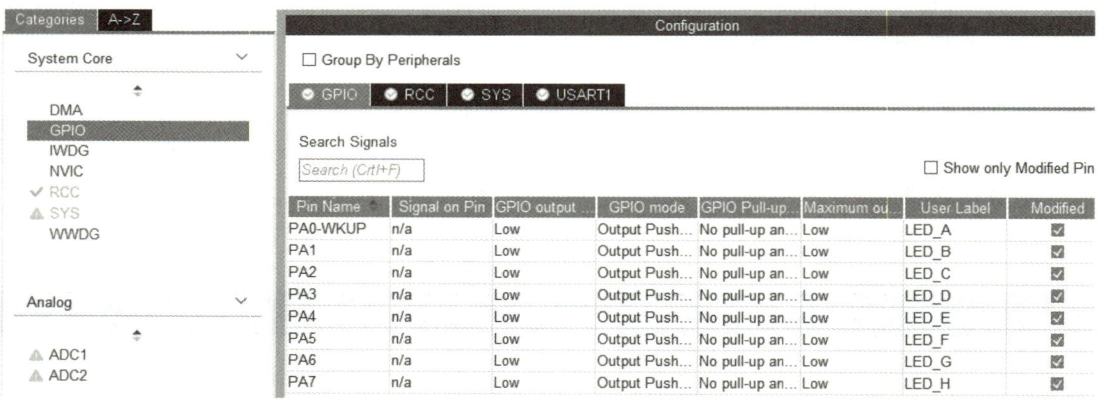

图4-22 配置数码管驱动管脚

2. 添加接收代码

根据前面的分析，要调用HAL_UART_Receive()函数，首先要定义一个字符指针，用来存储计算机发送过来的数据。代码如下：

```
uint8_t pChar;
HAL_GPIO_WritePin(LED_A_GPIO_Port,0xff,GPIO_PIN_SET);
while (1)
  {
```

```
        HAL_UART_Receive(&huart1,&pChar,1,1000);
        if(pChar=='0')
         HAL_GPIO_WritePin(LED_A_GPIO_Port,LED_A_Pin,GPIO_PIN_RESET);
        else
            HAL_GPIO_WritePin(LED_A_GPIO_Port,LED_A_Pin,GPIO_PIN_SET);
        /* USER CODE END WHILE */

        /* USER CODE BEGIN 3 */
    }
    /* USER CODE END 3 */
```

将上述代码都写在main()函数的主循环中，实现效果是每个单片机每次从计算机读取1个字节内容。如果接收字符为“0”，则数码管的A段点亮，否则A段熄灭。

3. 硬件环境搭建

本任务需要使用“M3核心板模块”和“显示模块”，硬件连接引脚对应关系见表4-4，将其按照图4-23所示连接完毕。具体连线关系如下：

表4-4　硬件连接引脚对应表

M3核心模块	PA0	PA1	PA2	PA3	PA4	PA5	PA6	PA7	3.3V
显示模块	J7–A	J7–B	J7–C	J7–D	J7–E	J7–F	J7–G	J7–H	J6–S5

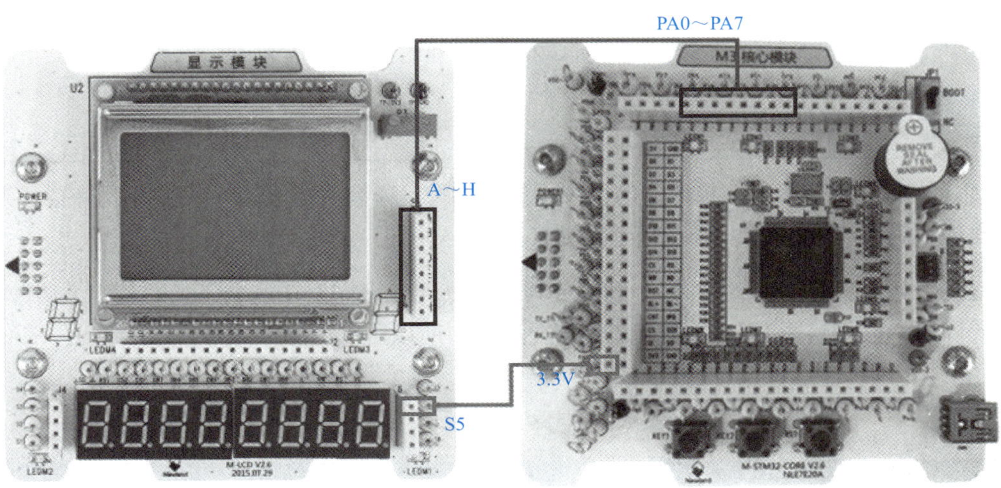

图4-23　硬件连接图

NEWLab与计算机连接方法与任务1相同，参考完成即可。参照前述任务使用串口将编译好的程序（Task4-2-SerialRx. hex）下载到单片机中（注意，JP1一定打到“Boot”，并按一次复位按钮）。

4. 结果验证

将JP1拨到“NC”，按下复位按键，使得单片机工作在运行状态。在计算机上通过串口调试助手分别发送字符“0”与其他非0字符，观察“显示模块”数码管的显示状态。当输入“0”时，数码管状态如图4-24和图4-25所示。

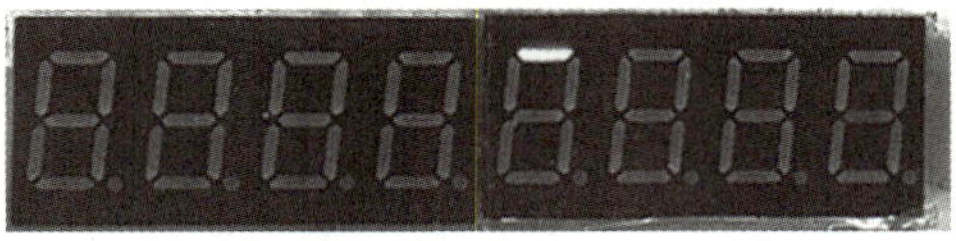

图4-24　串口接收到字符“0”时数码管状态（A段亮起）

图4-25　串口接收到非“0”字符时数码管状态（A段熄灭）

任务小结

使用STM32CubeMX完成单片机的串口接收配置，使用串口调试助手与单片机进行通信。单片机根据接收字符在数码管上进行显示。任务小结如图4-26所示。

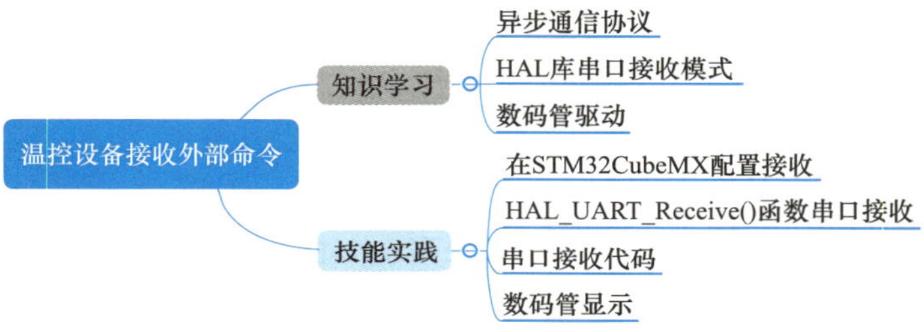

图4-26　任务小结

任务拓展

现在来完成一个最为简单的通信协议，假设温控设备有10个指令，分别用数字0～9来代表，实现数码管对接收命令代码显示。

任务2中已经完成了字符“0”的接收与显示。现在只需要在这个任务的基础上修改、添加代码即可。因为这里有10个指令代码需要显示，所以可以选用C语言中的switch—case语句来完成。代码工作流程是循环进行“接收→判断→显示”。

任务3　利用中断接收命令

职业能力目标

- 能利用STM32CubeMX准确启用STM32串口接收功能。
- 能利用STM32CubeMX正确启用串口中断并配置优先级。

- 能根据功能需求，正确添加串口处理代码，实现字符串的中断接收。

任务描述与要求

任务描述：一个大学生创业团队为国内某家滑冰运动场提供场地温度管理解决方案。任务是设计一个温度监控设备完成场地冰面温度和场馆各区域温度数据的采集以及与管理室的通信功能。该项目共分为4个阶段进行，第三阶段完成温控设备数据接收，并显示接收命令代码功能。此阶段对串口接收提出效率要求，故采用中断接收串口数据。为便于测试，在计算机端使用串口调试助手发射字符串；温控设备接收完成使用数码管显示，以达到验证的效果。

任务要求：

- 配置串口接收模式。
- 中断方式接收数据。
- 数码管显示数据。
- 在计算机上使用串口调试助手观察数据。

知识链接

1. 中断接收

任务2中使用了查询方式接收串口数据，使用了HAL_UART_Receive()函数，其中第四个参数是超时时间。为什么要设置这个参数呢？这是因为使用查询方式接收数据时CPU不断去查询相应寄存器状态位，直至满足条件才进行下一步动作。在这个过程中，CPU不能进行其他任务处理。显然，对于STM32单片机来讲，这是非常低效的方式。毕竟理论上STM32可以达到1.25MIPS/MHz的指令效率。对于72MHz主频速率，每秒可执行上百万条指令。而中断方式则是事件触发的，只要有事件产生都会进入中断，取得CPU的运行权，因此响应更快，更及时。

在STM32CubeMX提供的HAL库中，有串口中断接收函数HAL_UART_Receive_IT()，函数原型与HAL_UART_Receive()非常类似：

```
HAL_StatusTypeDef HAL_UART_Receive_IT(UART_HandleTypeDef *huart,
                                      uint8_t *pData,
                                      uint16_t Size);
```

该函数以中断方式接收指定长度数据。大致过程是把接收缓冲区指针指向要存放接收数据的数组，设置接收长度，接收计数器初值，然后使能串口接收中断。接收到数据时，会触发串口中断。接着，串口中断函数处理，直到接收到指定长度数据，而后关闭中断，不再触发接收中断，最后调用串口接收完成回调函数。使用回调函数能够实现更为灵活的处理，在较为复杂的嵌入式程序和嵌入式操作系统中比较常见。HAL_UART_Receive_IT()函数使用时一般是在主程序的while主循环之外启动一次，然后在中断处理程序中再次开启，如此实现高效率的比较复杂的功能。在while主循环之内使用该函数则往往体现不出中断处理的优越性。

要使用串口中断接收就必须先开启中断，HAL_UART_Receive_IT()函数隐式包含了中断开启过程，简单却容易造成误用，不能体现出中断接收的特点。为了更加清晰地了解串口中断处理过程，这里不使用HAL库中的串口中断接收函数HAL_UART_Receive_IT()函数而使用显式的处理过程。

2. 串口中断处理过程

串口接收中断属于可屏蔽中断，系统默认该中断是关闭的。所以要使用串口接收中断，首先要在程序中开中断。HAL库提供了__HAL_UART_ENABLE_IT()函数用以启动串口中断，中断类型使用函数形参确定。开启中断后，单片机接收到数据后进入中断处理程序。MDK中每个中断都有相应的默认中断处理程序。

MDK将STM32单片机的默认中断处理函数统一放置在“stm32f1xx_it.c”中，串口1的默认中断程序如下。

```
void USART1_IRQHandler(void)
{
	/* USER CODE BEGIN USART1_IRQn 0 */

	/* USER CODE END USART1_IRQn 0 */
	  USR_UART_IRQHandler();
	/* USER CODE BEGIN USART1_IRQn 1 */

	/* USER CODE END USART1_IRQn 1*/
}
```

可以看到该中断处理函数默认调用HAL_UART_IRQHandler()函数去执行真正的中断处理任务。用户可以用自己的中断处理程序去替换默认程序以实现独特的功能。

所以在MDK中使用串口中断接收大致经过以下3个步骤：

1）在main.c文件中增加自己的中断接收程序。

2）在stm32f1xx_it.c文件中修改中断处理函数。

3）在main.c的主程序中开串口接收中断。

3. 中断接收程序设计

串口通信基本设置与任务1、任务2相同，通信速率115 200bit/s、8位数据位，1位停止位、无校验。

为保证通信可靠性，通信程序往往设置起始、校验、结束等标志。在任务3中对通信程序做一个简单升级，使用3个字节表示一个完整命令。命令格式见表4-5。

表4-5 通信协议

1 字 节	1 字 节	1 字 节
a	r	0/1
固定，表示起始	表示读取	0：表示温度 1：表示湿度

这样，温控设备可接收两个命令，分别是读取温度命令“ar0”和读取湿度命令“ar1”。在中断处理程序中，因为已知命令都是3个字节，所以可以3个数据为一组，接收到3个字节数据后就给出一个标志位，告诉系统接收完成。

4. 主程序设计

主程序在发现接收数据完成标志位置位后，首先判断是否以字符“a”起始，如果不是则丢弃数据，并等待下一次标志位置位。如果是字符“a”开始，则继续判断后续字节是否为“r”以及最后一个字符是“0”还是“1”。即主程序会逐个匹配接收字符以查找对应命令并执行相应动作。

完成一次接收数据处理后，接收完成标志位都会被复位，相应的接收数据长度计数器、接收缓冲也会被清零。

任务准备

任务实施前必须先准备好表4-6所列的设备/资源。

表4-6 设备/资源清单表

序 号	设备/资源名称	数 量	是否准备到位（√）
1	M3主控模块	1	
2	显示模块	1	
3	香蕉线	1	
4	配书资源	1	

任务实施

要完成本任务，可以将实施步骤分成以下4步：

- 复制“Task4-2-SerialRx. ioc”工程，修改工程名为“Task4-3-SerialRx-IT. ioc”，配置串口中断接收，并生成初始代码。

- 添加串口中断接收代码实现功能。
- 搭建硬件环境。
- 生成HEX文件，烧写程序到STM32F103VET6，并测试效果。

具体实施步骤如下：

1. 修改STM32CubeMX工程

新建工程文件夹“Task4-3-SerialRx-IT”，将任务2中的STM32CubeMX工程复制过来并修改名称为“Task4-3-SerialRx-IT”。在任务2工程的基础上，只需要配置启用串口中断并设置其中断优先级即可。单片机时钟、调试接口等配置都不变。配置方法可参考任务1、任务2。这里仅给出中断配置完成的截图如图4-27所示。

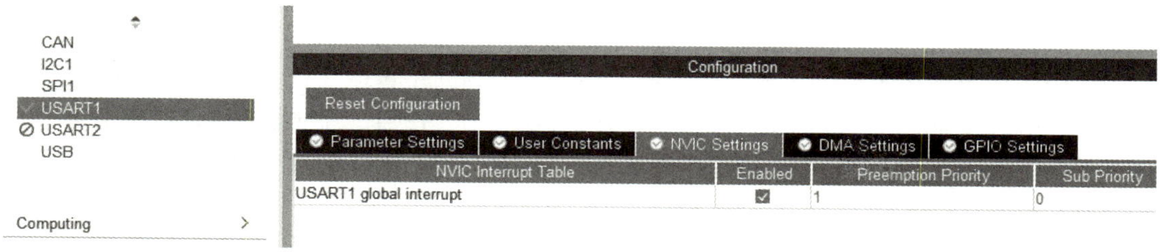

图4-27 启用单片机串口中断

启用单片机串口接收中断后，在STM32CubeMX的“System core”选项卡中选中“NVIC”子选项卡配置串口优先级。这里只启用了一个中断，优先级设置为图4-28所示即可。

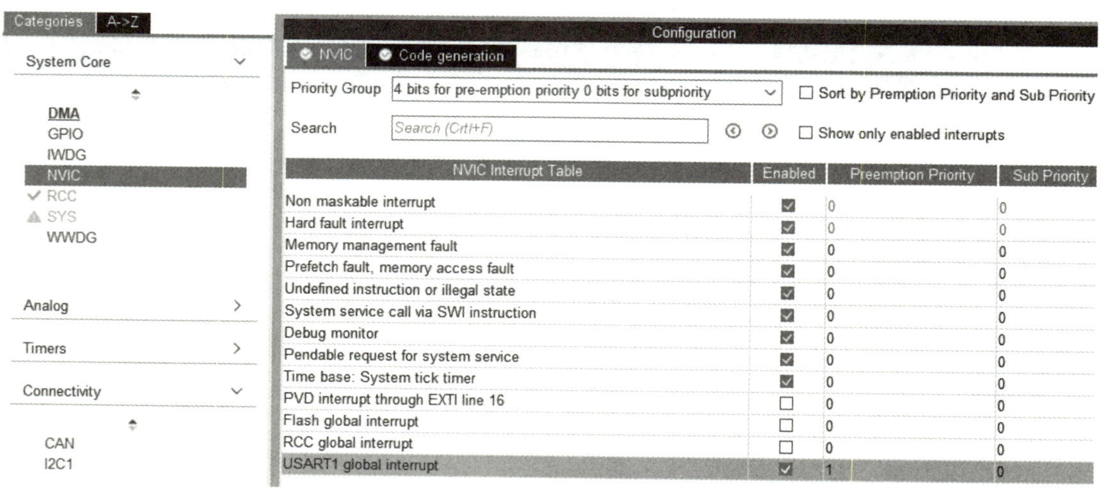

图4-28 配置数码管驱动管脚

2. 添加接收代码

（1）添加中断处理代码

根据前面的分析，在“stm32f1xx_it.c”文件中找到默认的串口1中断处理函数USART1_IRQHandler()，将其调用函数修改为自定义中断处理函数。代码如下，其中第6行注释掉，新增第8行。

```
1.  void USART1_IRQHandler(void)
2.  {
3.    /* USER CODE BEGIN USART1_IRQn 0 */
4.
5.    /* USER CODE END USART1_IRQn 0 */
6.    // HAL_UART_IRQHandler(&huart1);
7.      // 替换以上中断处理函数
8.      USR_UART_IRQHandler();
9.    /* USER CODE BEGIN USART1_IRQn 1 */
10.
11.     /* USER CODE END USART1_IRQn 1 */
12. }
```

（2）添加自定义中断处理函数声明及函数体代码

根据C语言规范及工程文件要求，函数在调用之前必须先声明。在“main.h”中，给出USR_UART_IRQHandler()函数的声明，如下面第3行。

```
1. /* USER CODE BEGIN EFP */
2. // 声明UART1中断自行处理函数
3. void USR_UART_IRQHandler(void);
4. /* USER CODE END EFP */
```

然后在“main.c”中增加该函数定义的函数体代码。其中第6至第10行完成单个字节的接收任务，每次中断都会执行相应的代码。第11、12行是命令接收完成判断标志处理，这里根据命令长度进行简单判断，完成3个字节的接收即置位接收完成标志。至于命令正确与否，则交由主程序去判断、执行。

```
1.  /* USER CODE BEGIN 4 */
2.  // 用户中断处理程序
3.  void USR_UART_IRQHandler(void)
4.  {
5.      if(__HAL_UART_GET_FLAG(&huart1,UART_FLAG_RXNE)!=RESET)
6.      {
7.          uart1RxBuff[uart1RxCount]=(uint8_t)(huart1.Instance->DR&(uint8_t)0x00ff);
```

```
            uart1RxCount++;
            __HAL_UART_CLEAR_FLAG(&huart1,UART_FLAG_RXNE);
    }
    if(uart1RxCount>=3)
        uart1RxStat=1;
}
/* USER CODE END 4 */
```

程序所需变量需要设置为全局变量，将其定义在“main.c”文件前面。

```
/* USER CODE BEGIN PV */
uint8_t uart1RxStat=0;
uint8_t uart1RxCount=0;
uint8_t uart1RxBuff[20]={0};
/* USER CODE END PV */
```

此外，一定要记得进入主循环之前开启接收中断。下面第一行代码是初始化数码管显示，第二行是开启串口接收中断。

```
1. HAL_GPIO_WritePin(LED_A_GPIO_Port,0xff,GPIO_PIN_SET);
2. __HAL_UART_ENABLE_IT(&huart1,UART_IT_RXNE);
```

在主程序中，判断接收完成标志变量“uart1RxStat”是否为真，当该变量为真时，进入接收命令代码显示环节，并清零接收完成标志标量。参考代码如下：

```
if(uart1RxStat==1)
{
  HAL_GPIO_WritePin(LED_A_GPIO_Port,0xff,GPIO_PIN_SET);
  if(uart1RxBuff[0]=='a')
  {
      if(uart1RxBuff[1]=='r')    // 读取
      {
          if(uart1RxBuff[2]=='0') // 温度
          HAL_GPIO_WritePin(LED_A_GPIO_Port,LED_A_Pin|LED_B_Pin|LED_C_Pin|  LED_D_Pin|LED_E_Pin|LED_F_Pin,GPIO_PIN_RESET);
          if(uart1RxBuff[2]=='1') // 湿度
          HAL_GPIO_WritePin(LED_A_GPIO_Port,LED_B_Pin|LED_C_Pin,GPIO_PIN_RESET);
      }
  }
  uart1RxStat=0;
  uart1RxCount=0;
  memset(uart1RxBuff,0,5);
}
```

3. 搭建硬件环境

本任务硬件接线与任务2相同，按照图4-29连接好硬件。NEWLab与计算机连接方法与任务1相同，参考完成即可，具体连线关系见表4-7。

表4-7 设备连接引脚对应表

M3核心模块	PA0	PA1	PA2	PA3	PA4	PA5	PA6	PA7	3.3V
显示模块	J7-A	J7-B	J7-C	J7-D	J7-E	J7-F	J7-G	J7-H	J6-S5

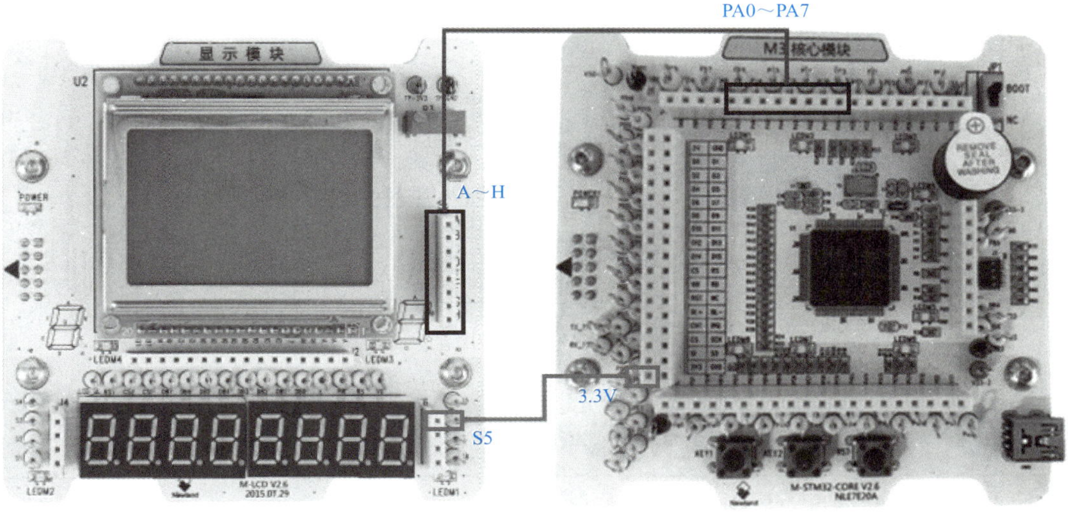

图4-29 硬件连接图

硬件连接方式与任务2相同，无须修改连线。参照前述任务使用串口将编译好的程序（Task4-3-SerialRx-IT.hex）下载到单片机中（注意，JP1一定打到“Boot”，并按一次复位按钮）。

4. 结果验证

将JP1拨到“NC”，按下复位按键，使得单片机工作在运行状态。在计算机上通过串口调试助手分别发送字符串“ar0”与“ar1”，观察“显示模块”数码管的显示状态。当输入“ar0”时，数码管显示“0”；当输入“ar1”时，数码管显示“1”。注意，这里判断一条命令的方法是判断接收字符个数，每3个字符认为是一组。所以输入时也要严格按照这个格式要求输入命令，否则就容易发生异常。

串口调试助手发送字符串，如图4-30所示。

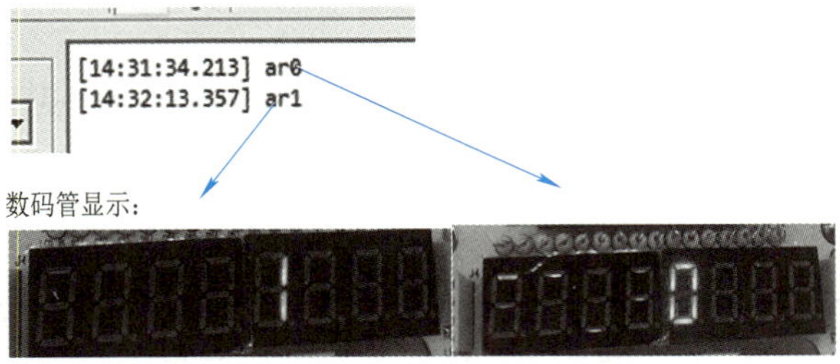

图4-30　串口接收到字符“ar0”和“ar1”时数码管状态

任务小结

任务小结如图4-31所示。

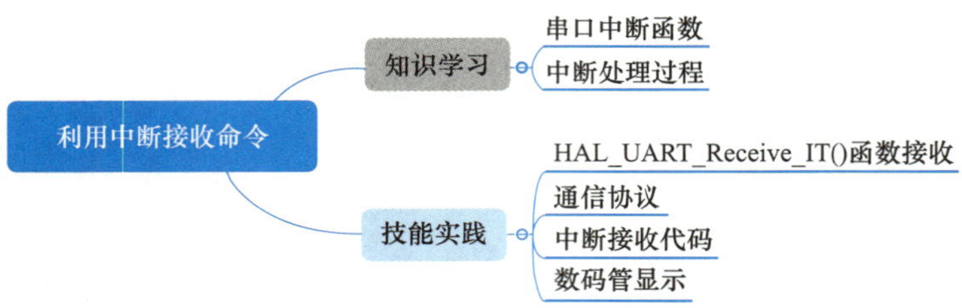

图4-31　任务小结

任务拓展

STM32系列单片机还支持“UART_IT_IDLE”中断，含义是串行总线空闲中断。IDLE是在接收到第一个数据后才开启触发条件的，即接收的数据断流（总线空闲时间超过1个字节传输周期）产生IDLE中断。该中断在串口无数据接收的情况下不会一直产生。利用“UART_IT_IDLE”中断能够灵活处理串口接收数据长度。

在本任务中，如果每次串口输入数据长度不是3个，则可能会造成程序“莫名其妙”的不正常工作。原因就是数据接收完成标志是根据接收数据长度确定的，可能造成一个命令被分成两次输入的情况。改进方法之一就是在中断处理程序中启用“UART_IT_IDLE”判断。代码如下。

```
if(__HAL_UART_GET_FLAG(&huart1,UART_FLAG_IDLE)!=RESET)
{
        __HAL_UART_DISABLE_IT(&huart1,UART_IT_IDLE);
        uart1RxStat=1;
}
```

将上述代码取代以下代码即可。

```
if(uart1RxCount>=3)
        uart1RxStat=1;
```

尝试完成以上功能。

任务4 滑冰场智能温度检测

职业能力目标

- 能根据MCU的编程手册，使用STM32CubeMX准确配置STM32数模转换功能。
- 能根据功能需求，正确添加串口处理代码，实现字符串的发射。
- 能根据功能需求，正确添加串口处理代码，实现字符串的中断接收。

任务描述与要求

任务描述：一个大学生创业团队为国内某家滑冰运动场提供场地温度管理解决方案。任务是设计一个温度监控设备完成场地冰面温度和场馆各区域温度数据的采集以及管理室的通信功能。该项目共分为4个阶段进行，第四阶段完成温控设备外部命令接收、命令代码显示以及数据的返回功能。此阶段要求采用中断方式接收串口数据。为便于测试，在计算机端使用串口调试助手发射命令；温控设备接收完成使用数码管显示命令代码，并将执行命令之后的数据返回计算机，达到交互的效果。

任务要求：

- 配置串口发射、接收功能。
- 配置数码管驱动GPIO。
- 数码管显示数据。
- 接收计算机命令。
- 向计算机返回数据。

知识链接

1. STM32单片机ADC功能

STM32包含1～3个12位逐次逼近型的模拟数字转换器。每个ADC最多有18个通道，可测量16个外部信号源和2个内部信号源。各通道都可以以单次（single）、连续（continuous）、扫描（scan）或间断（discontinuous）模式执行。与其他单片机不同，STM32的ADC分为规则通道组和注入通道组。以温度测量为例，假设主要目标是监控室外温度，偶尔也想监控室内温度，这时使用规则组和注入组来处理这个问题就非常简单。可以将室外温度放在规则组中，将室内温度转换放在注入组中。通过合适的触发来启动注入动作，启动注入组后，规则组转换暂停，等待注入组完成后，规则组再进行。

ADC转换的结果为12位，也即产生12位二进制数，可以左对齐或右对齐方式存储在16位数据寄存器中。对精度要求不高的场合可以选择结果左对齐，只读取高位字节数据。

STM32的ADC硬件结构如图4-32所示。主要由如下4个部分组成。

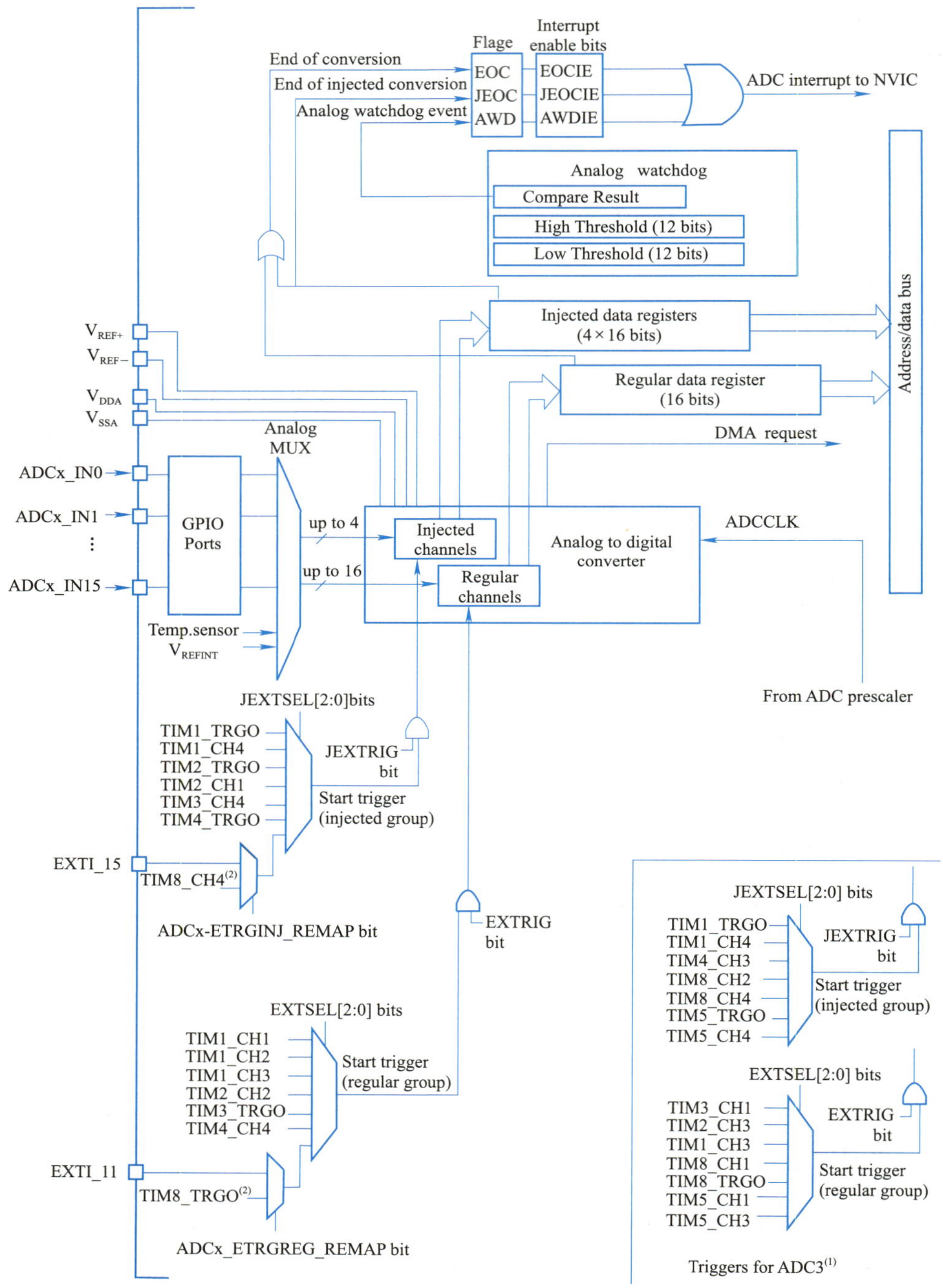

图4-32　STM32的ADC功能模块

1）模拟信号通道：共18个通道，其中16个外部通道对应ADCx_IN0到ADCx_IN15；2个内部通道ADC1_IN16和ADC1_IN17分别连接到温度传感器和内部参考电压（VREFINT=1.2V）。

2）A—D转换器：转换原理为逐次逼近型A—D转换。每个通道都有相应的触发电路，注入通道的触发电路为注入组，规则通道的触发电路为规则组；每个通道也有相应的转换结果寄存器，分别称为规则通道数据寄存器和注入通道数据寄存器。由时钟控制器提供的ADCCLK时钟和PCLK2（APB2时钟）同步。RCC控制器为ADC时钟提供一个专用的可编程预分频器。

3）模拟看门狗部分：用于监控高低电压阈值，可作用于一个、多个或全部转换通道，当检测到的电压低于或高于设定电压阈值时，可以产生中断。

4）中断电路：有3种情况可以产生中断，即转换结束、注入转换结束和模拟看门狗事件。

外部模拟信号通过任意一路通道进入ADC并被转换成数字量，接着该数字量会被存入一个16位的数据寄存器中。在DMA使能的情况下，STM32的存储器可以直接读取转换后的数据。

STM32F103VET6具有3个ADC，共享16个外部通道。ADC1的通道16即ADC1_IN16与内部温度传感器相连，通道17即ADC1_IN17与内部参考电源VREFINT相连，ADC引脚见表4-8。

表4-8 ADC引脚

ADC通道	GPIO引脚	GPIO配置	ADC通道	GPIO引脚	GPIO配置
ADC123_IN0	PA.00	模拟输入	ADC12_IN8	PB.00	模拟输入
ADC123_IN1	PA.01	模拟输入	ADC12_IN9	PB.01	模拟输入
ADC123_IN2	PA.02	模拟输入	ADC123_IN10	PC.00	模拟输入
ADC123_IN3	PA.03	模拟输入	ADC123_IN11	PC.01	模拟输入
ADC12_IN4	PA.04	模拟输入	ADC123_IN12	PC.02	模拟输入
ADC12_IN5	PA.05	模拟输入	ADC123_IN13	PC.03	模拟输入
ADC12_IN6	PA.06	模拟输入	ADC123_IN14	PC.04	模拟输入
ADC12_IN7	PA.07	模拟输入	ADC123_IN15	PC.05	模拟输入

ADC必须在时钟ADCCLK的控制下才能进行A—D转换。ADCCLK的值是由时钟控制器控制，与高级外设总线APB2同步。时钟控制器为ADC提供了一个专用的可编程预分频器，默认的分频值为2。ADCCLK最高允许14MHz。如果系统APB2时钟为72MHz，当采用6分频时，得到ADCCLK=12MHz。

ADC总转换时间由两部分组成（如图4-33所示）：T_conv=采样时间+12.5cycles。采样时间可以是1.5、7.5、13.5、28.5、41.5、55.5、71.5和239.5个时钟周期。例如：

当ADCCLK=12MHz、采用239.5周期的采样时间时，T_conv=239.5+

12.5=252cycles。此时，总的转换时间为：

T_conv=252/12MHz=21μs。

采样时间越长，转换结果越稳定。

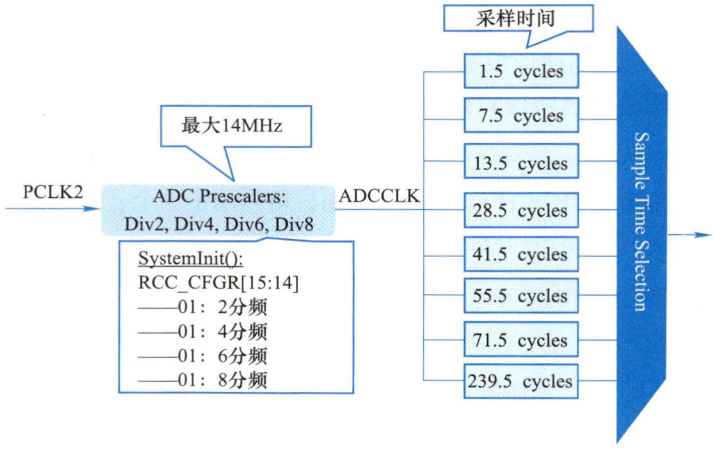

图4-33 ADC引脚时钟与采样时间

若参考电压为Vref，则ADC转化的数字量ADC_DR与模拟输入电压Vx的关系为：

ADC_DR=(Vx/Vref)×4095。

在程序中ADC转换值已知，则其对应的电压值是：

Vx=ADC_DR/4095×Vref。

2. ADC库函数

STM32的ADC大部分配置可以在STM32CubeMX中以图形化的形式配置，如通道、转换周期、数据对齐方式等。这里介绍3个在程序中需要手动调用的函数。

（1）ADC开启函数HAL_ADC_Start()

该函数原型为：

```
HAL_StatusTypeDef HAL_ADC_Start(ADC_HandleTypeDef* hadc)
```

该函数比较简单，是以查询方式启动单片机的ADC功能，注意，这里的函数形参是ADC转换器而非ADC的通道。与串口类似，ADC功能除了可工作在查询方式还可以工作在中断方式、DMA方式。库函数中也有HAL_ADC_Start_IT()，HAL_ADC_Start_DMA()等函数。对应的，也有HAL_ADC_Sop()函数，函数原型、用法都类似。

（2）转换完成查询函数HAL_ADC_PollForConversion()

ADC转换需要时间，HAL库提供了转换完成查询函数

```
HAL_StatusTypeDef HAL_ADC_PollForConversion(ADC_HandleTypeDef* hadc, uint32_t Timeout)
```

该函数是阻塞函数，即在查询期间CPU不能做其他工作，所以该函数的第二个形参是超时时间，即在此时间内，如果没有查询到转换结果，返回超时标志。

（3）获取转换结果函数HAL_ADC_GetValue()

该函数原型为：

```
uint32_t HAL_ADC_GetValue(ADC_HandleTypeDef* hadc)
```

同样，该函数形参也是转换器而非通道。函数的返回值是32位无符号整数。

以上3个函数能够实现简单的ADC转换功能。

3. 中断接收程序设计

串口通信基本设置与本项目前述任务相同，通信速率115 200bit/s、8位数据位，1位停止位、无校验。采用与任务3中相同的通信协议，使用3个字节表示一个完整命令。命令格式见表4-9。

表4-9　通信协议

1 字 节	1 字 节	1 字 节
a	r	0/1
固定，表示起始	表示读取	0：表示温度 1：表示湿度

这样，温控设备可接收两个命令为：分别是读取温度命令“ar0”和读取湿度命令“ar1”。为避免任务3中根据接收数据个数判断命令响应方式的弊端，这里启用“UART_IT_IDLE”中断，该中断将在串行总线接收任务中断1个字节传输时间时触发，通常用来做一帧数据结束的标志。

```
if(__HAL_UART_GET_FLAG(&huart1,UART_FLAG_IDLE)!=RESET)
{
    __HAL_UART_DISABLE_IT(&huart1,UART_IT_IDLE);
    uart1RxStat=1;
}
```

4. 命令解析与代码显示

主程序在发现接收数据完成标志位置位后，首先判断是否以字符“a”起始，如果不是则丢弃数据，并等待下一次标志位置位。如果是字符“a”开始，则继续判断后续字节是否为“r”以及最后一个字符是“0”还是“1”。即主程序会逐个匹配接收字符以查找对应命令并执行相应动作，包括本地的代码显示与A—D转换。

完成一次接收数据处理后，接收完成标志位都会被复位，相应的接收数据长度计数器、接收缓冲也会被清零。

5. A—D转换

主程序解析完成接收命令后，根据命令代码执行相应动作，比如“ar0”，则启动温度转换功能，获得场馆某区域当前的温度值。转换完成后，则关闭A—D功能，以节省能耗。这里的温度转换采用STM32单片机内部的温度传感器实现。该传感器输出固定接入到“ADCx_IN16”，如图4-34所示。

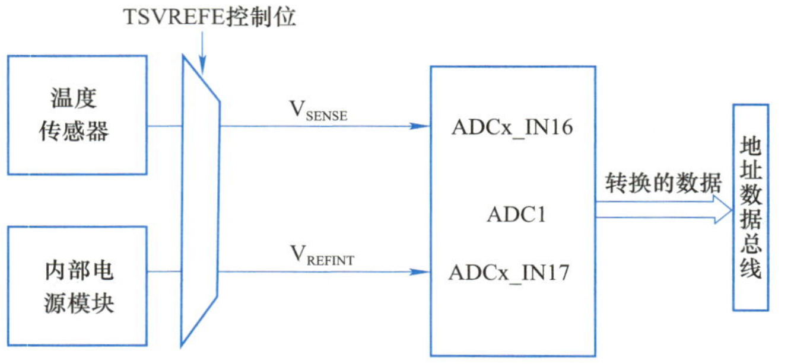

图4-34　内部温度传感器

该温度传感器输出电压值与温度之间的对应关系由下式决定:

T（℃）=（Vsense-V25）/Avg_Slope+25

式中，Vsense是温度通道测得的电压值；V25是25℃时的典型电压值（0.76V）；Avg_Slope是温度与Vsense曲线的平均斜率（典型值为2.5mv/℃）。

```
/* USER CODE BEGIN PV */
    HAL_ADC_Start(&hadc1);
    HAL_ADC_PollForConversion(&hadc1,100);
    adc_value=HAL_ADC_GetValue(&hadc1);
/* USER CODE END PV */
```

6. 数据回传

采用printf()函数将温度信息回传到计算机串口调试助手，观察数据。使用printf()将数据通过串口回传到计算机可参考任务1，实现打印数据重定向。

任务准备

任务实施前必须先准备好表4-10所列的设备/资源。

表4-10　设备/资源清单表

序　号	设备/资源名称	数　量	是否准备到位（√）
1	M3主控模块	1	
2	显示模块	1	
3	香蕉线	1	
4	配书资源	1	

任务实施

要完成本任务，可以将实施步骤分成以下4步：

- 复制“Task-4-3-SerialTRX.ioc”并修改为“Task-4-4-SerialTRX-ADC.ioc”，启动ADC功能。
- 添加ADC转换代码及串口收发代码。
- 搭建硬件测试环境。
- 使用串口调试助手验证结果。

具体实施步骤如下：

1. 修改STM32CubeMX工程

新建工程文件夹“Task4-4-SerialTRx”，将任务3中的STM32CubeMX工程复制过来并修改名称为“Task4-4-SerialTRx”。在任务3工程的基础上，只需要配置ADC1的通道即可，将单片机内部的温度传感器接入ADC1。单片机时钟、调试接口等配置都不变。配置方法可参考任务1、2、3。温度传感器接入ADC1的截图如图4-35和图4-36所示。

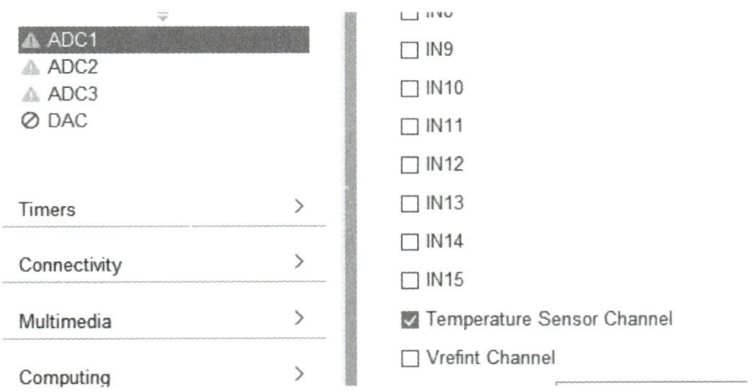

图4-35　启用ADC1转换温度传感器

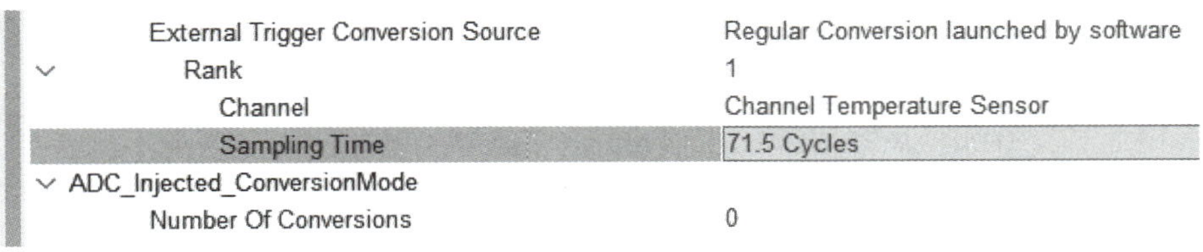

图4-36　温度传感器通道转换设置

2. 添加接收代码

（1）添加中断处理代码

根据前面的分析，在“stm32f1xx_it.c”文件中找到默认的串口1中断处理函数

USART1_IRQHandler（），将其调用函数修改为自定义中断处理函数。代码如下，其中第6行注释掉，新增第8行。

```
1.  void USART1_IRQHandler(void)
2.  {
3.    /* USER CODE BEGIN USART1_IRQn 0 */
4.
5.    /* USER CODE END USART1_IRQn 0 */
6.    // HAL_UART_IRQHandler(&huart1);
7.    // 替换以上中断处理函数
8.    USR_UART_IRQHandler();
9.    /* USER CODE BEGIN USART1_IRQn 1 */
10.
11.   /* USER CODE END USART1_IRQn 1 */
12. }
```

（2）添加自定义中断处理函数声明及函数体代码

根据C语言规范及工程文件要求，函数在调用之前必须先声明。在“main.h”中，给出USR_UART_IRQHandler()函数的声明，如下第3行。

```
1. /* USER CODE BEGIN EFP */
2.  // 声明UART1中断自行处理函数
3.  void USR_UART_IRQHandler(void);
4. /* USER CODE END EFP */
```

然后在“main.c”中增加该函数定义的函数体代码，如下所示。其中第6～11行完成单个字节的接收任务，每次中断都会执行相应的代码。第14、15行是命令接收完成判断标志处理，这里根据命令长度进行简单判断，完成3个字节的接收即置位接收完成标志。至于命令正确与否，则交由主程序去判断、执行。

```
1.  /* USER CODE BEGIN 4 */
2.  // 用户中断处理程序
3.  void USR_UART_IRQHandler(void)
4.  {
5.      if(__HAL_UART_GET_FLAG(&huart1,UART_FLAG_RXNE)!=RESET)
6.      {
7.          __HAL_UART_ENABLE_IT(&huart1,UART_IT_IDLE);
8.          uart1RxBuff[uart1RxCount]=(uint8_t)(huart1.Instance->DR&(uint8_t)0x 00ff);
9.          uart1RxCount++;
10.         __HAL_UART_CLEAR_FLAG(&huart1,UART_FLAG_RXNE);
11.     }
12.     if(__HAL_UART_GET_FLAG(&huart1,UART_FLAG_IDLE)!=RESET)
13.     {
14.         __HAL_UART_DISABLE_IT(&huart1,UART_IT_IDLE);
15.         uart1RxStat=1;
```

```
        }
}
/* USER CODE END 4 */
```

程序所需变量需要设置为全局变量，将其定义在“main. c”文件前面，如下所示。

```
/* USER CODE BEGIN Includes */
#include "string.h"   //#include "hs1101.h"
/* USER CODE END Includes */
// 其他自动生成代码省略

/* USER CODE BEGIN PV */
uint8_t uart1RxStat=0;
uint8_t uart1RxCount=0;
uint8_t uart1RxBuff[20]={0};
/* USER CODE END PV */
```

在中断程序中完成了命令的接收之后，主程序即可按照接收命令执行相应动作。

```
HAL_GPIO_WritePin(LED_A_GPIO_Port,0xff,GPIO_PIN_SET);             // 数码管全灭
__HAL_UART_ENABLE_IT(&huart1,UART_IT_RXNE);                       // 启动串口接收中断
HAL_TIM_Base_Start_IT(&htim6);
printf("Waitting for command!\r\n");
uint16_t adc_value=0x0000;
//uint8_t Hum=0x00;

while(1)
{
  if(uart1RxStat==1)
  {
    HAL_GPIO_WritePin(LED_A_GPIO_Port,0xff,GPIO_PIN_SET);
    if(uart1RxBuff[0]=='a')
    {
      if(uart1RxBuff[1]=='r')        // 读取
      {
        if(uart1RxBuff[2]=='0') // 温度
        {
          HAL_ADC_Start(&hadc1);
          HAL_ADC_PollForConversion(&hadc1,100);
          adc_value=HAL_ADC_GetValue(&hadc1);
          HAL_Delay(1);
          HAL_GPIO_WritePin(LED_A_GPIO_Port,LED_A_Pin|LED_B_Pin|LED_C_Pin|LED_D_Pin|LED_E_Pin|LED_F_Pin,GPIO_PIN_RESET);
          printf(«The Temperature is %1.2fCe\r\n», (1.58-(adc_value*3.3f/4096))/0.04+25);
          HAL_ADC_Stop(&hadc1);
        }
        if(uart1RxBuff[2]=='1') // 湿度
        HAL_GPIO_WritePin(LED_A_GPIO_Port,LED_B_Pin|LED_C_Pin, GPIO_PIN_RESET);
```

```
            }
        }
        uart1RxStat=0;
        uart1RxCount=0;
        memset(uart1RxBuff,0,5);
    }
}
```

该段代码在检测到“ar0”命令之后，即启动ADC功能，转换完毕后通过串口向计算机输出结果，并在本地显示命令代码。

这里printf()函数的重定向事实上是通过fputc()函数重定向实现的。需要将数据从串口1输出，为保持程序的结构化，我们将相关代码写在“usart.c”中，如下所示。

```
/* USER CODE BEGIN 1 */
int fputc(int ch,FILE *p)
{
    HAL_UART_Transmit (&huart1,(uint8_t*)&ch,1,1000);
    return 0;
}
/* USER CODE END 1 */
```

3. 硬件环境搭建

本任务硬件接线与任务2相同，按照图4-37所示连接好硬件，连接引脚对应关系见表4-11。NEWLab与计算机连接方法与任务1相同，参考完成即可。

表4-11　设备连接引脚对应表

M3核心模块	PA0	PA1	PA2	PA3	PA4	PA5	PA6	PA7	3.3V
显示模块	J7-A	J7-B	J7-C	J7-D	J7-E	J7-F	J7-G	J7-H	J6-S5

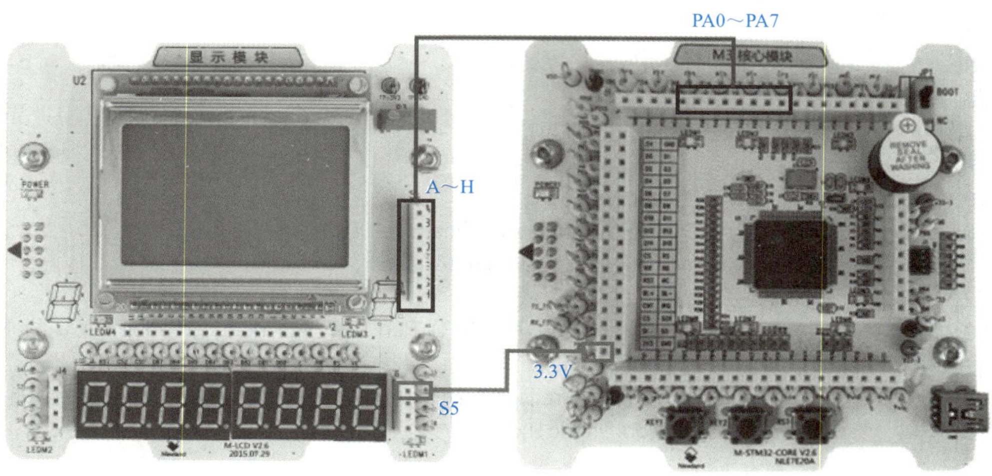

图4-37　硬件连接图

4. 结果验证

将JP1拨到“NC”，按下复位按键，使得单片机工作在运行状态。在计算机上通过串口调试助手分别发送字符“ar0”与“ar1”，观察串口调试工具显示如图4-38所示。

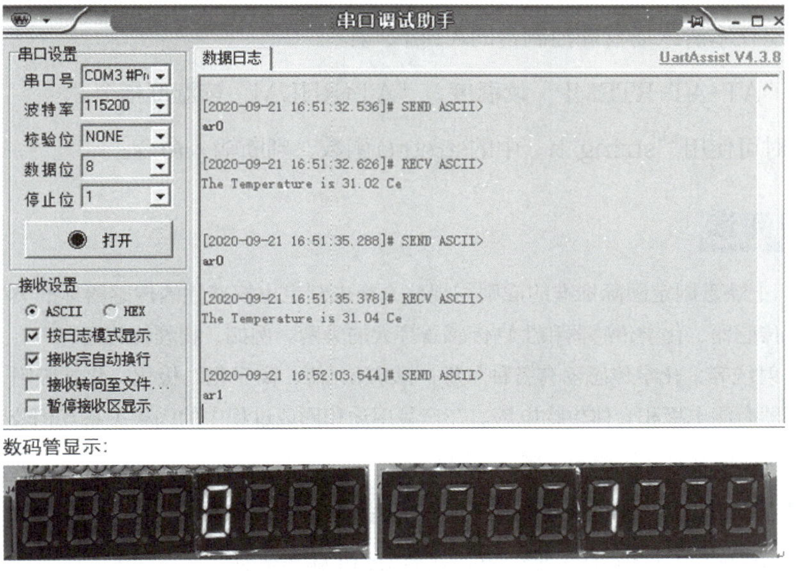

图4-38　串口接收到字符时调试串口显示内容

任务小结

任务小结如图4-39所示。

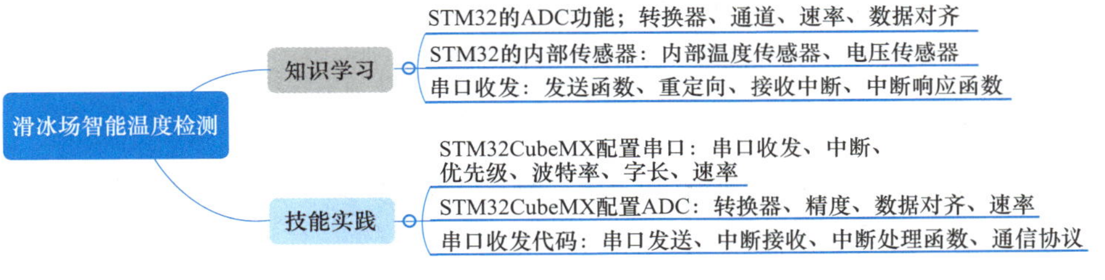

图4-39　任务小结

任务拓展

AT指令集开始时是从终端设备（Terminal Equipment，TE）或数据终端设备（Data Terminal Equipment，DTE）向终端适配器（Terminal Adapter，TA）或数据电路终端设备AT（Data Circuit Terminal Equipment，DCE）发送的。通过TA，TE发送AT指令来控制移动台（Mobile Station，MS）的功能，与GSM网络业务进行交互。用户可以

通过AT指令进行呼叫、短信、电话本、数据业务、传真等方面的控制。后来该种指令形式被广泛应用于电子产品通信中，大量厂家为自己的产品提供AT指令集的交互方式。AT指令集均以大写字符“AT”开头，后跟“+”连接具体指令，并以回车键结束。如“AT+CGMI”就是GSM模块中给出模块厂商的标识的AT指令。

1）尝试建立本滑冰场管理控制台的AT指令集。

2）实现“AT+AT+RTEMP”读温度，“AT+RHUM”读湿度指令。

3）编程时可使用“string. h”中的strstr()函数，判断输入命令。

项目扩展阅读

目前国际上缺乏制定国际标准的准则与规范，尚未制定出权威性的传感器标准类型。只能划分为简单的物理传感器、化学传感器和生物传感器等大的类别。例如，物理传感器有声、力、光、磁、温、湿、电、射线等；化学传感器有各种气敏、酸碱pH值、离子化、极化、化学吸附、电化学反应等；生物传感器有酶电极和介体生物电等。在产品用途和形成过程中的因果关系互相咬合，既不能划分为物理类，也不能划分为化学类，难以严格划分。

用传感器分类和命名方式，主要有以下几种类型：

1）按转换原理可分为物理传感器、化学传感器和生物传感器。

2）按传感器的检测信息来分可分为声敏、光敏、热敏、力敏、磁敏、气敏、湿敏、压敏、离子敏和射线敏等传感器。

3）按照供电方式可分为有源或无源传感器。

4）按其输出信号可分为模拟量输出、数字量输出和开关量传感器。

5）按传感器使用的材料可分为：半导体材料；晶体材料；陶瓷材料；有机复合材料；金属材料；高分子材料；超导材料；光纤材料；纳米材料等传感器。

6）按能量转换可分为能量转换型传感器和能量控制型传感器。

7）按照其制造工艺，可分为机械加工工艺；复合与集成工艺；薄膜、厚膜工艺；陶瓷烧结工艺；MEMS工艺；电化学工艺等传感器。

Project 5

项目5 制作电子广告屏

引导案例

伴随着电子技术、互联网技术、高清视觉成像技术的蓬勃发展，广告行业也迎来了大发展，在街边的公交站牌、地铁的窗外、写字楼的外墙、运动场的周围等，随处可见各式各样的电子广告牌。

位于成都太古里商业街的裸眼3D屏屏体面积大，视觉效果震撼，可视范围广阔，是成都户外LED地标屏之一，这里已然成为游客的打卡地，如图5-1所示。那么，这些电子广告屏的图片或视频的成像技术背后的原理是什么呢?

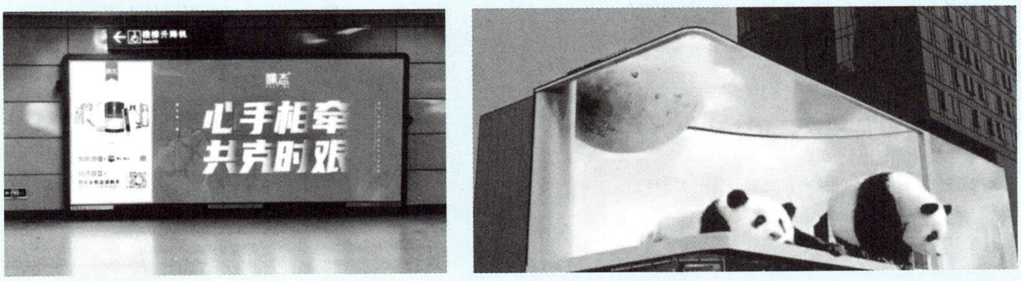

图5-1　电子广告屏

本项目将学习简易的图片式的电子显示屏，借助STM32主控单片机及LCD液晶显示屏来实现。STM32单片机具有强大的处理功能，其FSMC（Flexible Static Memory Controller，灵活静态存储控制器），能够非常简便地控制液晶显示器。因此，使用STM32单片机与液晶显示屏可以很方便地实现电子显示屏功能。

任务1 电子广告屏显示图片

扫码观看视频

职业能力目标

- 能根据MCU的编程手册，利用STM32CubeMX准确配置STM32 FSMC功能。
- 能根据任务要求，快速查阅硬件连接资料，准确搭建设备环境。
- 能根据任务要求，理解LCD控制器显示、控制时序等内容。
- 能根据任务要求，编制相应代码，进行BMP图片存储和静态显示。

任务描述与要求

任务描述：某公司准备为一个电梯开发小型电子显示屏产品，经过慎重选型决定采用STM32系列单片机为控制单元，液晶屏则采用ILI9341液晶控制器的3.2寸TFT彩屏。技术团队将开发任务分为3个子任务，分步实现。此阶段为第一阶段，任务内容是实现图片的静态显示。

任务要求：

- 配置单片机FSMC接口。
- 移植液晶驱动程序。
- 显示静态图片。
- 冰箱通过串口接收外部命令时不影响其他操作。

知识链接

1. STM32 FSMC接口

FSMC全称“灵活静态存储控制器”，使用FSMC控制器后，可以把FSMC提供的FSMC_A [25:0] 作为地址线，把FSMC提供的FSMC_D [15:0] 作为数据总线。STM32的FSMC接口框图如图5-2所示。

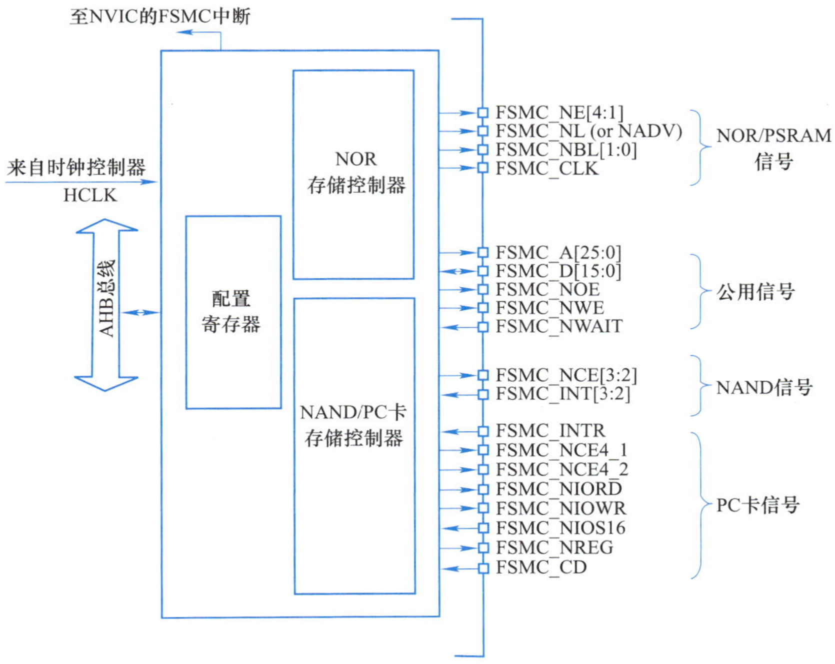

图5-2　FSMC框图

控制液晶使用FSMC的NOR/PSRAM模式，使用的信号线见表5-1。

表5-1　FSMC控制NOR Flash的信号线

FSMC信号名称	信号方向	功　能
CLK	输出	时钟
A[25:0]	输入/输出	地址总线
D[15:0]	输出	双向数据总线
NE[x]	输出	片选，x=1...4
NOE	输出	输出使能
NWE	输出	写使能
NWAIT	输入	NOR闪存要求FSMC等待的信号

FSMC对外部设备的地址映像从0x6000 0000开始，到0x9FFF FFFF结束，共分4个地址块，每个地址块256M字节。每个地址块又分为4个分地址块，大小为64M。其中，0x6000 0000～0x6FFF FFFF则是分配给NOR FLASH、PSRAM这类可直接寻址的器件。当FSMC被配置为正常工作，并且外部链接了NOR FLASH，这时若向0x6000 0000地址写入数据0xffff，FSMC会自动在各信号线上产生相应的电平信号，写入数据。读写该过程的时序图如图5-3和图5-4所示。

它会控制片选信号NE[X]选择相应的某块NOR芯片，然后使用地址线A[25:0]输出0x6000 0000，在NWE写使能信号线上发出写使能信号，而要写入的数据信号0xffff则从数据线D[15:0]输出，然后数据就被保存到NOR FLASH中。

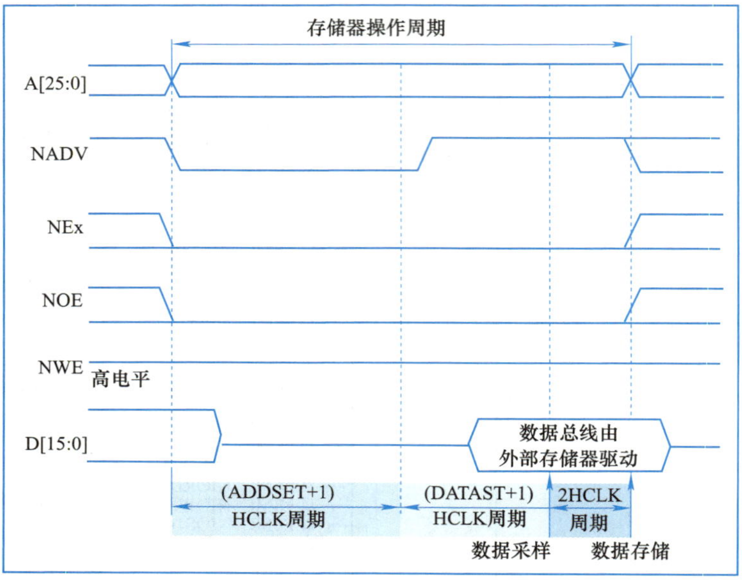

图5-3　FSMC读NOR时序图

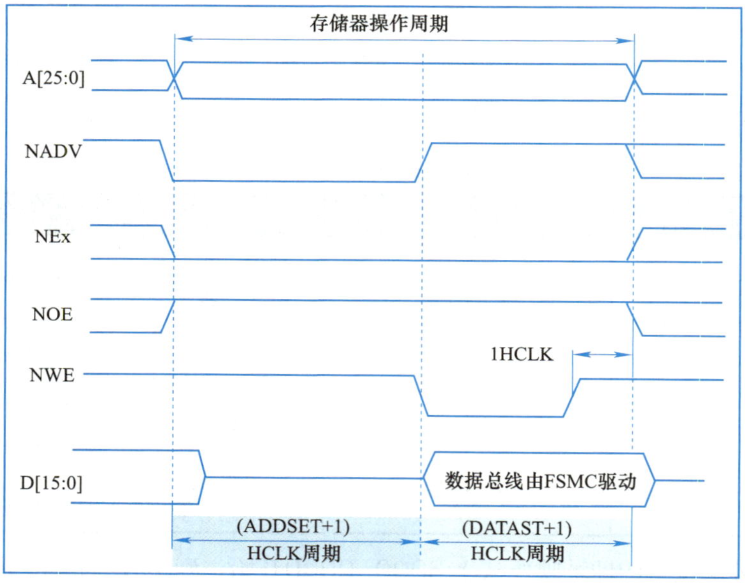

图5-4　FSMC读写NOR时序图

2. ILI9341 LCD控制器

TFT-LCD（Thin Film Transistor-Liquid Crystal Display，薄膜晶体管液晶显示器）在液晶显示屏的每一个像素上都设置有一个薄膜晶体管，可有效地克服非选通时的串扰，使显示液晶屏的静态特性与扫描线数无关，因此大大提高了图像质量。TFT-LCD也被称为真彩液晶显示器，是电子产品开发中常用的显示器件之一，如图5-5所示。

图5-5　TFT-LCD外观图

ILI9341是市面上常见的液晶控制器之一，自带显存大小为172 800Byte（240×320×18/8）即18位模式下的显存量。但基于ILI9341的TFT-LCD成品的数据线宽度为16位。当ILI9341工作在16位模式下时，采用RGB565格式存储颜色数据，即用最高5位数据表示红色，中间6位数据表示绿色，最低5位表示蓝色，总共16位数据。使用565格式时，D12、D0一般不引出来。ILI9341的18位数据线与单片机的16位数据线接口见表5-2。

表5-2 ILI9341的18位数据线与LCD RAM的对应关系

9341总线	D17	D16	D15	D14	D13	D12	D11	D10	D9
MCU数据（16位）	D15	D14	D13	D12	D11	NC	D10	D9	D8
LCD GRAM（16位）	R[4]	R[3]	R[2]	R[1]	R[0]	NC	G[5]	G[4]	G[3]
9341总线	D8	D7	D6	D5	D4	D3	D2	D1	D0
MCU数据（16位）	D7	D6	D5	D4	D3	D2	D1	D0	NC
LCD GRAM（16位）	G[2]	G[1]	G[0]	B[4]	B[3]	B[2]	B[1]	B[0]	NC

此外，还需要特别注意，ILI9341所有的指令都是8位的（高8位无效），且参数除了读写GRAM时是16位，其他操作参数都是8位的。FSMC与8080信号线对比关系见表5-3。

表5-3 FSMC与8080信号线对比

8080信号线	功　能	FSMC-NOR信号线	功　能
CSX	片选信号	NEx	片选
WRX	写使能	NWR	写使能
RDX	读使能	NOE	读使能
D[15:0]	数据信号	D[15:0]	数据信号
D/CX	数据/命令选择	A[25:0]	地址信号

3. BMP图片格式

BMP（Bitmap-File）图形文件是Windows采用的图形文件格式，在Windows环境下运行的所有图像处理软件都支持BMP图像文件格式。BMP图片格式组成部分：BMP文件头（14 bytes）+ 位图信息头（40 bytes）+ 调色板（由颜色索引数决定）+ 位图数据（由图像尺寸决定）。

表5-4中阴影部分是文件头部信息，文件头可以分为BMP文件头和位图信息头。BMP文件的0和1字节用于表示文件的类型。如果是位图文件类型，必须分别为0x42和0x4D，也就是ASCII码的“BM”。3～14字节的意义可以用一个结构体来描述。

表5-4 文件头部信息

Offset	0	1	2	3	4	5	6	7	8	9	10	11	12	13	14	15
00000000	42	4D	B6	01	00	00	00	00	00	00	36	00	00	00	28	00
00000016	00	00	0F	00	00	00	08	00	00	00	01	00	18	00	00	00
00000032	00	00	00	00	00	00	C4	0E	00	00	C4	0E	00	00	00	00
00000048	00	00	00	00	00	00	31	31	31	31	31	31	31	31	31	31

任务准备

任务实施前必须先准备好表5-5所列的设备/资源。

表5-5 设备/资源清单表

序　号	设备/资源名称	数　量	是否准备到位（√）
1	M3主控模块	1	
2	TFTLCD液晶屏	1	
3	蓝色杜邦线	34	
4	配书资源	1	

任务实施

要完成本任务，可以将实施步骤分成以下9步：

- 新建STM32CubeMX工程。
- 在工程中配置FSMC相关资源参数。
- 使用STM32CubeMX生成基础工程。
- 使用Imag2LCD提取图模。
- 添加液晶驱动文件。
- 添加功能代码。
- 搭建硬件环境。
- 将代码下载至M3主控模块。
- 结果验证。

具体实施步骤如下：

1. 新建STM32CubeMX工程

（1）参考前面的项目新建STM32CubeMX工程

（2）调试接口、时钟基础配置

新建工程后第一步需要对单片机的基本工作状态做一个基本配置，包括所使用的晶体以及调试接口。晶体配置根据硬件设计，选择8MHz外部高速晶体（HSE），以及32kHz外部低速晶体（LSE）；配置单片机的工作主频为72MHz，如图5-6所示。

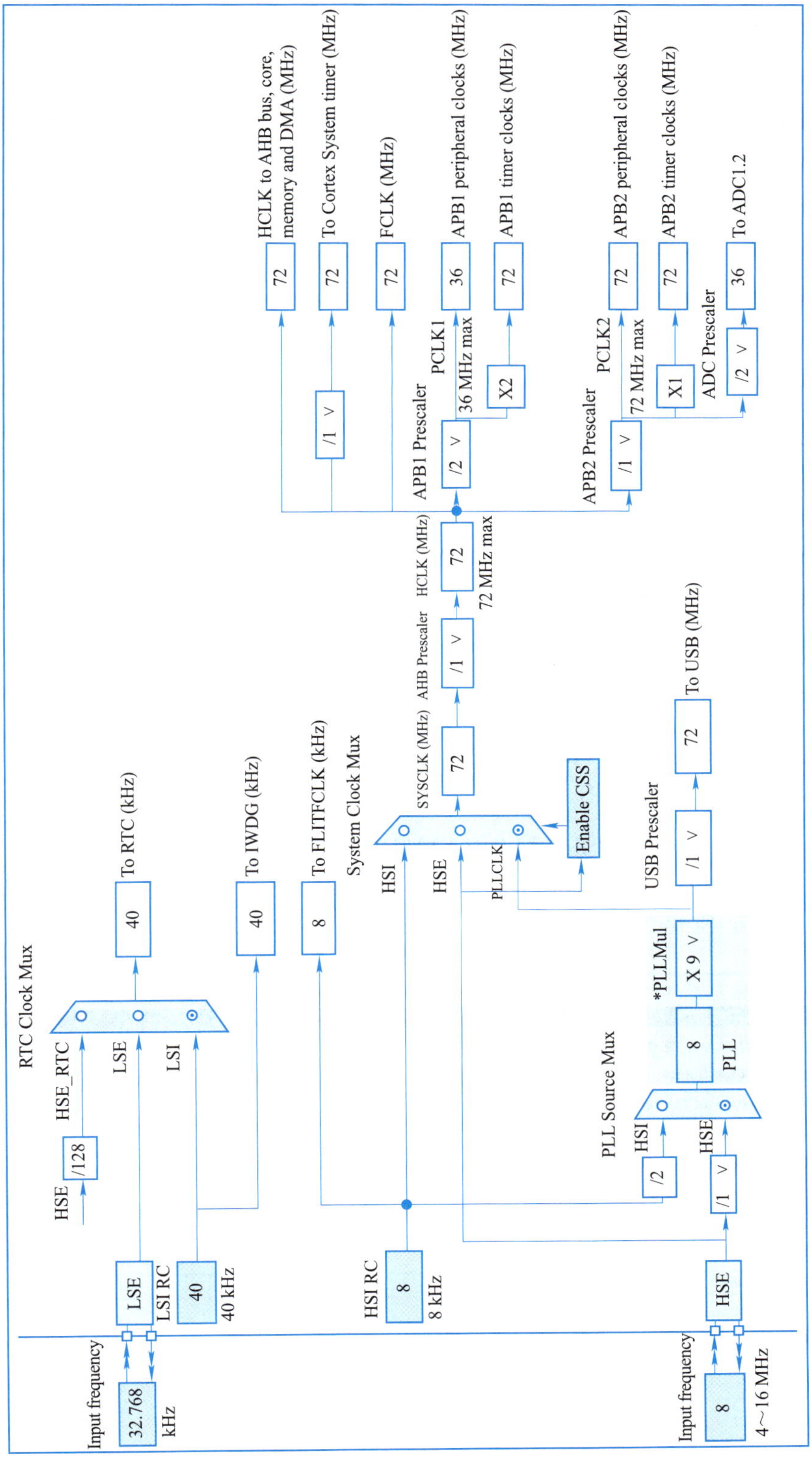

图5-6　配置各功能模块时钟主频

然后使能2线调试模式，如图5-7所示。这些操作在前述任务中都已经反复训练过，这里不再赘述。

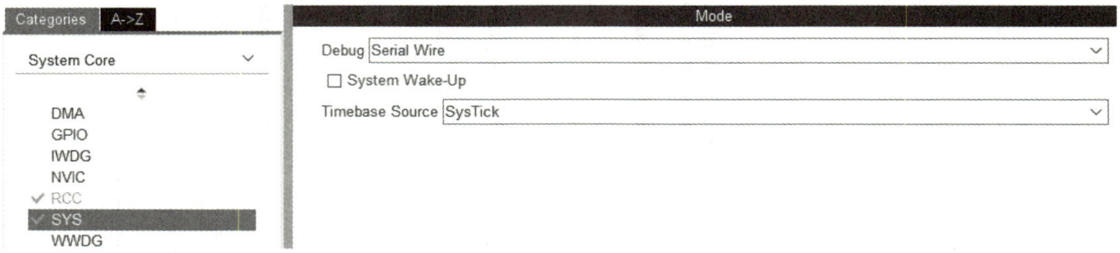

图5-7　配置各单片机调试接口

完成以上基本配置后将工程保存到相应的文件夹中，并命名为“Task5-1-ShowPic”。这里需要强调，路径中不能用中文。

2. 在工程中配置FSMC相关资源参数

（1）打开FSMC配置界面

（2）配置FSMC参数

（3）配置数据/指令控制端口

串口参数在“Connectivity”中配置，根据硬件设计，这里使用FSMC，配置参数如图5-8所示。

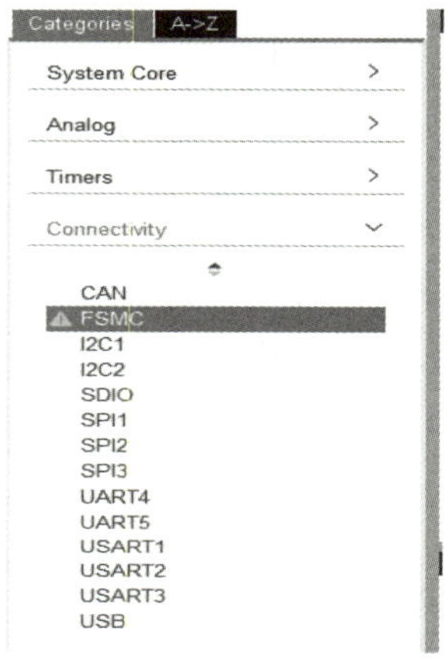

图5-8　串口配置

选择“NOR Flash/PSRAM/SRAM/ROM/LCD1”功能，并复选“NE1 Chip Select”。在“Memory type”中选择“LCD Interface”。注意，根据硬件设计，这里“LCD Register Select”要选择“A16”。详见图5-9和图5-10。

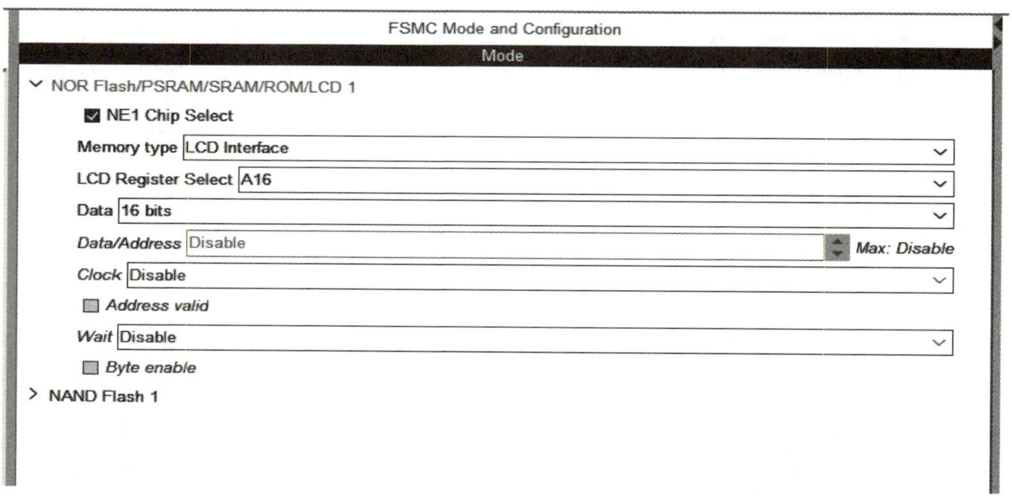

图5-9　FSMC接口配置

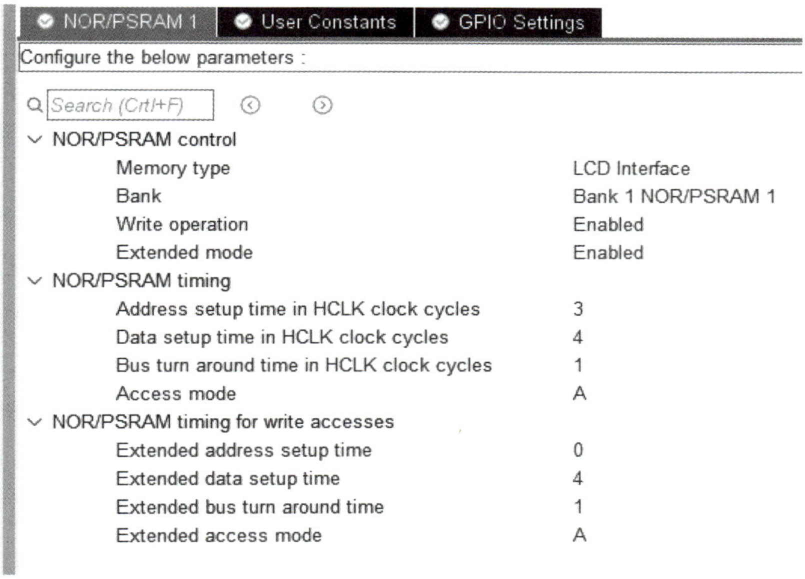

图5-10　FSMC参数配置

3．使用STM32CubeMX生成基础工程

（1）配置代码生成参数

（2）生成基础工程

完成单片机的基本配置与FSMC配置后，就可以准备生成工程了。

首先，将工程名保存为“Task5-1-ShowPic”。

接着，可以参考项目1中的任务1任务实施部分，完成C语言代码的生成操作。

4．使用Imag2LCD提取图模

Image2LCD软件界面如图5-11所示，图中配置参数设置为：

- 输出数据类型：C语言数组（*.C）。
- 扫描模式：水平扫描。
- 输出灰度：16位真彩色。
- 最大宽度和高度：与所选择图片相同即可。
- 选择包含图像头数据。
- 选择自底至顶扫描。

该软件是标准的Windows桌面程序，使用简单。单击“打开”按钮选择需要转换的图片，如图5-12所示。单击“保存”按钮，文件名为“image.h”，注意保留文件格式要选择“所有文件”，否则系统会自动在后面添加“txt”扩展名。然后在该文件中增加C语言文件防

止多重包含代码。保存为“Image.h”文件。

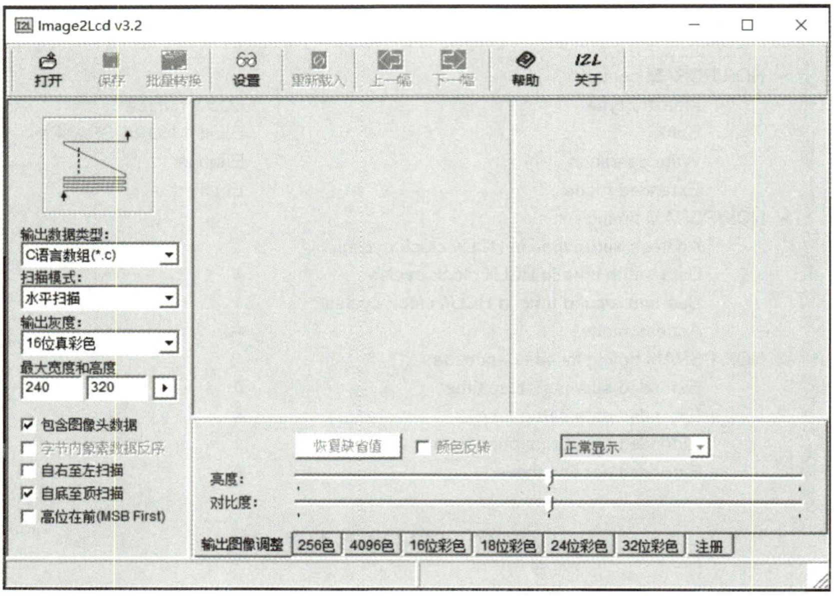

图5-11　Image2LCD软件界面

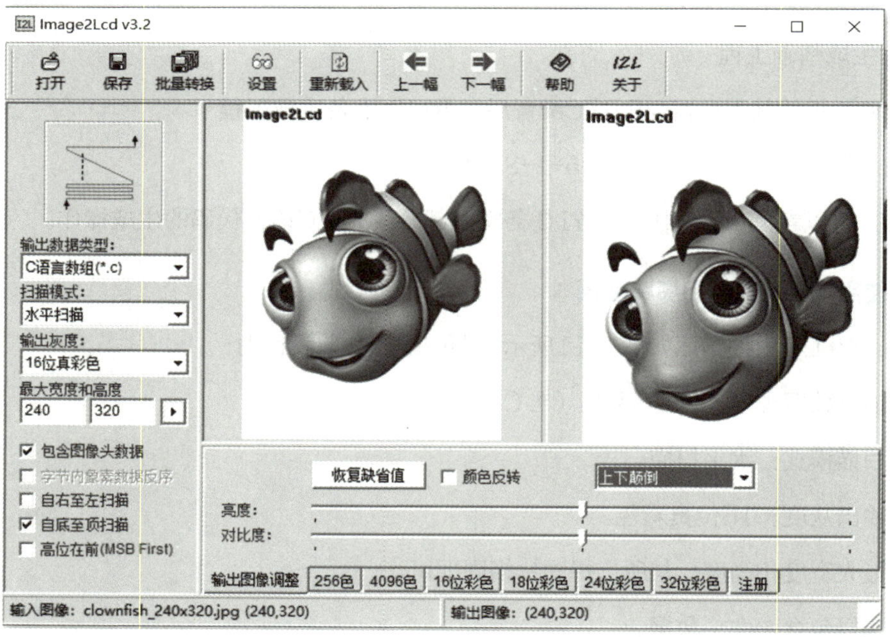

图5-12　Image2LCD为图片取模

5. 添加液晶驱动文件

将4个液晶屏驱动文件分别复制到“src”和“inc”文件夹中。扩展名为“.c”的源文件放置到“src”中，扩展名为“.h”的放置到“inc”中，结果如图5-13和图5-14所示。

图5-13 驱动源文件目录

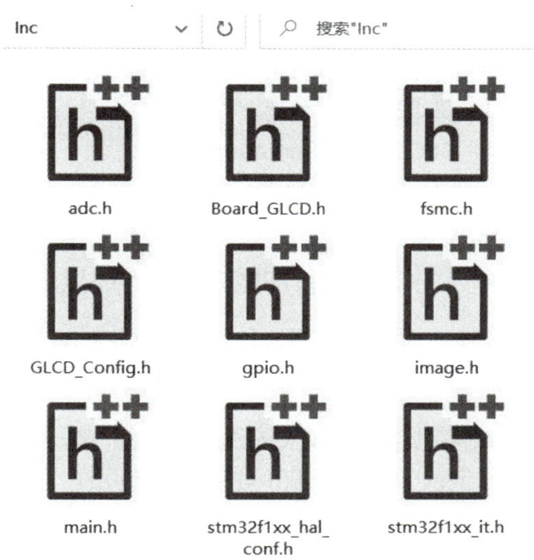

图5-14 驱动头文件目录

然后将新添加的扩展名为“.c”的源文件添加到工程中，如图5-15所示。

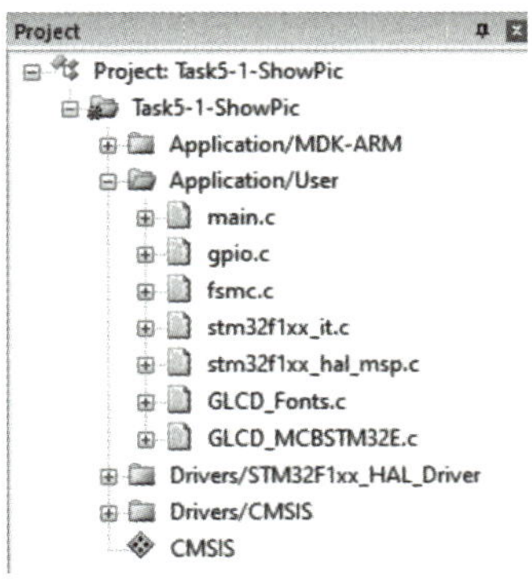

图5-15 将液晶屏驱动源文件添加到工程

6. 添加功能代码

在主程序中，要首先包含“Board_GLCD.h”和“GLCD_Config.h”两个头文件。如果要添加文字还需要声明和字体大小设置有关的外部变量，如图5-16所示。

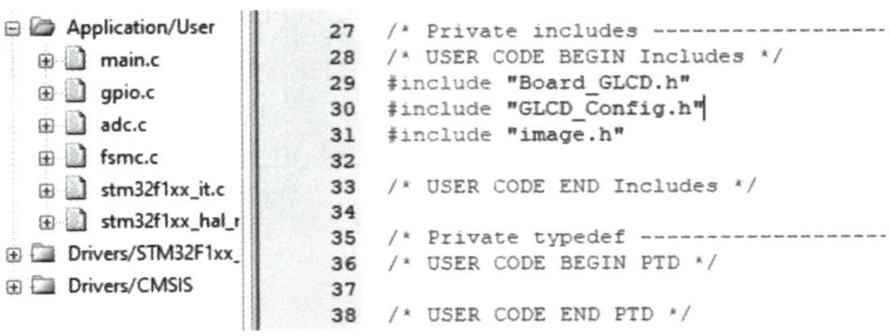

图5-16 main.c文件添加引用头文件

在功能代码方面，仅完成图片的显示，代码量不多，如下：

```
1. /* Infinite loop */
2. /* USER CODE BEGIN WHILE */
3. GLCD_Initialize();
4. GLCD_ClearScreen();
5. GLCD_DrawBitmap(0,0,240,320,(const uint8_t*)gImage_image);
6. while (1)
```

程序的第3～5行即能完成图片的显示。

第三行调用GLCD_Initialize()对液晶屏进行初始化；第四行调用GLCD_ClearScreen()清除液晶屏原有显示内容；第五行则调用GLCD_DrawBitmap()函数完成图片的显示功能。

如需对以上3行代码进行深入研究，可在函数上右击，在弹出的菜单上左键点选“go to definition of ..”即可进入相应函数的函数定义部分。

单击“build”按钮，生成可执行文件，如图5-17和图5-18所示。

图5-17　编译文件生成代码相关加速按钮

```
Build Output
Program Size: Code=3408 RO-data=292 RW-data=20 ZI-data=1092
FromELF: creating hex file...
"serial\serial.axf" - 0 Error(s), 0 Warning(s).
Build Time Elapsed:  00:00:10
```

图5-18　生成可执行代码

7. 搭建硬件环境

M3核心板与TFTLCD液晶屏的连接方式如图5-19所示。

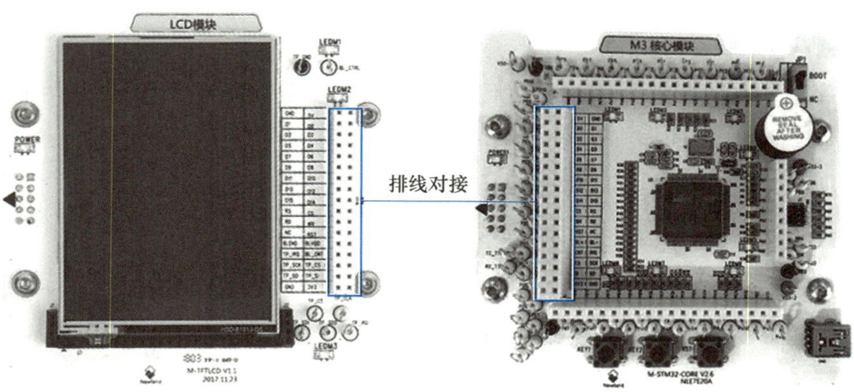

图5-19　液晶屏与M3核心模块连接示意图

将M3核心板与TFTLCD液晶屏放置在实验平台上，使用杜邦线将二者按照丝印名称对应连接起来。

8. 固件下载

参考项目1任务2，完成固件的下载操作。

9. 结果验证

将JP1拨到“NC”，按下复位按键，使得单片机工作在运行状态。在液晶屏上观察图片，如图5-20所示。

图5-20　液晶屏显示图片

任务小结

通过本任务的学习应当掌握STM32单片机FSMC接口的基本功能，掌握STM32CubeMX中相应功能的配置方法。同时了解ILI9341液晶屏控制器的基本功能。任务小结如图5-21所示。

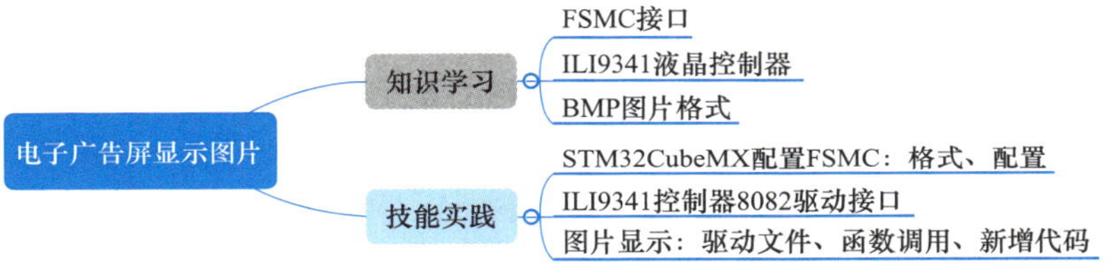

图5-21　任务小结

任务拓展

查看液晶屏驱动函数声明，实现文字、图片混合显示。

任务2　实现可以存储图片的电子屏

职业能力目标

- 能根据MCU的HAL库相关说明，查找IAP相关函数应用方法。
- 能根据任务要求，快速查阅硬件连接资料，准确搭建设备环境。
- 能根据任务要求，编制相应代码，实现使用Flash模拟EEPROM。

任务描述与要求

任务描述：某公司准备为一个电梯开发小型电子显示屏产品，经过慎重选型决定采用

STM32系列单片机为控制单元，液晶屏则采用ILI9341液晶控制器的3.2寸TFT彩屏。技术团队将开发任务分为3个子任务，分步实现。此阶段为第二阶段，任务内容是实现图片的存储功能。

任务要求：

- 了解IAP相关函数原型与使用方法。
- 图片文件的写入与读取。
- 图片显示验证。

知识链接

1. STM32 的内部 Flash 简介

在STM32芯片内部有一个Flash存储器，如图5-22所示。它主要用于存储代码，用户在计算机上编写好应用程序后，使用下载器把编译后的代码文件烧录到该内部Flash中，由于Flash存储器的内容在掉电后不会丢失，芯片重新上电复位后，内核可从内部Flash中加载代码并运行。

除了使用外部的工具（如下载器）读写内部 Flash 外，STM32 芯片在运行的时候，也能对自身的内部Flash进行读写，因此，若内部Flash存储了应用程序后还有剩余的空间，可以把它像外部 SPI-FLASH 那样利用起来，存储一些程序运行时产生的需要掉电保存的数据。

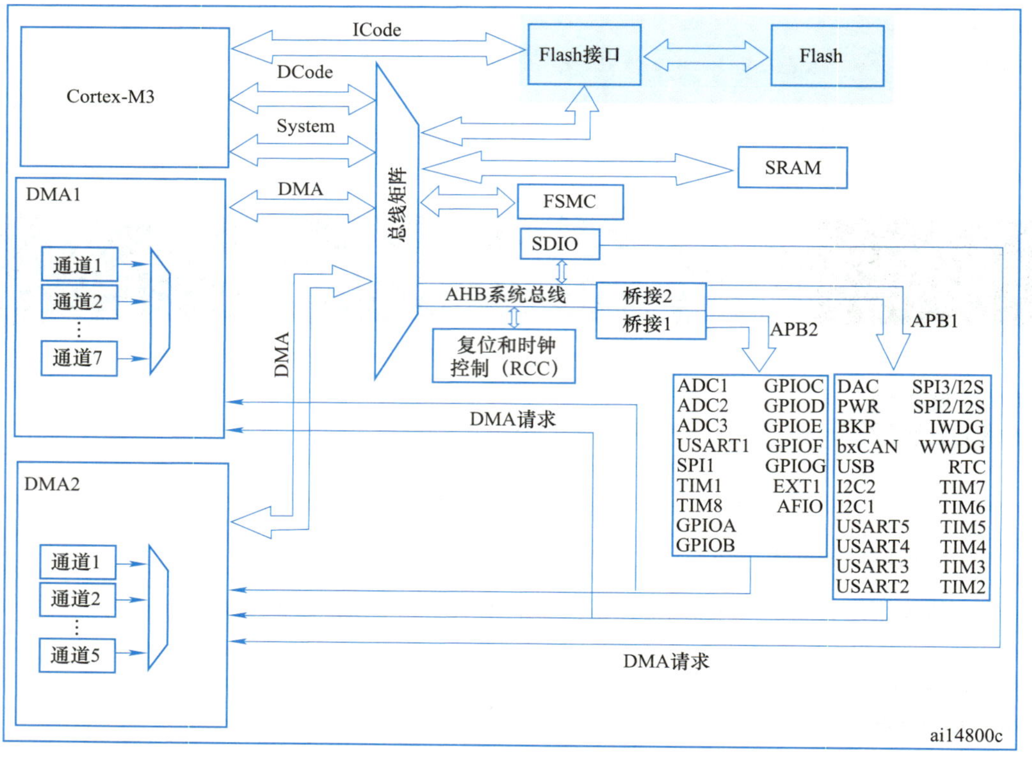

图5-22 STM32的内部框架图

2. STM32的Flash读写函数

STM32的Flash模块由主存储器、信息块和Flash存储器接口寄存器等部分组成，见表5-6。主存储器用来存放代码和数据常数（如const类型的数据）。对于大容量产品，其被划分为256页，每页2K字节。注意，小容量和中容量产品则每页只有1K字节。如主存储器的起始地址是0X08000000，B0、B1都接GND的时候，就是从0X08000000开始运行代码。

表5-6　STM32大容量产品内部Flash构成

区　域	名　称	块 地 址	大　小
主存储器	页0	0x0800 0000～0x0800 07FF	2 Kbytes
	页1	0x0800 0800～0x0800 0FFF	2 Kbytes
	页2	0x0800 1000～0x0800 17FF	2 Kbytes
	页3	0x0800 1800～0x0800 FFFF	2 Kbytes
	……	……	.
	……	……	.
	页255	0x0807 F800～0x0807 FFFF	2 Kbytes
信息块		0x1FFF F000～0x1FFF F7FF	2 Kbytes
寄存器		0x1FFF F800～0x1FFF F80F	16 Kbytes

任务准备

任务实施前必须先准备好表5-7所列的设备/资源。

表5-7　设备/资源清单表

序　号	设备/资源名称	数　量	是否准备到位（√）
1	M3主控模块	1	
2	TFTLCD液晶屏	1	
3	蓝色杜邦线	34	
4	配书资源	1	

任务实施

要完成本任务，可以将实施步骤分成以下4步：

- 移植STM32CubeMX工程。
- 添加功能代码。
- 搭建硬件环境。
- 下载并验证结果。

具体实施步骤如下：

1. 移植STM32CubeMX工程

在不包含中文的路径下新建文件夹“Task5-2-SaveData”，将任务1的STM32CubeMX工程复制到该文件夹下，并将工程重新命名为“Task5-2-SaveData”，保存。将液晶屏驱动文件参照任务1复制到相应的文件夹。单击“GENERATE CODE”按钮生成工程。具体过程参见前述任务，这里不再赘述。

2. 添加功能代码

对Flash的写入操作要在相应的Flash地址内容被擦除之后进行。这里为明确步骤，将代码分为变量声明、擦除、写入、读取4个部分。

变量声明部分代码如下，my_add是待存储的数据，TFT_Num_Flash_Add是存储地址。

```
uint16_t my_add = 0x2345;
uint32_t TFT_Num_Flash_Add = 0x08036800;
//声明 FLASH_EraseInitTypeDef 结构体为 My_Flash
FLASH_EraseInitTypeDef My_Flash;
My_Flash.NbPages = 1;                    //说明要擦除的页数
//设置PageError,如果出现错误,变量会被设置为出错的Flash地址
uint32_t PageError = 0;
```

数据擦除部分代码如下：

```
HAL_FLASH_Unlock();                       //解锁Flash
//Flash执行页面只做擦除操作
My_Flash.TypeErase = FLASH_TYPEERASE_PAGES;
My_Flash.PageAddress = TFT_Num_Flash_Add;  //声明要擦除的地址
HAL_FLASHEx_Erase(&My_Flash, &PageError);  //调用擦除函数擦除
```

数据写入部分代码如下：

```
uint16_t Write_Flash_Data = my_add;

//对Flash进行烧写，
//FLASH_TYPEPROGRAM_HALFWORD 声明操作的Flash地址的16位
HAL_FLASH_Program(FLASH_TYPEPROGRAM_HALFWORD, TFT_Num_Flash_Add, Write_Flash_Data);
HAL_FLASH_Lock(); //锁住Flash
```

数据显示部分则参考任务1中的代码。为方便显示，将其拆分为两个部分，其中文件包含与变量声明部分代码如下：

```
#include "Board_GLCD.h"
#include "GLCD_Config.h"
/* USER CODE BEGIN PV */
extern GLCD_FONT GLCD_Font_16x24;
/* USER CODE END PV */
```

显示部分代码如下：

```
1.  GLCD_Initialize();
2.  GLCD_ClearScreen();
3.  GLCD_SetForegroundColor(GLCD_COLOR_BLACK);
4.  GLCD_SetBackgroundColor(GLCD_COLOR_WHITE);
5.  GLCD_SetFont(&GLCD_Font_16x24);
6.  GLCD_ClearScreen();
7.  GLCD_DrawString(0,0,"Read From MCU");
8.  GLCD_DrawChar(0,20,((*(__IO uint16_t*)(TFT_Num_Flash_Add)&0xf000)>>12)+'0');
9.  GLCD_DrawChar(0,40,((*(__IO uint16_t*)(TFT_Num_Flash_Add)&0x0f00)>>8)+'0');
10. GLCD_DrawChar(0,60,((*(__IO uint16_t*)(TFT_Num_Flash_Add)&0x00f0)>>4)+'0');
11. GLCD_DrawChar(0,80,((*(__IO uint16_t*)(TFT_Num_Flash_Add)&0x000f)>>0)+'0');
```

其中7～11行代码表示从Flash地址读取数据并显示在TFTLCD液晶屏上。

添加代码完成后，单击“build”按钮生成可执行代码。

3. 搭建硬件环境

将M3核心板与TFTLCD液晶屏放置在实验平台上，使用杜邦线将二者按照丝印名称对应连接起来，如图5-23所示。

4. 下载并验证结果

按照前面的任务的固件下载步骤将编译好的程序进行烧录。

烧录好后，将JP1拨到“NC”，按下复位按键，使得单片机工作在运行状态。在液晶屏上观察显示数字，如图5-24所示。

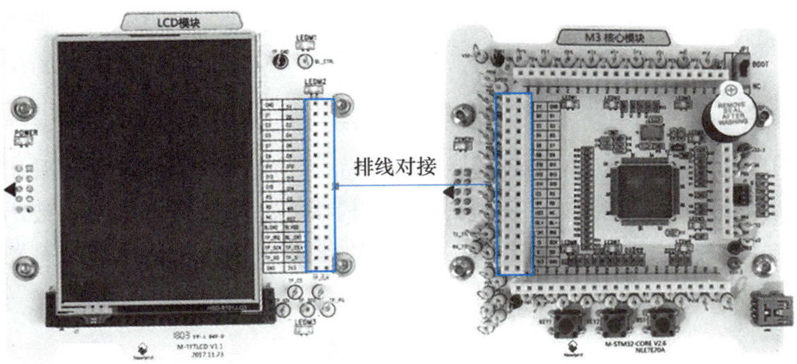

图5-23 液晶屏与M3核心模块连接实物图

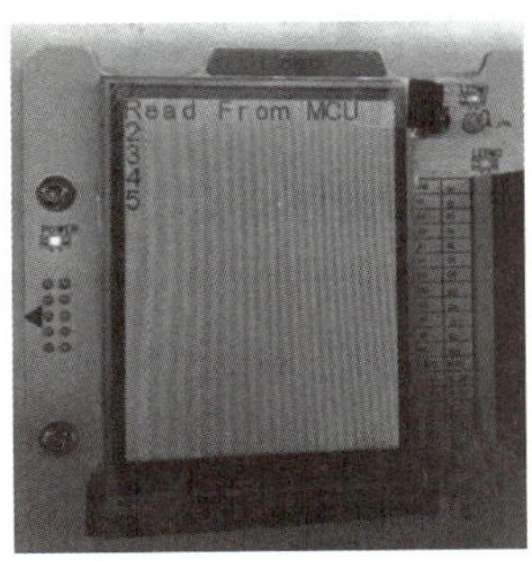

图5-24 数据显示

任务小结

通过本任务的学习应当掌握利用STM32的Flash模拟EEPROM方法以及3个HAL库函数。任务小结如图5-25所示。

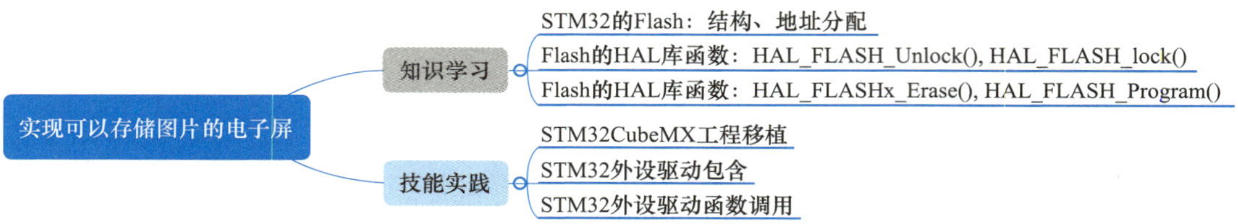

图5-25　任务小结

任务拓展

按照任务2的格式，存储32字节uint8_t型随机数组到Flash中，然后将其读出显示到液晶屏上。

任务3　实现可切换图片的电子屏

职业能力目标

- 能根据任务要求，快速查阅硬件连接资料，准确搭建设备环境。
- 能根据任务要求，编制相应代码，实现按键功能。
- 能根据任务要求，编制相应代码，实现图片存储的轮换显示、删除功能。

任务描述与要求

任务描述：某公司准备为一个电梯开发小型电子显示屏产品，经过慎重选型决定采用STM32系列单片机为控制单元，液晶屏则采用ILI9341液晶控制器的3.2寸TFT彩屏。技术团队将开发任务分为3个子任务，分步实现。此阶段为第三阶段，任务内容是实现按键控制图片的切换显示、保存、删除等功能。

任务要求：

- 配置单片机FSMC接口。
- 移植液晶驱动。
- 捕捉按键。
- 按键控制图片显示。
- 冰箱通过串口接收外部命令时不影响其他操作。

知识链接

1. 电子显示屏

传统的广告牌、广告布、广告纸容量有限，又很占地方，而且随着时间的推移，图片及文字还可能会褪色。电子广告屏具有图、文、声、像等各种表现手法，便于修改编辑的功能，快速检索方式，长久保存等特性，还可以很方便地复制分享。这也是电子广告屏普遍的优势。

随着技术的进步和大家对电子产品的广泛应用，以及电子产品更新换代步伐的加快及功能的增强，电子广告显示屏的设计模板可以满足大家自助制作、编辑等，满足商家及宣传商对广告品质不断提高的要求，同时也显示出它在生命力、价格、品质等方面的综合优势。

使用强大的STM32单片机与TFT液晶屏，简易的电子显示屏功能是完全能够实现的。电子显示屏最基本的功能包含图片的显示、切换、存储、删除等。通过任务1和任务2实现了图片的显示和存储功能。在本任务中将通过按键实现对图片的切换和删除操作。如此，一个简易的电子显示屏基本功能就完成了。

2. 系统结构

整个系统主要是由STM32F103VET6开发板、外部的按键以及TFT LCD构成，图片主要是通过程序存储在内部的Flash内，并通过TFT LCD进行显示，当接收到按键的控制指令时，可以进行图片的切换以及删除，按键1是进行图片的切换操作，按键2是进行图片的删除操作。系统结构图如图5-26所示。

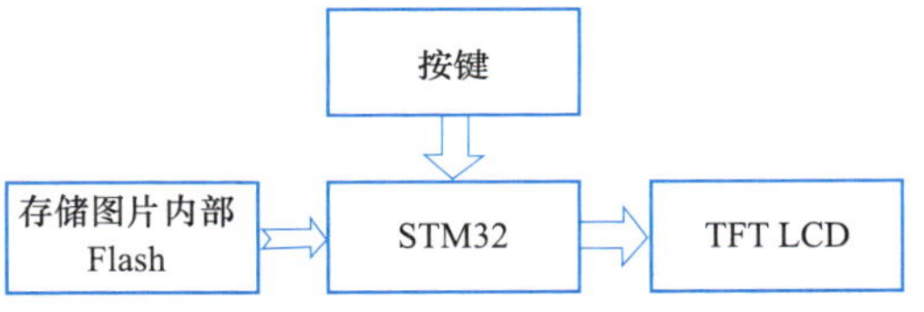

图5-26　系统结构图

3. 电子显示屏实现思路

（1）实现功能

本任务要在任务1和任务2的基础上实现图片的显示切换和删除功能。首先，利用Image2LCD软件将3张图片存放到STM32中，默认显示第一张图片。按下“切换”键时，显示第二张图片，再次按下，则显示第三张图片，如此循环显示。在显示某张图片时，按下“删除”键，则相应的图片删除。

（2）增加按键功能

增加按键功能包含两部分内容，一是检测按键，二是给按键赋予相应的功能。检测按键功能在任务2中已经完成，这里就不再详细叙述使用方法。本处重点描述按键功能的实现，也就是“切换”“删除”功能。

（3）系统程序流程图

如图5-27所示是整个系统的程序流程图，当

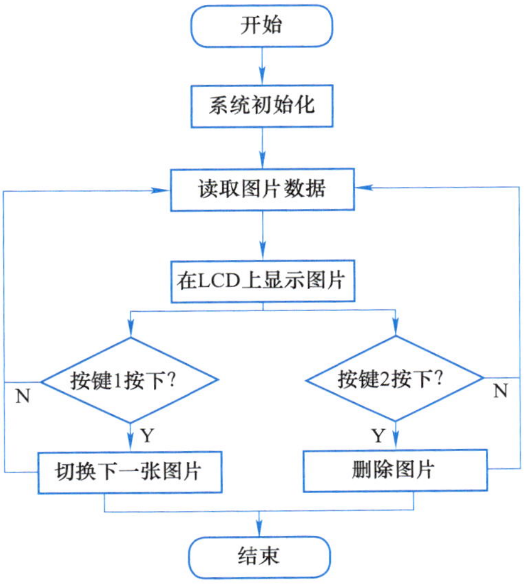

图5-27　程序流程图

程序烧录好后，程序先进行初始化，初始化完成后，显示屏会将第一个图片的数据读取出来进行显示，当按下Key1按键时，程序会执行读取下一个图片数据的操作，并将下一个图片通过LCD屏显示出来；当按下Key2按键时，程序会执行删除当前图片数据的操作，将当前图片删除并显示下一个图片，直至将图片删除完。

任务准备

任务实施前必须先准备好表5-8所列的设备/资源。

表5-8　设备/资源清单表

序　号	设备/资源名称	数　量	是否准备到位（√）
1	M3主控模块	1	
2	TFTLCD液晶屏	1	
3	蓝色杜邦线	34	
4	配书资源	1	

任务实施

要完成本任务，可以将实施步骤分成以下6步：

- 移植STM32CubeMX工程。
- 添加按键驱动代码。
- 添加显示、存储、切换、删除功能代码。
- 搭建硬件环境。
- 将代码下载至M3主控模块。
- 结果验证。

具体实施步骤如下：

1. 移植STM32CubeMX工程

在不包含中文的路径下新建文件夹“Task5-3-DigitalAlbum”，将任务2的STM32CubeMX工程复制到该文件夹下，并将工程重新命名为“Task5-3-DigitalAlbum”，并保存。将液晶屏驱动文件参照任务1复制到相应的文件夹。单击“GENERATE CODE”生成工程。具体过程参见前述任务，这里不再赘述。

2. 添加功能代码

按键功能在项目2中已经完成，这里采用中断法检测按键。复制按键检测代码到本任务中。按键使用GPIO配置方法参见项目2，这里不再重复。使用Key1作为“切换”按键，使用Key2作为“删除”按键。两个按键功能实现逻辑相同。

下面这段代码是主程序中，检测到按键按下的动作。Command_Status表示当前命令状态。当Command_Status=1时，系统将删除正在显示的图片；当Command_Status=0时，系统正常显示图片。

程序所需变量，将其定义在“main. c”文件前面，如下：

```
/* USER CODE BEGIN WHILE */
uint8_t Command_Status=0;     // 0:正常； 1： 切换； 2： 删除
const uint8_t*gImage[3]={gImage_triple,gImage_bee,gImage_duck};
uint8_t DelIndex[3]={0,0,0};
uint8_t PicIndex=0;
uint8_t PicAll=3;
GLCD_ClearScreen();
GLCD_DrawBitmap(60,30,60,60,gImage[0]);
```

在主函数中添加以下代码：

```
if(Key1Down_Flag==1)
{
    HAL_Delay(300);
    if(Key1Down_Flag==1)
    {
    Key1Down_Flag=0;
      Command_Status=1;    // 切换
    }
}
```

M3核心板使用PC13和PD13作为Key1和Key2，不能同时使用中断来执行各自的功能。所以，Key2的按键就使用下面两段代码实现，第一段是检测按键Key2是否按下功能，为防止连续按键操作，还设置了变量Key2EN。当Key2EN=0时，即使检测到按键按下也不会触发“删除”功能。反之，当Key2EN=1时，若按键按下，则执行“删除”指令，删除当前显示图片。这样就能保证一次按键只会删除一次图片。

```
if(!HAL_GPIO_ReadPin(KEY2_GPIO_Port,KEY2_Pin))
{
    HAL_Delay(20);
      if(!HAL_GPIO_ReadPin(KEY2_GPIO_Port,KEY2_Pin))
      {
      if(Key2EN)
        {
        Key2Down_Flag=1;
          Command_Status=2; // 删除
```

```
            Key2EN=0;
        }
    }
}
else
{
    Key2Down_Flag=0;
    Key2EN=1;
}
```

最后就是将按键命令与当前显示图片联系在一起的代码。

首先是“切换”按键功能，当按下“切换”按键时，按顺序显示下一张图片。当显示到最后一张时，图片索引回到最初的图片。

其次是“删除”按键功能，当按下“删除”按键时，删除当前正在显示的图片。当删除至最后一张时，不再执行“删除”操作。

```
switch(Command_Status)
{
    case 1: // 切换显示
        GLCD_ClearScreen();
        PicIndex++;
        if(PicIndex>=3)
            PicIndex=0;
        for(uint8_t i=0;i<3;i++)
        {
            if(DelIndex[(PicIndex+i)%3]!=1)
            {
                GLCD_ClearScreen();
                GLCD_DrawBitmap(60,30,60,60,gImage[(PicIndex+i)%3]);
                Command_Status=0;
                PicIndex=(PicIndex+i)%3;
                break;
            }
        }
        if(DelIndex[0]+DelIndex[1]+DelIndex[2]==3)    // 所有图片删除完毕
        {
            GLCD_ClearScreen();
            GLCD_DrawBitmap(60,30,60,60,(const uint8_t*)gImage_NoPicture);
            Command_Status=0;
        }
        break;
    case 2: // 删除
```

```
        DelIndex[PicIndex]=1;
        GLCD_ClearScreen();
        PicIndex++;
        if(PicIndex>=3)        // 如果已经删除完所有图片
            PicIndex=0;        // 图片指针复位
        for(uint8_t i=0;i<3;i++)
        {
            if(DelIndex[(PicIndex+i)%3]!=1)
            {
                GLCD_ClearScreen();
                GLCD_DrawBitmap(60,30,60,60,gImage[(PicIndex+i)%3]);
                Command_Status=0;
                PicIndex=(PicIndex+i)%3;
                break;
            }
        }
        if(DelIndex[0]+DelIndex[1]+DelIndex[2]==3)  // 所有图片删除完毕
        {
            GLCD_ClearScreen();
            GLCD_DrawBitmap(60,30,60,60,(const uint8_t*)gImage_NoPicture
            Command_Status=0;
        }
        break;
    default:
        break;
}
HAL_Delay(1);
```

单击“build”按钮，生成可执行文件，如图5-28和图5-29所示。

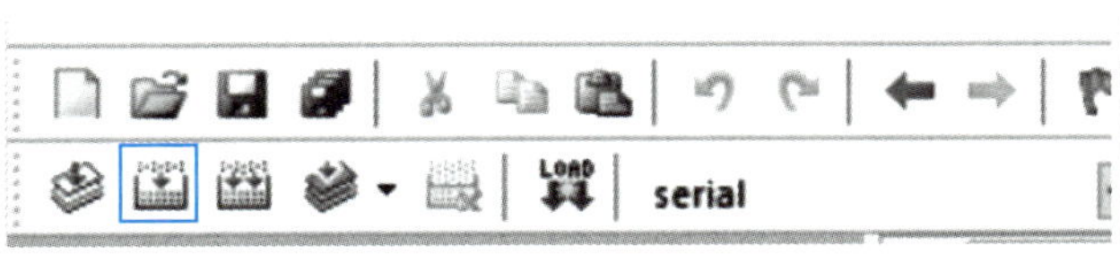

图5-28　编译文件生成代码相关加速按钮

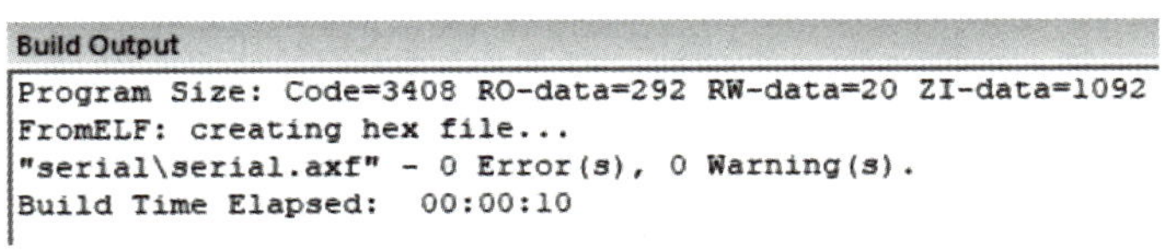

图5-29　生成可执行代码

3. 搭建硬件环境

M3核心板与TFTLCD液晶屏的连接方式如图5-30所示。

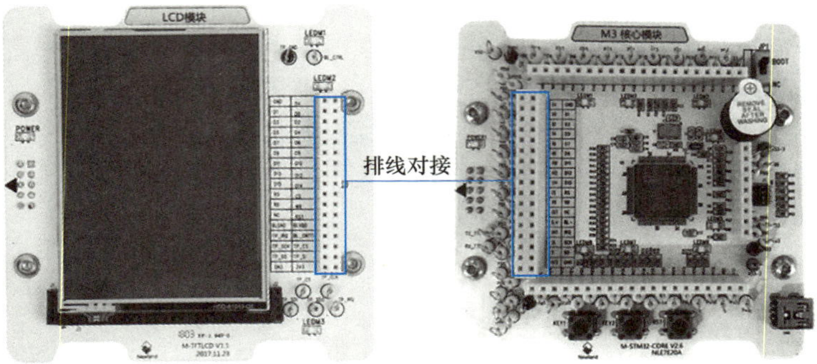

图5-30　液晶屏与M3核心模块连接示意图

将M3核心板与TFTLCD液晶屏放置在实验平台上，使用杜邦线将二者按照丝印名称对应连接起来。

4. 下载并验证结果

按照前面任务的固件下载步骤将编译好的程序进行烧录。

程序烧录好后，将JP1拨到“NC”，按下复位按键，使得单片机处于运行状态。当按下Key1键时，可以看到图片进行切换，按下Key2键时删除当前图片显示下一张，直至全部删除完毕，显示最后一张X，如图5-31所示。

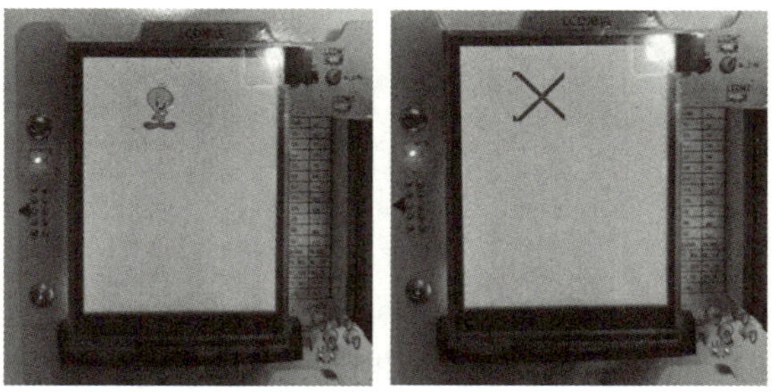

图5-31　按键控制图片显示功能

任务小结

通过本任务的学习应当掌握STM32与TFTLCD液晶屏组合的电子显示屏功能。该显示屏具备图片的显示、存储、切换、删除等功能。任务小结如图5-32所示。

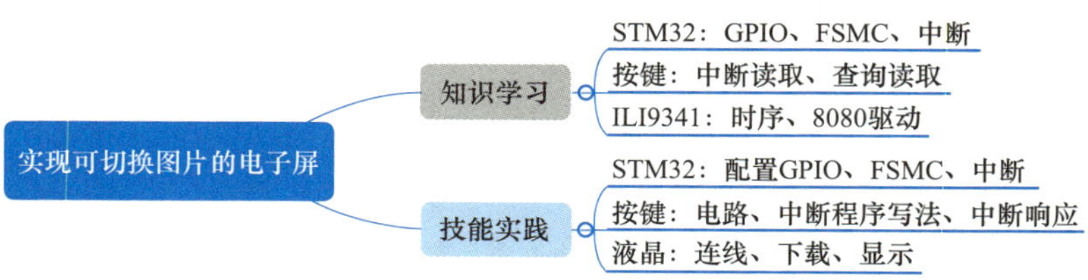

图5-32　任务小结

任务拓展

实现按键操作的文字提示功能，即识别按键操作后在屏幕的左上角显示操作命令。如果命令能够正常执行，则显示命令名称；如果命令不能正常执行，则提示错误。

项目扩展阅读

目前市面上主流的显示技术主要可以分为LCD显示技术、OLED显示技术和LED显示技术3大类，其中，LCD显示技术是需要借助外界背光源的非自发光型显示技术，LED显示技术和OLED显示技术是自发光技术，即通过无机/有机材料自身作为发光源来显示文字、图像等内容。

1. LCD显示技术

LCD显示技术是一种借助外界背光源的显示技术，其核心材料为同时具有液体性质和固体性质的液晶分子，通过电场调整液晶分子状态来控制背光源的透光率，通过彩色滤光片实现色彩展现，从而呈现显示效果。

早期的LCD显示主要是由CCFL（冷阴极荧光灯）背光实现的，但是CCFL背光源具有发光亮度较低、功耗大、发热严重、稳定性差等缺点。相较于CCFL背光源，LED背光源具有更小功耗、稳定性高、亮度较高等明显优势，目前已经成为LCD产品中的主流背光源。

2. OLED显示技术

OLED（有机发光二极管）显示技术是指使用有机半导体材料和发光材料，在电场驱动下，通过载流子注入和复合产生发光现象，利用多层有机薄膜结构产生电致发光来实现显示内容。

OLED与LCD相比，节省了背光源、液晶和彩色滤光片等结构，具有轻薄、高亮度、响应时间短、功耗低，且可实现柔性化显示等优势，但由于其有机材料性质，其在高温等极端环境下性能较不稳定，对产品应用环境有一定的要求。

3. LED显示技术

LED（发光二极管）是一种半导体化合物组成的固体发光器件，对其通电后，由于电致发光原理可以将电能转化为光能来实现发光。

LED显示技术即是以矩阵化排列的LED灯珠作为基本发光源，通过控制显示模组中每个LED灯珠的亮灭、颜色和明暗程度，从而实现内容的显示。LED基于其无机材料性质，稳定性相对较好，对产品应用环境的要求相对较低，不仅可用于室内显示，还能够实现户外全天候使用。同时，LED依托其无限延展的特点，可覆盖各种尺寸的显示产品。此外，由于是自发光显示，还具有高亮度、视角大、清晰度高等特点，可满足不同的使用环境。

Project 6

项目6

制作智能电子称重系统

引导案例

现代生活中，越来越多的场合基本已经实现智能化，例如，物流园区内的包裹智能分拣、超市购物结算时的智能称重检测、大型货车通过收费卡口时的称重计费等，这些场合都借助了电子称重系统，通过对物品的自动称重来进行相应的结算及处理。智能电子秤如图6-1所示。

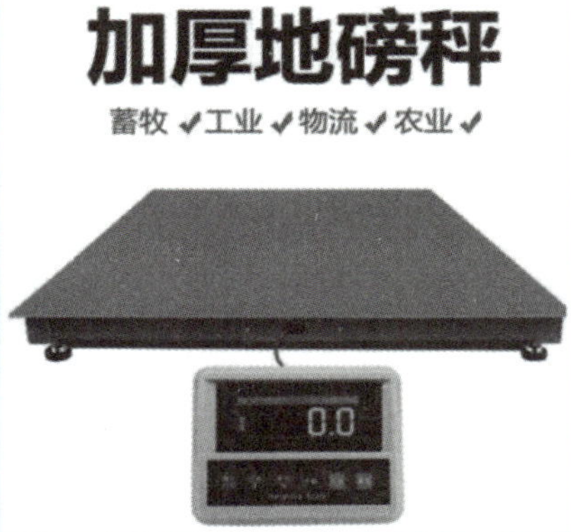

图6-1　智能电子秤

这些智能的电子秤，通过结合按键、智能屏显、蜂鸣器、打印机、网络通信模块等其他功能外设，实现不同的应用场景。本项目就结合STM32单片机、重力传感器、按键、屏显设备来制作一个智能的电子称重系统。

任务1 使用ADC采集传感器数据

职业能力目标

扫码观看视频

- 能根据MCU编程手册，利用STM32CubeMX软件，准确对ADC进行配置。
- 能利用重量传感器的知识，通过编写代码，准确获取重量数据。

任务描述与要求

任务描述：电子秤采用的重量传感器输出的数据为模拟量，本任务要求使用STM32的ADC进行重量传感器数据的采集，将获取的重量数据通过串口输出。

任务要求：

- 能够通过STM32CubeMX软件进行ADC配置。
- 能够根据ADC的知识，获取传感器数据。
- 能够将获取的重量数据通过串口输出。

知识链接

1. 认识ADC

ADC（Analog-to-Digital Converter，模—数转换器或者模拟—数字转换器）是将连续变量的模拟信号转换为离散的数字信号的器件。真实世界的模拟信号，例如，温度、压力、声音或者图像等，需要转换成更容易储存、处理和发射的数字形式。模—数转换器可以实现这个功能，在各种不同的产品中都可以找到它的身影。

2. ADC的主要参数

1）分辨率：分辨率是指ADC输出数字量的最低位变化一个数码时，对应模拟量的变化量。

$$分辨率=\frac{V}{2^n}$$

2）转换精度：转换精度是指实际ADC输出的数字量与理想的ADC输出的数字量的转换误差，绝对精度一般以分辨率为单位给出，相对精度则是绝对精度与满量程的比值。

3）转换速率：转换速率是指完成一次从模拟转换到数字的模—数转换所需的时间的倒数。积分型ADC的转换时间是毫秒级，属于低速AD；逐次比较型ADC是微秒级，属于中速

AD；全并行/串并行型ADC可达到纳秒级。

4）采样时间：采样时间是指两次转换的间隔采样时间。采样时间的倒数是采样速率，通俗地讲，采样速率是指处理器每秒采集多少个信号样本。为了保证转换正确完成，采样速率必须小于或等于转换速率。

5）量化误差：A—D转换器把模拟量转化为数字量后，用数字量近似表示模拟量，这个过程称为量化，量化误差是由于ADC的位数有限而引起。

3. STM32F103VET6的ADC

STM32F103VET6有3个ADC，精度为12位，其中ADC1和ADC2都有16个外部通道，ADC3有14个外部通道。ADC的模式非常多，功能非常强大，具体构成详见项目４任务１知识储备。

（1）ADC 时钟

ADC输入时钟ADC_CLK由PCLK2经过分频产生，在STM32CubeMX里设置如图6-2所示。标号①处为分频因子，可以是2/4/6/8 分频，注意这里没有1分频。如果设置PCLK2=HCLK=72M，分频因子选择6，则ADC_CLK=12M，如图6-2标号②处所示。

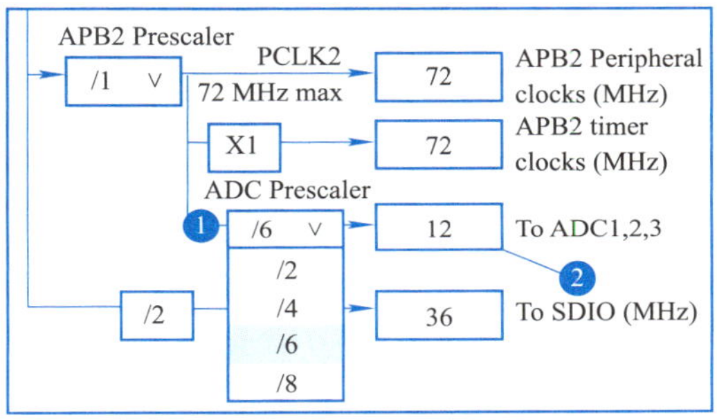

图6-2　ADC时钟设置

（2）采样时间

ADC使用若干个ADC_CLK周期对输入的电压进行采样，采样的周期数可通过STM32CubeMX软件设置，每个通道还可以分别用不同的时间采样。其中采样周期最小是1.5个，即如果要达到最快的采样，那么应该设置采样周期为1.5个周期，这里说的周期就是1/ADC_CLK。在STM32CubeMX里设置如图6-3所示，标号①处设置采样时间为71.5个。

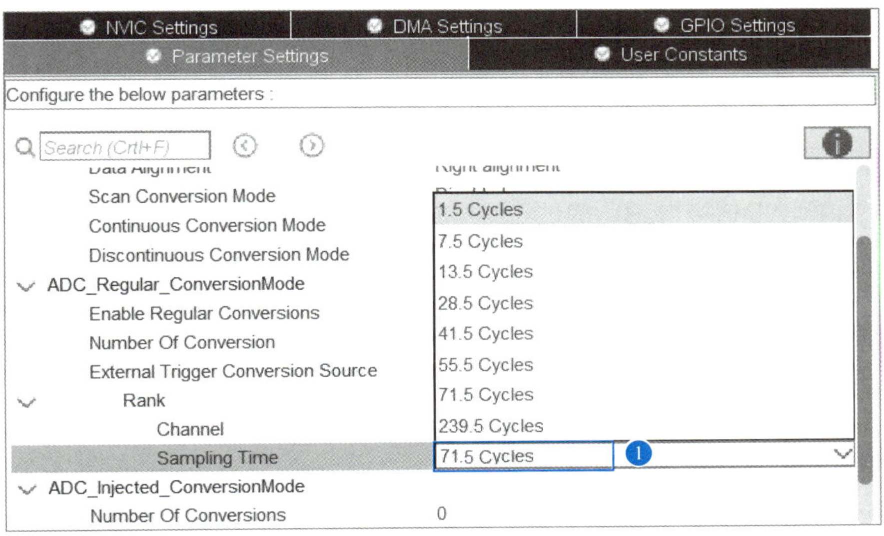

图6-3　ADC采样时间设置

4. 称重传感模块

图6-4所示为NEWLab实训平台称重传感器模块电路板结构图，图中数字对应模块情况：称重传感模块。

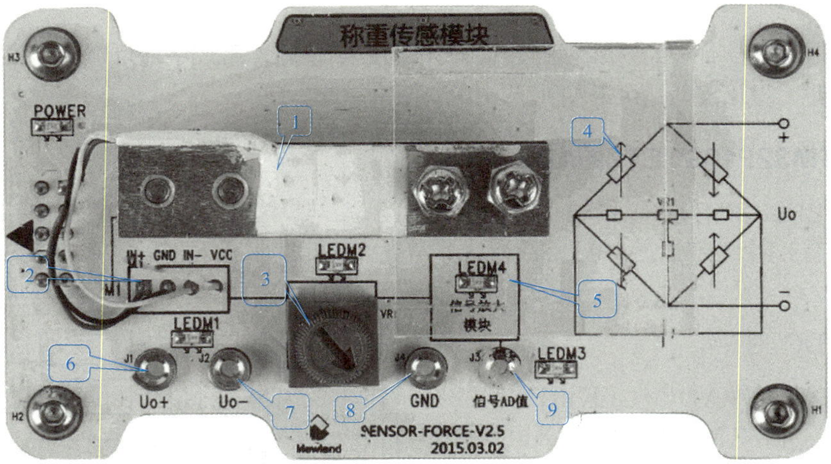

图6-4　称重传感模块电路板结构图

标号①YZC-1b称重传感器。

标号②称重传感器桥式电路的接口。

标号③平衡调节电位器。

标号④桥式电阻应变片平衡电路。

标号⑤信号放大模块。

标号⑥U+J1接口，测量直流电桥平衡电路输出的正端电压，即AD623正端输入（3脚）电压。

标号⑦UJ2接口，测量直流电桥平衡电路输出的负端电压，即AD623负端输入（2脚）电压。

标号⑧接地GND接口J4。

标号⑨信号AD值接口J3，测试经信号放大模块放大后电路输出的电压，该电压由AD623（6脚）输出，经R3和R7分压后采集R7的电压。

信号放大模块主要利用AD623完成信号的差动放大，AD623是一个集成单电源仪表放大器。信号放大电路如图6-5所示。

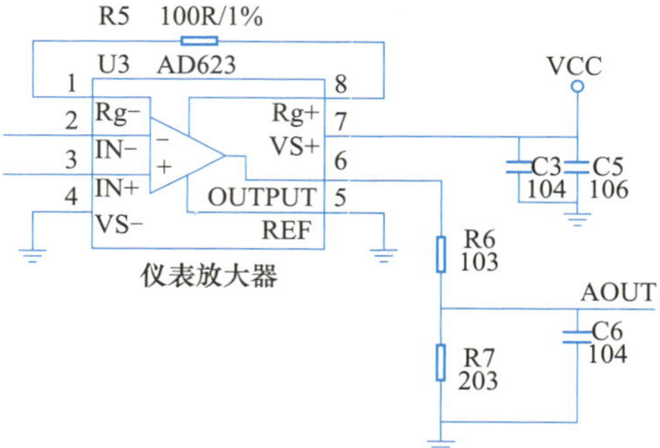

图6-5　信号放大电路

5. 电阻应变式传感器的测量电路

在实际应用中，4个电阻应变片阻值不可能做到绝对相等，导线电阻和接触电阻也有差异，如果增加补偿措施则会使得器件的结构相对复杂，因此电阻应变式传感器构成的电桥在实际测量时必须调节电阻平衡。常用的电阻平衡调节电路如图6-6所示。

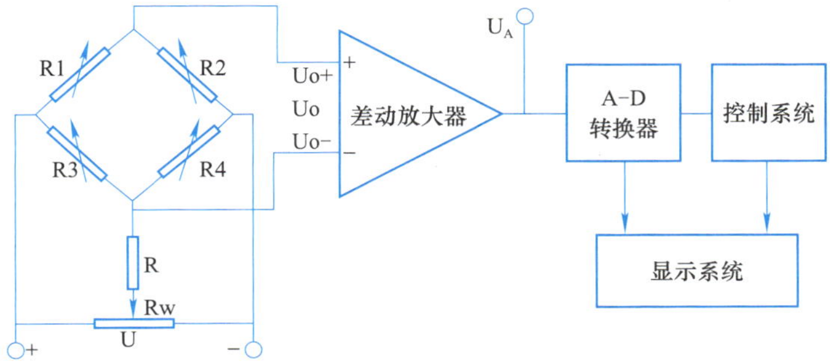

图6-6　直流电桥电阻平衡电路

任务准备

任务实施前必须先准备好表6-1所列的设备/资源。

表6-1　设备/资源清单表

序　号	设备/资源名称	数　量	是否准备到位（√）
1	STM32F103VET6模块	1	
2	称重传感模块	1	
3	杜邦线	1	

任务实施

要完成本任务，可以将实施步骤分成以下7步：

- 使用STM32CubeMX完成ADC工程的创建和配置。
- 在工程中添加代码包。
- 在源文件中添加代码。
- 编译代码。
- 硬件环境搭建。
- 模块固件下载。
- 结果验证。

具体实施步骤如下：

1. 新建工程

1）可以参考项目1中的任务1，完成以下操作：

① 打开STM32CubeMX，选择“New Project”进入芯片选择界面。

② 在搜索栏输入“stm32f103ve”，右侧会出现STM32F103VE的芯片，选择LQFP封装的，双击进入芯片配置界面。

③ 单击“System Core”→“RCC”，“High Speed Clock（HSE）”和“Low Speed Clock（LSE）”都选择“Crystal/Ceramic Resonator”。

④ 单击“SYS”，“Debug”选择“Serial Wire”。

2）单击“Connectivity”→“USART1”，配置串口一，如图6-7所示，“MODE”选择“Asynchronous”，“Baud Rate”选择“115200Bits/s”，“Data Direction”选择“Receive and Transmit”，然后单击“NVIC Settings”，勾选“USART1 global interrupt”，使能串口中断。

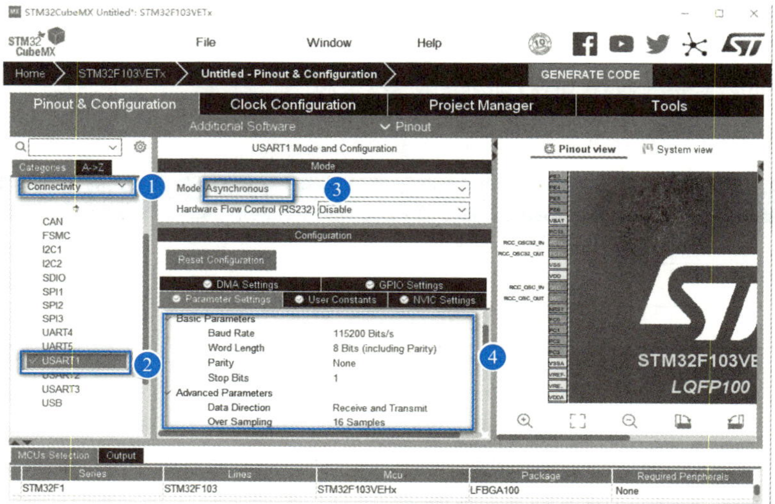

图6-7　配置串口

3）单击“ADC1”，勾选“IN0”如图6-8所示，也可以单击PA0的引脚进行选择。

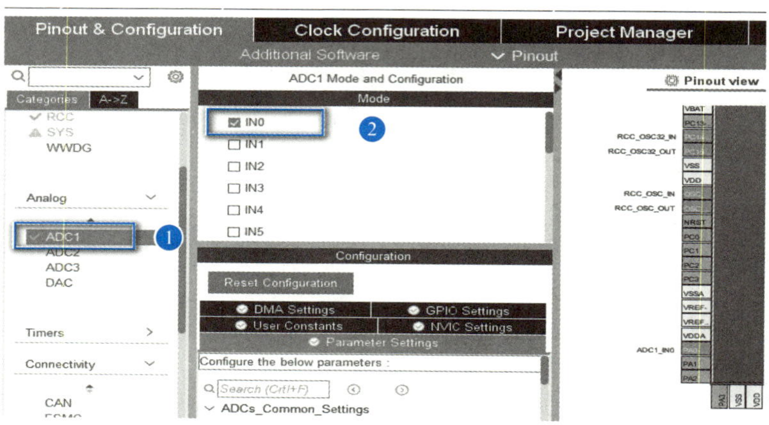

图6-8　配置ADC1的通道0

4）单击“Clock Configuration”进行如图6-9所示的时钟配置。

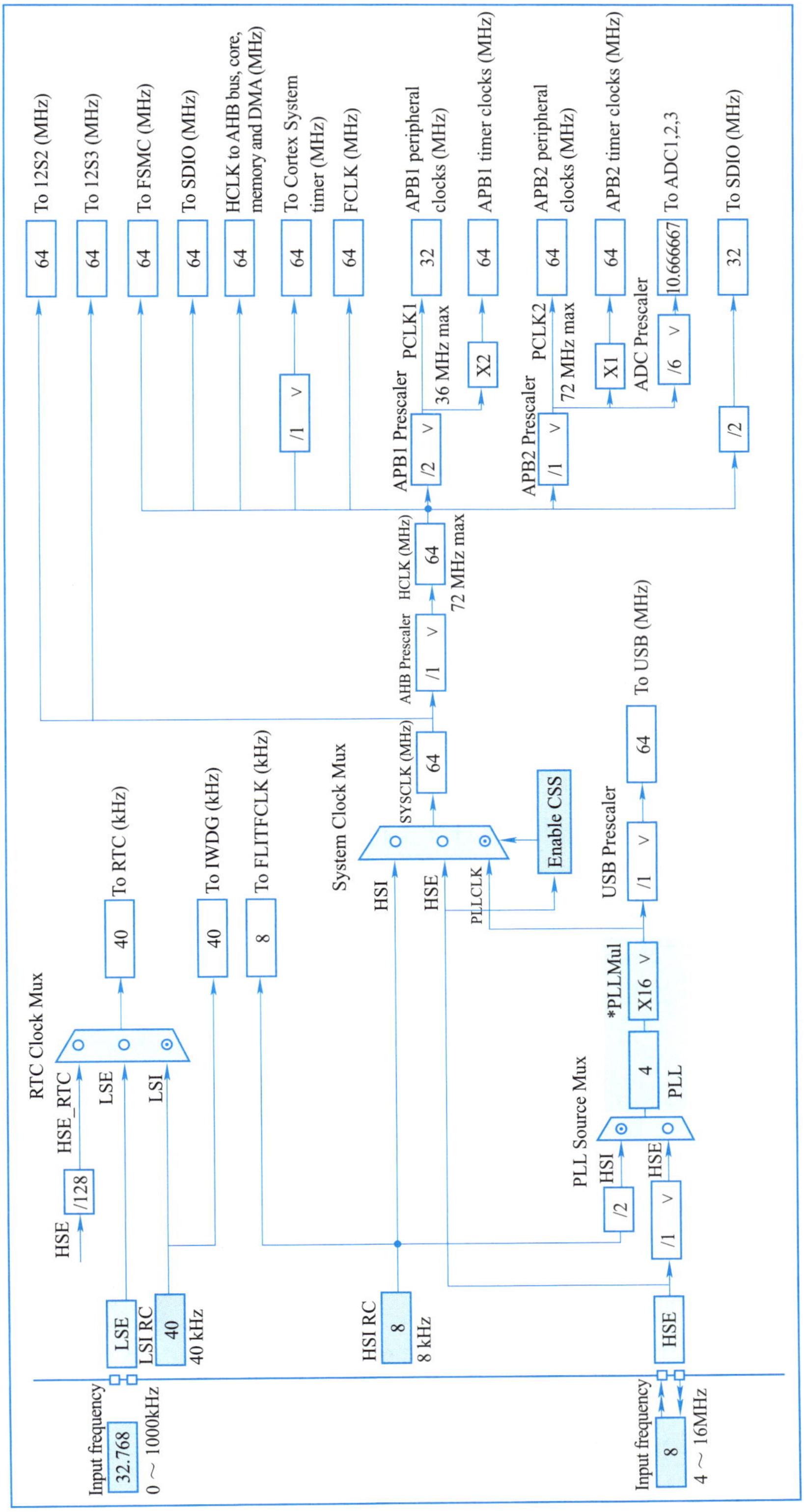
Input frequency
32.768
0 ~ 1000kHz
LSE
LSI RC
40
40 kHz
HSE
/128
HSE_RTC
LSE
LSI
RTC Clock Mux
40
To RTC (kHz)
40
To IWDG (kHz)
8
To FLITFCLK (kHz)
HSI RC
8
8 kHz
Input frequency
8
4 ~ 16MHz
HSE
/1
/2
HSI
HSE
PLL Source Mux
4
PLL
X16
*PLLMul
System Clock Mux
HSI
HSE
PLLCLK
Enable CSS
SYSCLK (MHz)
64
AHB Prescaler
/1
HCLK (MHz)
64
72 MHz max
USB Prescaler
/1
64
To USB (MHz)
64
To I2S2 (MHz)
64
To I2S3 (MHz)
64
To FSMC (MHz)
64
To SDIO (MHz)
64
HCLK to AHB bus, core, memory and DMA (MHz)
/1
64
To Cortex System timer (MHz)
64
FCLK (MHz)
APB1 Prescaler
/2
PCLK1
36 MHz max
32
APB1 peripheral clocks (MHz)
X2
64
APB1 timer clocks (MHz)
APB2 Prescaler
/1
PCLK2
72 MHz max
64
APB2 peripheral clocks (MHz)
X1
64
APB2 timer clocks (MHz)
ADC Prescaler
/6
10.666667
To ADC1,2,3
/2
32
To SDIO (MHz)

图6-9 配置时钟

5）单击“Project Manager”，单击“Project”设置文件名和保存的位置，“Toolchain/IDE”选择“MDK_ARM”。

6）单击“Code Generator”按钮，进行勾选设置。

7）最后单击右上角的“GENERATE CODE”生成初始化代码。

2. 添加代码包

1）单击编译按钮开始编译，若0个错误表示编译通过，如图6-10所示。

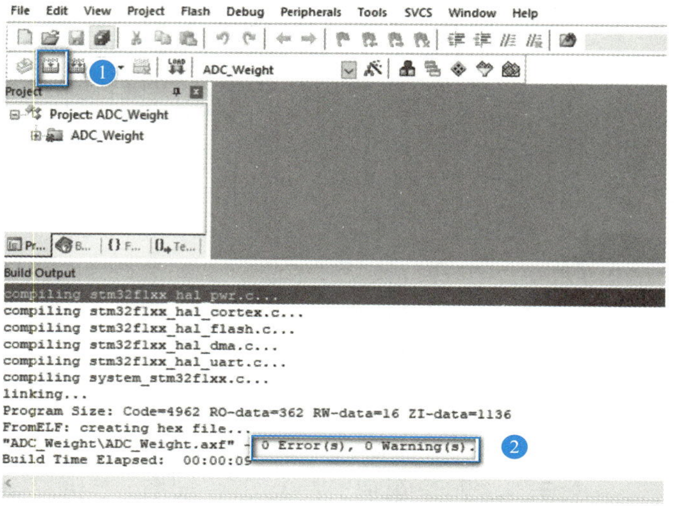

图6-10　编译工程

2）在项目工程文件夹的MDK-ARM文件夹下新建一个HARDWORK文件夹，并将“delay”和“Trace”两个文件夹复制进去，如图6-11所示。

3）右键单击项目文件名，选择“Add Group”添加组，将“NEW Group”改为“HARDWORK”，双击“HARDWORK”，选择“delay”和“Trace”文件夹添加“delay. c”和“Trace. c”文件，如图6-12所示。

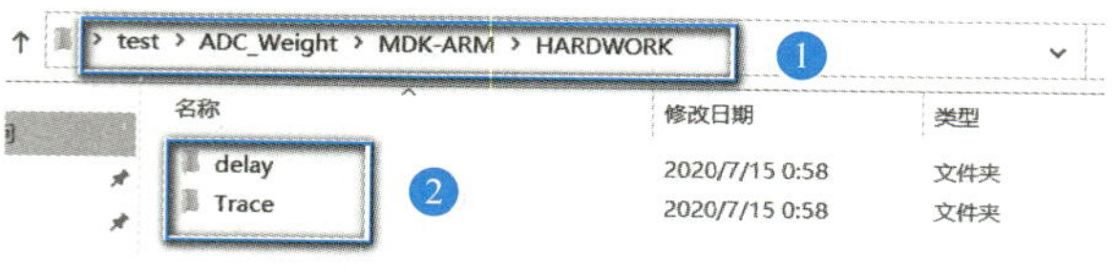

图6-11　添加“delay”和“Trace”代码包

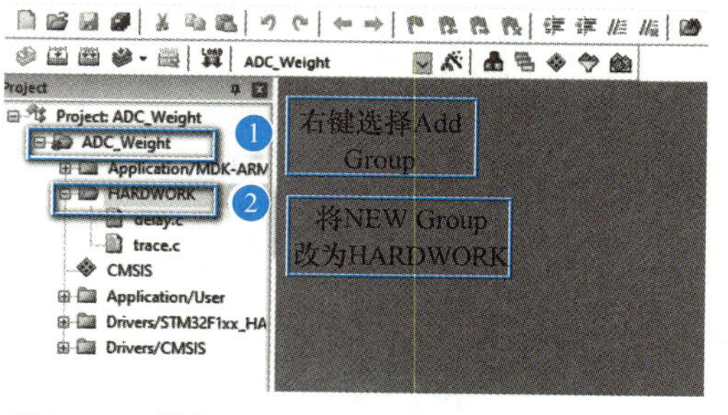

图6-12　添加“delay.c”和“Trace.c”文件

4）添加的文件直接编译会报错，需要包含文件夹的路径，图6-13所示就是添加“Trace”文件的路径，使程序可以找到. h文件。

5）按照相同的方法将“delay”的文件路径添加进去。

添加完文件后直接编译也会报错，这时双击“trace.c”将里面的“UART_HandleTypeDef huart1；”注释掉，如图6-14所示。

再次进行编译就不会报错。

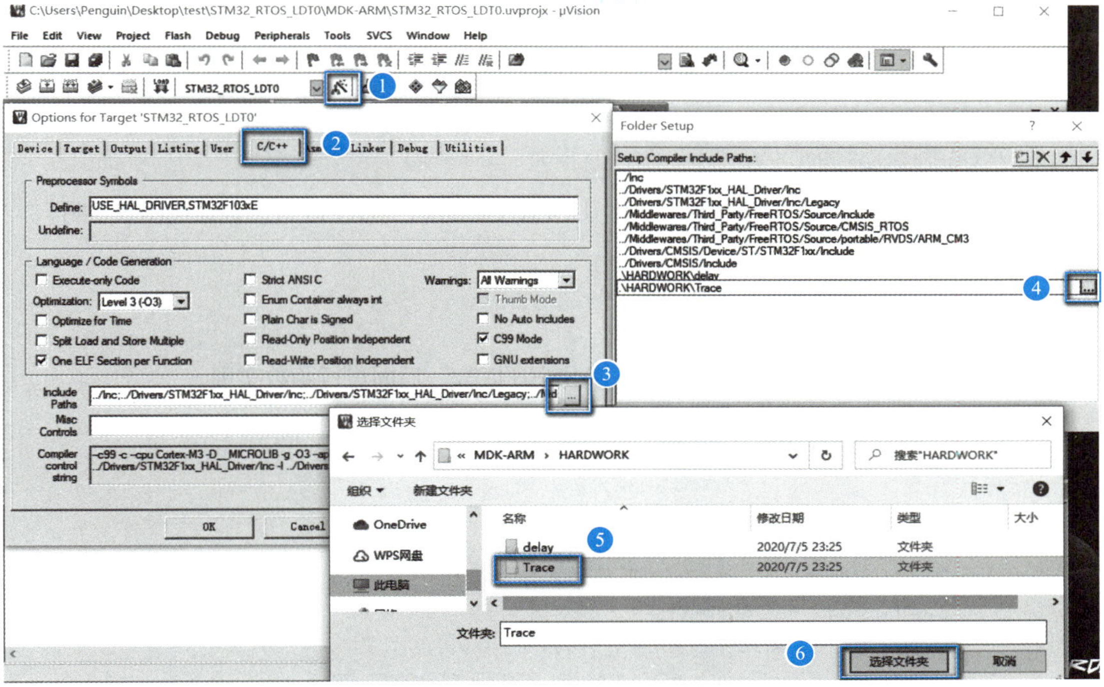

图6-13　添加“delay.c”和“Trace.c”文件

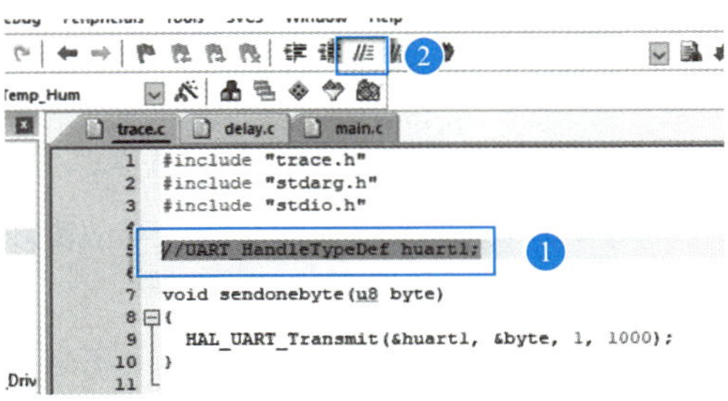

图6-14　注释或删除

3. 添加代码程序

（1）添加头文件

在MDK-ARM中双击打开“Application”→“User”下的“main.c”文件，在添加头文件代码处添加“trace.h”“delay.h”头文件。

```
/* USER CODE BEGIN Includes */
#include "trace.h"
#include "delay.h"
/* USER CODE END Includes */
```

（2）添加变量

在“USER CODE BEGIN PV”和“USER CODE END PV”之间添加变量。

```
/* USER CODE BEGIN PV */
ADC_ChannelConfTypeDef sConfig = {0}；
u16 adcvalue = 0；
long press_value = 0； //重量
uint16_t temp_value = 0；
/* USER CODE END PV */
```

在“USER CODE BEGIN PFP”和“USER CODE END PFP”之间添加函数声明。

```
/* USER CODE BEGIN PFP */
u16 Get_Adc_Average(uint32_t channel，u8 times)；
/* USER CODE END PFP */
```

在最后的 “#endif /* USE_FULL_ASSERT */”后面进行函数实现。

```
#endif /* USE_FULL_ASSERT */
u16 Get_Adc(uint32_t channel)
{
    /**Configure Regular Channel
    */
    sConfig.Channel = channel；
    sConfig.Rank = ADC_REGULAR_RANK_1；
    sConfig.SamplingTime = ADC_SAMPLETIME_239CYCLES_5；
    if (HAL_ADC_ConfigChannel(&hadc1， &sConfig) != HAL_OK)
    {
        Error_Handler()；
    }
    HAL_ADC_Start(&hadc1)；                      //开启ADC
    HAL_ADC_PollForConversion(&hadc1，10)；       //轮询转换
    return (u16)HAL_ADC_GetValue(&hadc1)；
}

u16 Get_Adc_Average(uint32_t channel，u8 times)
{
    u32 temp_val=0；
    u8 t；
    for(t=0；t<times；t++)
    {
        temp_val+=Get_Adc(channel)；
        delay_ms(5)；
    }
    return temp_val/times；
}
```

在“USER CODE BEGIN WHILE”和“USER CODE END 3”之间添加主程序代码。

```
/* Infinite loop */

/* USER CODE BEGIN WHILE */
  delay_init(72);
  adcvalue = Get_Adc_Average(ADC_CHANNEL_0, 5);
  u1_printf("system is running\r\n");
  while (1)
  {
    adcvalue = Get_Adc_Average(ADC_CHANNEL_0, 5);
      press_value = adcvalue/4096.0 * 500; //转换压力信号0-500//0-500g
      if(temp_value != press_value)
      {
        temp_value = press_value;
        u1_printf("称重传感器---重量值为 %d g\r\n", press_value);
      }
      delay_ms(500);
  /* USER CODE END WHILE */

  /* USER CODE BEGIN 3 */
  }
  /* USER CODE END 3 */
```

4. 编译代码

代码添加完成后，单击“重新编译”按钮完成编译，确保编译准确无错误。

5. 硬件环境搭建

如图6-15所示，是本任务的硬件连线图。STM32F103VET6模块的PA0引脚连接到称重传感器模块的A—D输出接口。

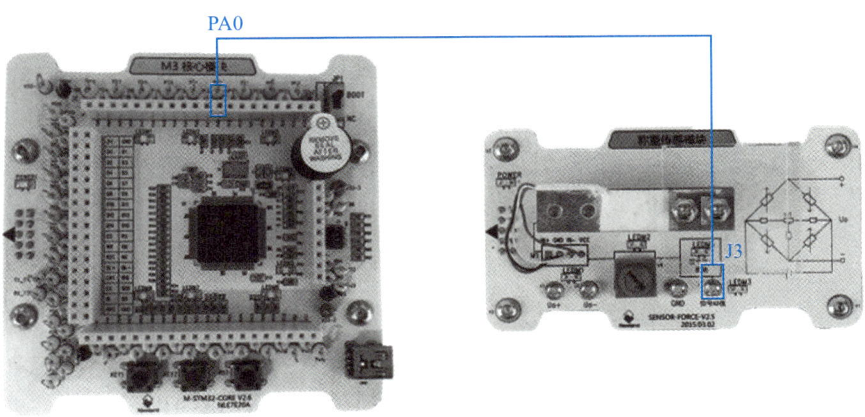

图6-15 硬件连线图

6. M3模块固件下载

（1）烧写前的硬件准备

搭建硬件平台，把M3模块和压电传感器模块放到NEWLab实训平台上。

确保NEWLab实训平台：

1）接线正常，并将旋钮旋到通信模式。

2）将M3核心模块JP1从NC拨到Boot端，按下复位键。

（2）烧写

1）打开FlashLoader Demonstrator软件，将编译好的HEX文件进行烧录。

2）等待下载完毕。

（3）烧写后启动M3模块

1）将M3模块的JP1从BOOT切换到NC按下复位键。

2）将PA0引脚连接到称重传感器模块的A—D输出接口。

7. 结果验证

打开串口调试工具，单片机上电，选择连接的串口，打开串口，调节称重传感模块上的旋钮进行灵敏度调节及调零，然后就可以在调试助手上看到串口输出的数据，如图6-16所示，可以获取当前重量数据。

图6-16　结果输出

任务小结

通过ADC采集数据任务的设计与实现，读者能够使用STM32CubeMX软件进行ADC配置，能够根据ADC的知识，获取传感器数据。任务小结如图6-17所示。

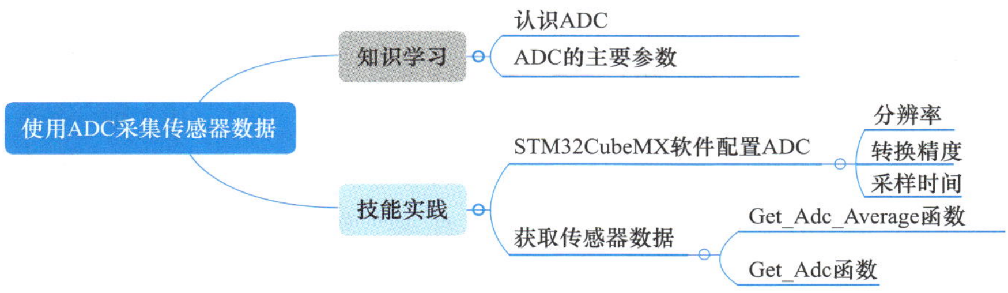

图6-17　任务小结

任务拓展

由实验结果发现，重量传感器输出的数据有很大的波动，即存在噪声，请采用数字滤波的方法使输出稳定。

任务2　使用称重机面板按键

职业能力目标

- 能根据MCU编程手册，利用STM32CubeMX软件，准确对引脚进行配置。
- 能利用矩阵键盘的知识，通过编写代码，准确获得每一个按键。
- 能利用通用串行接口知识，借助STM32CubeMX软件，正确将每一个按键进行输出。

任务描述与要求

任务描述：电子秤需要使用按键面板，本任务要求使用矩阵键盘，并且根据矩阵键盘的相关知识，将获取的每一个按键通过串口输出。

任务要求：

- 能够通过STM32CubeMX软件进行引脚配置。
- 能够根据矩阵键盘知识，获取每一个按键状态。
- 能够将获取的每一个按键通过串口输出。

知识链接

1. 矩阵键盘结构

在很多电子设备中都需要有输入设备，按键在其中占了很大的比例，当按键比较少，占用微控制器的I/O口比较少时，可以使用独立按键，但是当按键比较多时，占用微控制器的资源比较多，独立按键就不再适合，此时通常使用矩阵形式的按键组，称为矩阵键盘，如图6-18所示。

图6-18　矩阵键盘

图6-19和图6-20所示为矩阵键盘的原理图。在矩阵键盘中，每条水平线和垂直线在交叉处不直接连通，而是通过一个按键加以连接。这样，7个I/O口就可以构成4×3=12个按键的矩阵键盘。如果采用独立按键的方式需要12个I/O口，而且线数越多，区别越明显，比如再多加一条线，即8个I/O口就可以构成16键的键盘，如图6-20所示。如果采用独立按键的方式需要16个I/O口。由此可见，在需要的键数比较多时，采用矩阵法来做键盘是合理的。

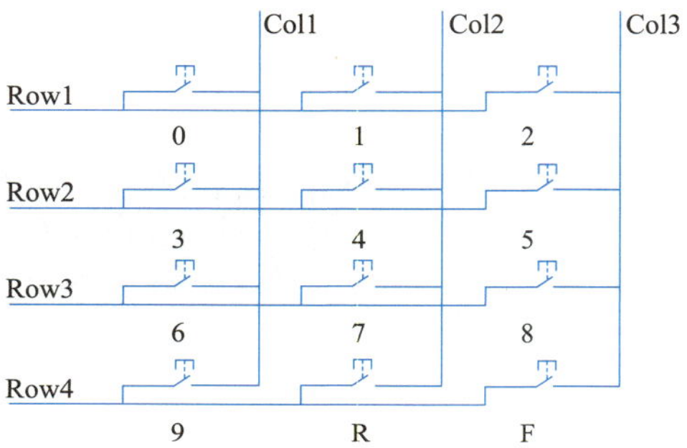

图6-19　矩阵键盘原理图 1

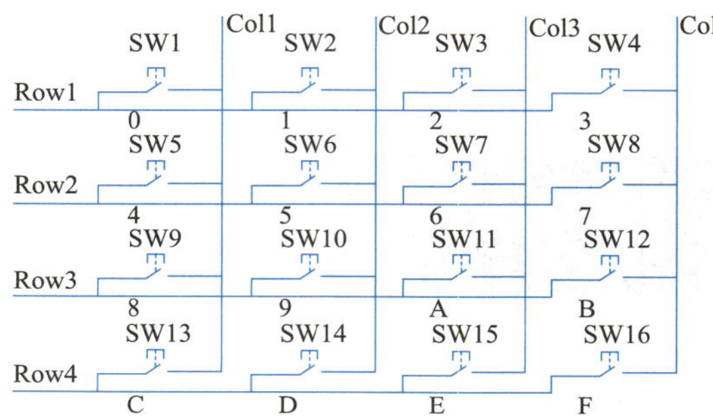

图6-20　矩阵键盘原理图 2

2. 矩阵键盘识别方法

矩阵式结构的键盘显然比独立按键要复杂一些，识别也要复杂一些。把列线通过电阻接正电源，并将行线所接的微处理器的I/O口作为输出端，而列线所接的I/O口作为输入。这样，当按键没有按下时，所有的输入端都是高电平，代表无按键按下。行线输出是低电平，一旦有按键按下，则输入线就会被拉低，这样，通过读入输入线的状态就可得知是否有键按下了。

3. 键盘读取功能设计

（1）行扫描法

行扫描法又称为逐行（或列）扫描查询法，是一种最常用的按键识别方法。行扫描法中行线ROWx接微控制器的输出口，列线COLx接微控制器的输入口，它的工作过程可以分为如下两个步骤。

1）判断键盘中有无键按下及按下键所在列的位置。

2）判断闭合键所在行的位置。

（2）高低电平翻转法

首先让列线COLx为0，行线ROWx设置为上拉输入（即输入1）。若有按键按下，则行线ROWx中会有一行由1翻转为0，此时即可确定被按下的键的行位置。

然后让行线ROWx为0，列线COLx设置为上拉输入（即输入1）。若有按键按下，则列线COLx中会有一根由1翻转为0，此时即可确定被按下的键的列位置。

最后将上述两者进行或运算即可确定被按下的键的位置。

机械式按键按下或释放时，由于机械弹性作用的影响，通常伴随有一定时间的触点机械抖动，然后其触点才稳定下来，如图6-21所示。

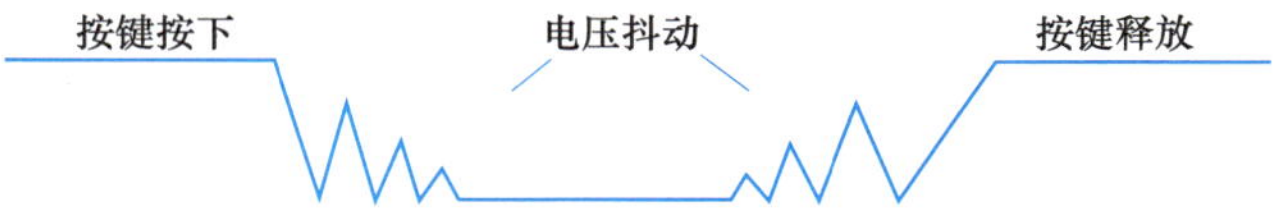

图6-21 按键消抖

本任务使用的矩阵键盘模块连线结构如图6-22所示。

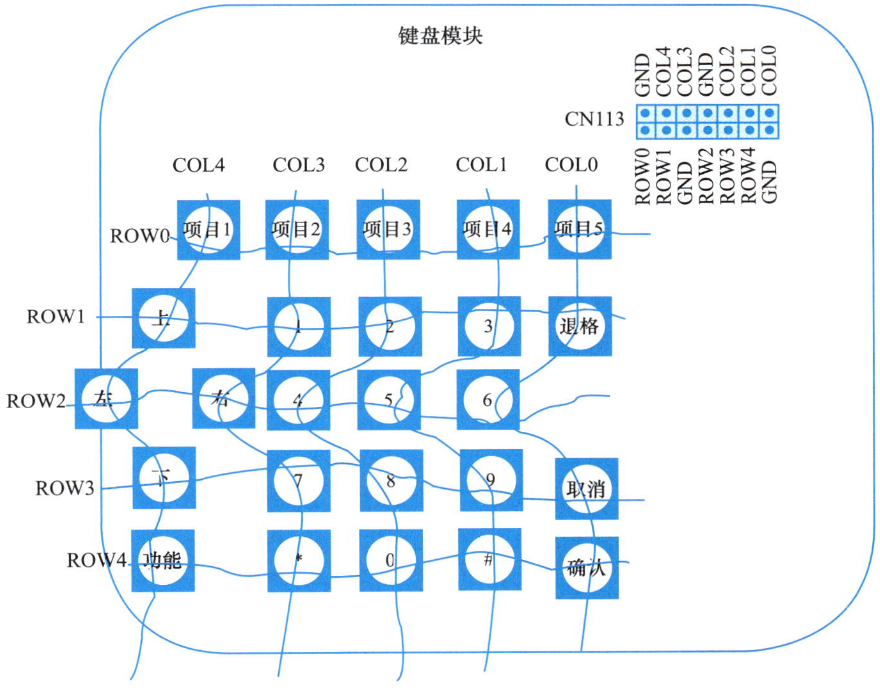

图6-22 矩阵键盘模块实际位置

任务准备

任务实施前必须先准备好表6-2所列的设备/资源。

表6-2 设备/资源清单表

序 号	设备/资源名称	数 量	是否准备到位（√）
1	STM32F103VET6模块	1	
2	键盘模块	1	
3	键盘连接线	1	

任务实施

要完成本任务，可以将实施步骤分成以下7步：

- 使用STM32CubeMX完成工程的创建和配置。
- 在工程中添加代码包。
- 在源文件中添加代码。
- 编译代码。
- 硬件环境搭建。
- 模块固件下载。
- 结果验证。

具体实施步骤如下：

1. 新建工程

可参考该项目的任务1完成以下1～5步。

1）打开STM32CubeMX，选择“New Project”命令进入芯片选择界面。

2）在搜索栏输入stm32f103ve，右侧会出现STM32F103VE的芯片，选择LQFP封装的，双击进入芯片配置界面。

3）单击“System Core”→“RCC”，“High Speed Clock（HSE）”和“Low Speed Clock（LSE）”都选择“Crystal/Ceramic Resonator”。

4）单击“SYS”，“Debug”选择“Serial Wire”。

5）单击“Connectivity”→“USART1”，配置串口一，“MODE”选择“Asynchronous”，“Baud Rate”选择“115200Bits/s”，“Data Direction”选择“Receive and Transmit”，然后单击“NVIC Settings”，勾选“USART1 global interrupt”，使能串口中断。

6）单击PA2，设置PA2为通用输出引脚，GPIO_Output，然后依次将PA3～PA6都设置为通用输出引脚，如图6-23所示。

7）单击PC7，设置PC7为输入引脚，选择“GPIO_Input”，然后依次将PC8～PC11都设置为输入引脚，如图6-24所示。

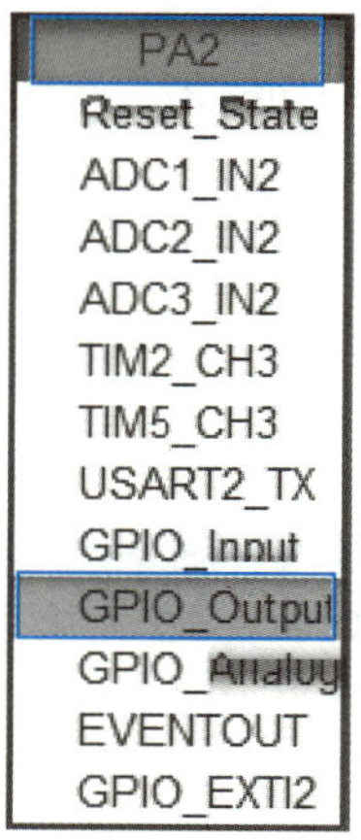

图6-23　配置引脚输出

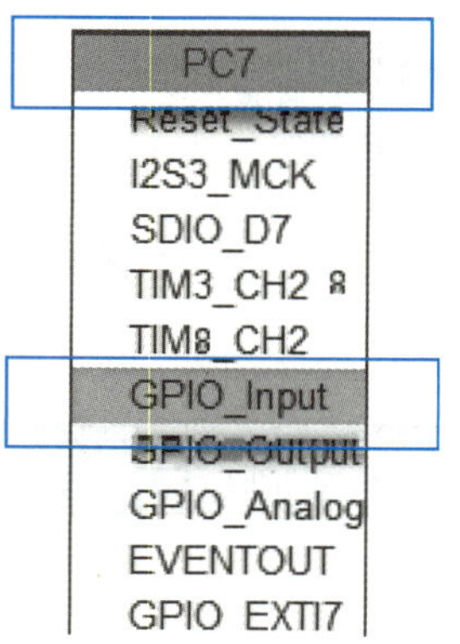

图6-24　配置引脚输入

8）单击“System Core”→“PIO”，选择“PA2”，将PA2设置为高电平，高速输出，无上拉，无下拉，如图6-25所示，然后依次将PA3～PA6都进行设置。

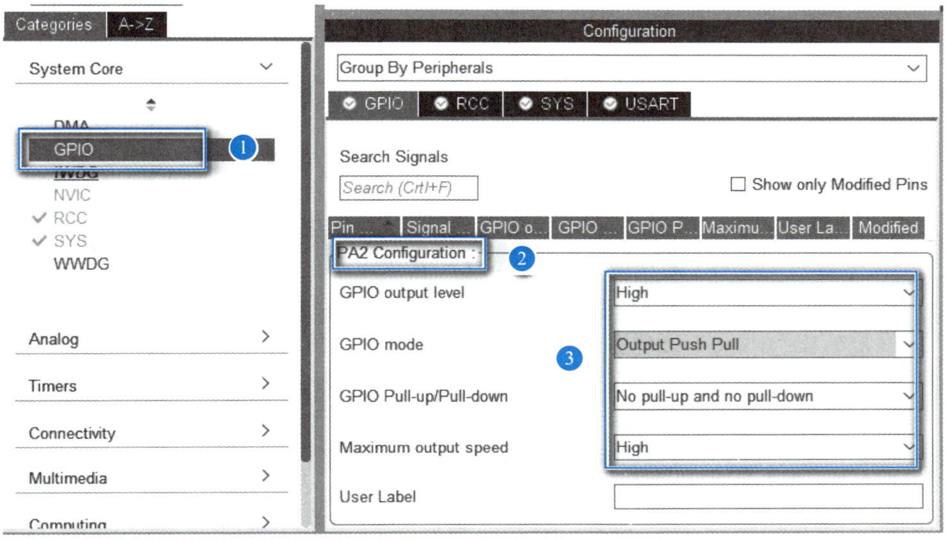

图6-25　配置输出引脚

9）单击“System Core”→“GPIO”，选择“PC7”，将PC7设置为上拉输入，如图6-26所示，然后依次将PC8～PC11也设置为上拉输入。

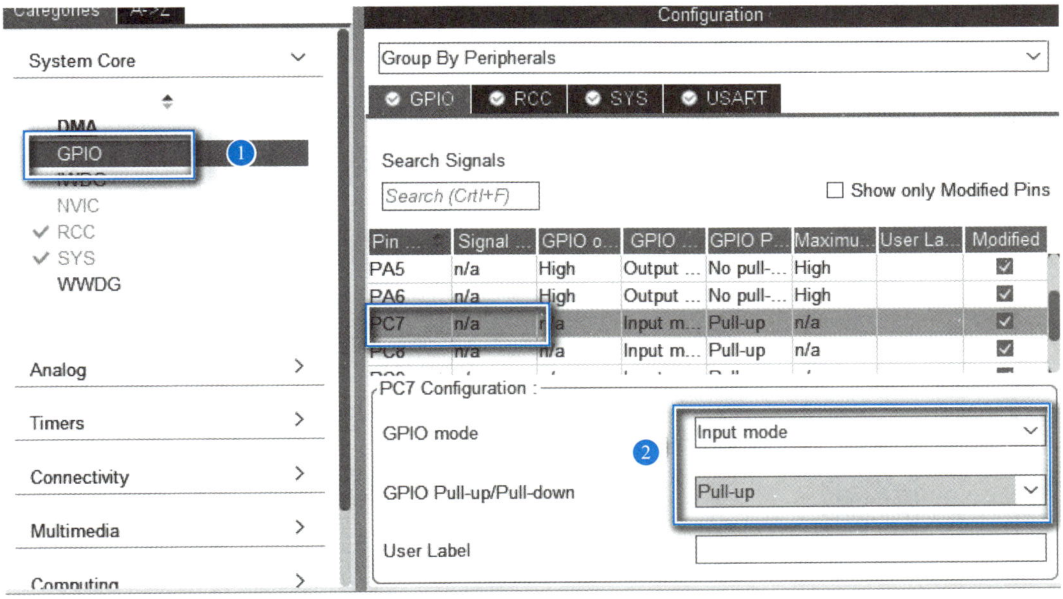

图6-26　配置输入引脚

10）单击“Clock Configuration”进行如图6-27所示的时钟配置。

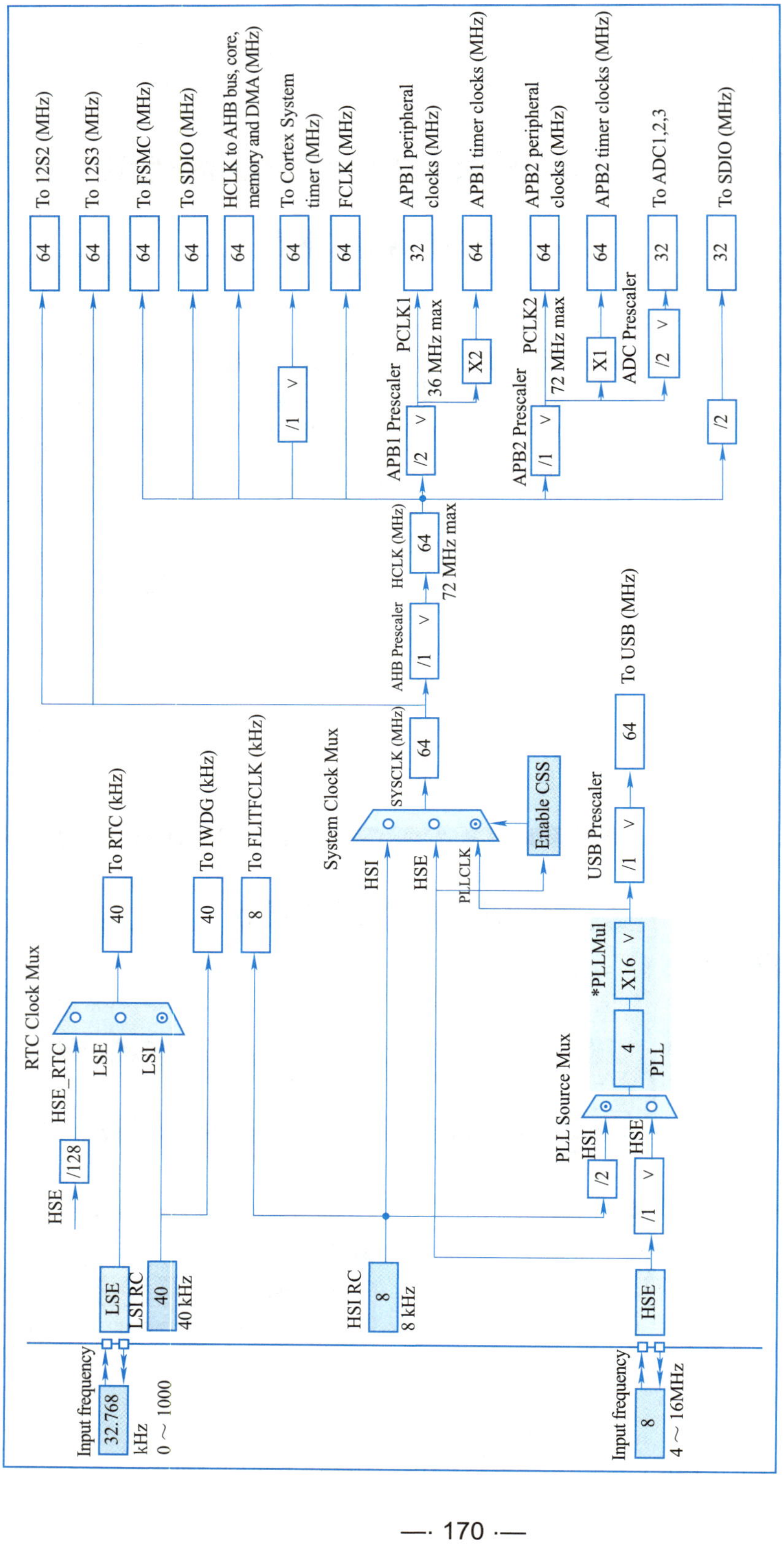

Input frequency
32.768
kHz
0 ~ 1000
LSE
LSI RC
40
40 kHz
HSE
/128
HSE_RTC
LSE
LSI
RTC Clock Mux
40
To RTC (kHz)
40
To IWDG (kHz)
8
To FLITFCLK (kHz)
HSI RC
8
8 kHz
HSI
HSE
PLLCLK
System Clock Mux
Enable CSS
SYSCLK (MHz)
64
AHB Prescaler
/1
HCLK (MHz)
64
72 MHz max
Input frequency
8
4 ~ 16MHz
HSE
/1
/2
HSI
HSE
PLL Source Mux
4
PLL
*PLLMul
X16
USB Prescaler
/1
64
To USB (MHz)
64
To 12S2 (MHz)
64
To 12S3 (MHz)
64
To FSMC (MHz)
64
To SDIO (MHz)
64
HCLK to AHB bus, core, memory and DMA (MHz)
/1
64
To Cortex System timer (MHz)
64
FCLK (MHz)
APB1 Prescaler
/2
36 MHz max
PCLK1
32
APB1 peripheral clocks (MHz)
X2
64
APB1 timer clocks (MHz)
APB2 Prescaler
/1
72 MHz max
PCLK2
64
APB2 peripheral clocks (MHz)
X1
64
APB2 timer clocks (MHz)
ADC Prescaler
/2
32
To ADC1,2,3
/2
32
To SDIO (MHz)

图6-27 配置时钟

11）单击“Project Manager”，单击“Project”设置文件名和保存的位置，“Toolchain/IDE”选择“MDK_ARM”。

12）单击“Code Generator”按钮，如图6-28进行勾选设置。

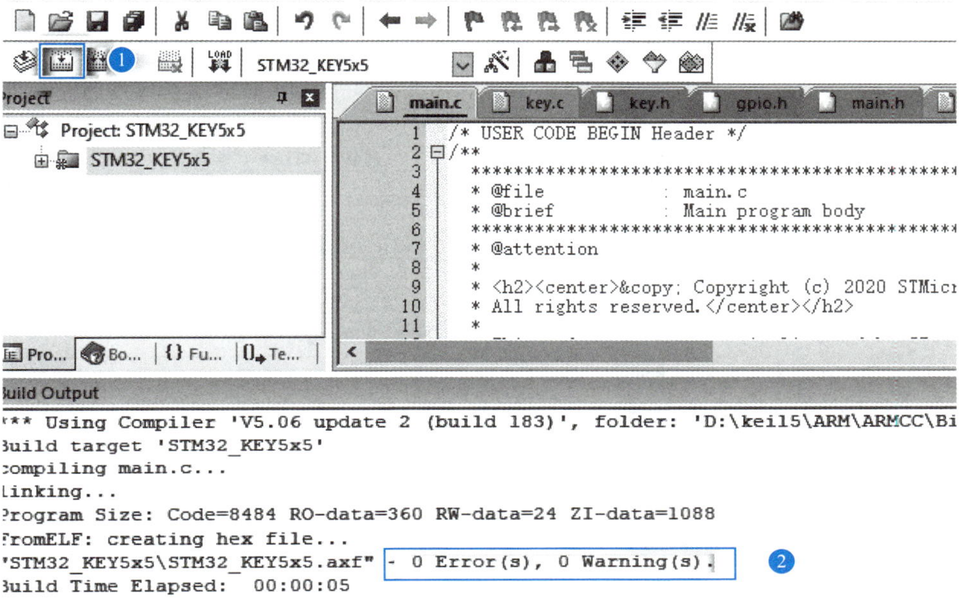

图6-28 编译工程

13）最后单击右上角的“GENERATE CODE”，按钮生成初始化代码。

2. 添加代码包

1）单击编译按钮开始编译，若0个错误表示编译通过。

2）在项目工程文件夹的MDK-ARM文件夹下新建一个“HARDWORK”文件夹，并将“delay”和“Trace”两个文件夹复制进去，如图6-29所示。

3）右键单击项目文件名，选择“Add Group”添加组，将“NEW Group”改为“HARDWORK”，双击“HARDWORK”，选择“delay”和“Trace”文件夹添加“delay.c”和“Trace.c”文件，如图6-30所示。

图6-29 添加“delay”和“Trace”代码包

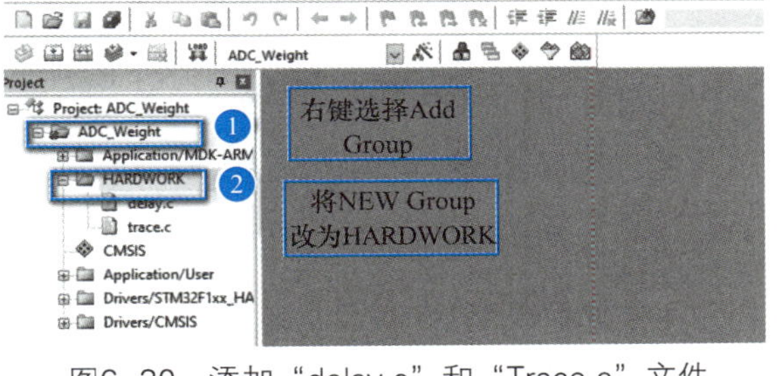

图6-30 添加“delay.c”和“Trace.c”文件

4）添加的文件直接编译会报错，需要包含文件夹的路径，图6-31所示就是添加“Trace”文件的路径，使程序可以找到.h文件。

5）按照相同的方法将“delay”的文件路径添加进去。

6）添加完文件后直接编译也会报错，这时双击“trace.c”将里面的“UART_HandleTypeDef huart1；”注释掉，如图6-32所示。

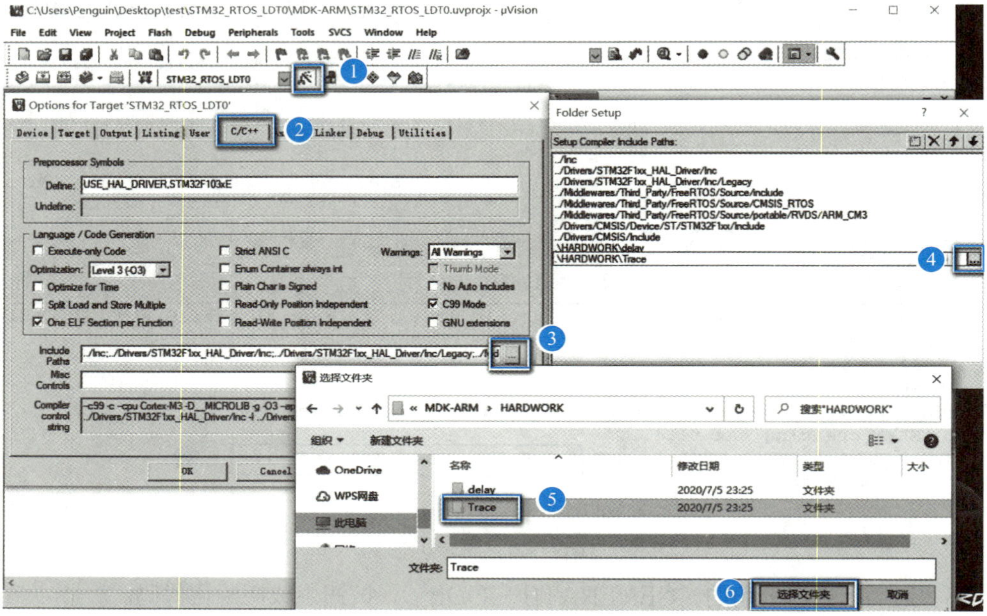

图6-31　添加“Trace”文件的路径

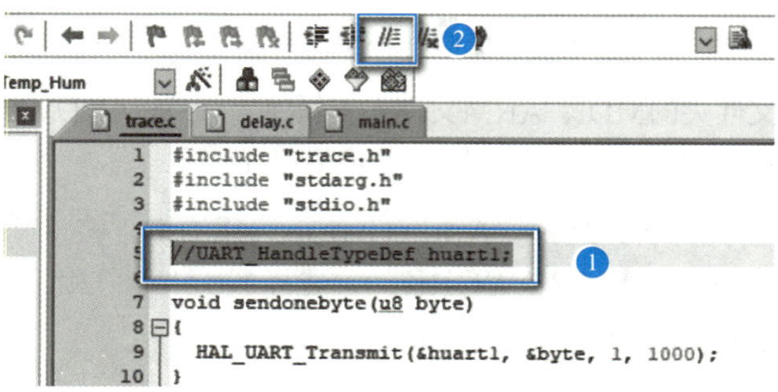

图6-32　注释或删除

7）再次进行编译就不会报错。

3. 添加代码程序

（1）添加按键扫描代码程序

在“HARDWORK”文件夹下添加文件夹“KEY5x5”，然后在文件夹内添加“key.c”和“key.h”两个文件，并按照图6-29～图6-31，将文件和路径添加进去，然后编译。

打开“key. h”，添加“key. h”程序。

```
#ifndef __KEY_H
#define __KEY_H
#include "stm32f1xx_hal.h"
#define KEY_CLO0_OUT_LOW  HAL_GPIO_WritePin(GPIOA，GPIO_PIN_6，GPIO_PIN_RESET)
#define KEY_CLO1_OUT_LOW  HAL_GPIO_WritePin(GPIOA，GPIO_PIN_5，GPIO_PIN_RESET)
#define KEY_CLO2_OUT_LOW  HAL_GPIO_WritePin(GPIOA，GPIO_PIN_4，GPIO_PIN_RESET)
#define KEY_CLO3_OUT_LOW  HAL_GPIO_WritePin(GPIOA，GPIO_PIN_3，GPIO_PIN_RESET)
#define KEY_CLO4_OUT_LOW  HAL_GPIO_WritePin(GPIOA，GPIO_PIN_2，GPIO_PIN_RESET)
#define KEY_CLO0_OUT_HIGH  HAL_GPIO_WritePin(GPIOA，GPIO_PIN_6，GPIO_PIN_SET)
#define KEY_CLO1_OUT_HIGH  HAL_GPIO_WritePin(GPIOA，GPIO_PIN_5，GPIO_PIN_SET)
#define KEY_CLO2_OUT_HIGH  HAL_GPIO_WritePin(GPIOA，GPIO_PIN_4，GPIO_PIN_SET)
#define KEY_CLO3_OUT_HIGH  HAL_GPIO_WritePin(GPIOA，GPIO_PIN_3，GPIO_PIN_SET)
#define KEY_CLO4_OUT_HIGH  HAL_GPIO_WritePin(GPIOA，GPIO_PIN_2，GPIO_PIN_SET)
char key_row_scan(void);
char key_scan(void);
#endif
```

打开“key. c”，添加“key. c”程序。

```
#include "key.h"
#include "delay.h"
#include "gpio.h"
/***
 *函数名：key_row_scan
 *功  能：按键行扫描
 *返回值：1～5，对应1～5行按键位置
 */
char key_row_scan(void)
{
    char key_num = 0;
    if( HAL_GPIO_ReadPin(GPIOC，GPIO_PIN_7) == 0 )
    {
        delay_ms(10);
        if(HAL_GPIO_ReadPin(GPIOC，GPIO_PIN_7) == 0)  //消抖
        key_num = 1;
    }//判断该列第1行按键按下
    if( HAL_GPIO_ReadPin(GPIOC，GPIO_PIN_8) == 0 )
    {
```

```
        delay_ms(10)；
        if(HAL_GPIO_ReadPin(GPIOC，GPIO_PIN_8) == 0) //消抖
        key_num = 2；
    }//判断该列第2行按键按下
    if( HAL_GPIO_ReadPin(GPIOC，GPIO_PIN_9) == 0 )
    {
        delay_ms(10)；
        if(HAL_GPIO_ReadPin(GPIOC，GPIO_PIN_9) == 0)  //消抖
        key_num = 3；
    }//判断该列第3行按键按下
    if( HAL_GPIO_ReadPin(GPIOC，GPIO_PIN_10) == 0 )
    {
        delay_ms(10)；
        if(HAL_GPIO_ReadPin(GPIOC，GPIO_PIN_10) == 0) //消抖
        key_num = 4；
    }//判断该列第4行按键按下
    if( HAL_GPIO_ReadPin(GPIOC，GPIO_PIN_11) == 0 )
    {
        delay_ms(10)；
        if(HAL_GPIO_ReadPin(GPIOC，GPIO_PIN_11) == 0)  //消抖
        key_num = 5；
    }//判断该列第5行按键按下
    return key_num；
}
/***
 *函数名：key_scan
 *功  能：5*5按键扫描
 *返回值：1~25，对应25个按键
 */
char key_scan()
{
    char Key_Num=0；
    char row_num = 0；
    KEY_CLO0_OUT_LOW；
    if( (row_num=key_row_scan()) != 0 )
    {
        while(key_row_scan() != 0)；  //消抖
        Key_Num = 10+row_num；
    }
    KEY_CLO0_OUT_HIGH；
    KEY_CLO1_OUT_LOW；
```

```
    if( (row_num=key_row_scan()) != 0 )
    {
        while(key_row_scan() != 0);    //消抖
        Key_Num =20+row_num;
    }
    KEY_CLO1_OUT_HIGH;
    KEY_CLO2_OUT_LOW;
    if( (row_num=key_row_scan()) != 0 )
    {
        while(key_row_scan() != 0);    //消抖
        Key_Num = 30+row_num;
    }
    KEY_CLO2_OUT_HIGH;
    KEY_CLO3_OUT_LOW;
    if( (row_num=key_row_scan()) != 0 )
    {
        while(key_row_scan() != 0);    //消抖
        Key_Num = 40+row_num;
    }
    KEY_CLO3_OUT_HIGH;
    KEY_CLO4_OUT_LOW;
    if( (row_num=key_row_scan()) != 0 )
    {
        while(key_row_scan() != 0);    //消抖
        Key_Num = 50+row_num;
    }
    KEY_CLO4_OUT_HIGH;
    return Key_Num;
}
```

（2）添加头文件

在MDK-ARM中双击打开“Application/User”下的“main.c”文件，在添加头文件代码处添加“key.h”“trace.h”“delay.h”头文件。

```
/* Private includes ----------------------------------------------------------*/
/* USER CODE BEGIN Includes */
#include "trace.h"
#include "delay.h"
#include "key.h"
/* USER CODE END Includes */
```

（3）添加变量

在“USER CODE BEGIN PV”和“USER CODE END PV”之间添加变量。

```
/* Private variables ---------------------------------------------------------*/

/* USER CODE BEGIN PV */
    u8 key = 0；
/* USER CODE END PV */
```

在“USER CODE BEGIN 2”和“USER CODE END 2”之间添加函数。

```
/* USER CODE BEGIN 2 */
  delay_init(72)；
  ul_printf("system is running!\n")；
/* USER CODE END 2 */
```

在“USER CODE BEGIN WHILE”和“USER CODE END 3”之间添加主程序代码。

```
 /* Infinite loop */
 /* USER CODE BEGIN WHILE */
 while (1)
 {
   /* USER CODE END WHILE */7
     key = key_scan()；
     if (key!=0)
     ul_printf("key1 %d is down \n", key)；
     delay_ms(200)； 12
    /* USER CODE BEGIN 3 */
  }
 /* USER CODE END 3 */
```

4. 编译代码

代码添加完成后，单击“重新编译”按钮完成编译，确保编译准确无错误。

5. 硬件环境搭建

图6-33所示是本任务的硬件连线图。把M3核心模块的引脚按图6-33提示进行连接。

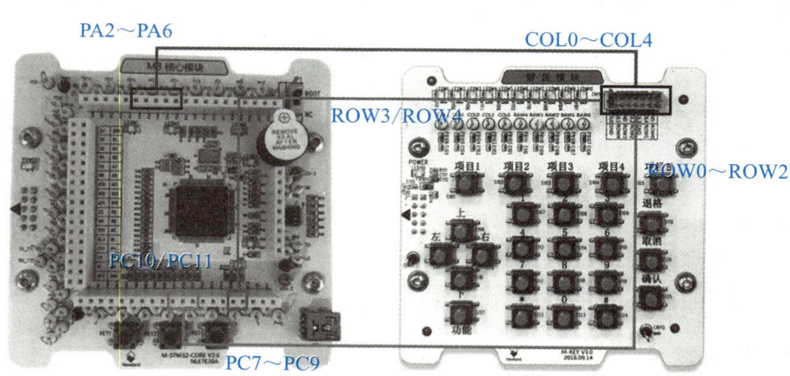

图6-33 硬件连线图

6. M3模块固件下载

（1）烧写前的硬件准备

搭建硬件平台，把M3模块和压电传感器模块放到NEWLab实训平台上。

确保NEWLab实训平台。

1）接线正常，并将旋钮旋到通信模式。

2）将M3核心模块JP1从NC拨到Boot端，按下复位键。

（2）烧写

1）打开FlashLoader Demonstrator软件，将编译好的HEX文件进行烧录。

2）等待下载完毕。

（3）烧写后启动M3模块

1）将M3模块的JP1从BOOT切换到NC按下复位键。

2）将M3模块的引脚接到矩阵键盘模块的指定引脚。

7. 结果验证

打开串口调试工具，单片机上电，选择连接的串口，打开串口，按下矩阵键盘的按键，然后就可以在调试助手上看到串口输出的数据，如图6-34所示，可以获取当前按键的数据，输出的数据第一位代表行，第二位代表列，如“key1 32 id down”表示第3行第2列的按键被按下，即“5”键被按下，如图6-34所示。

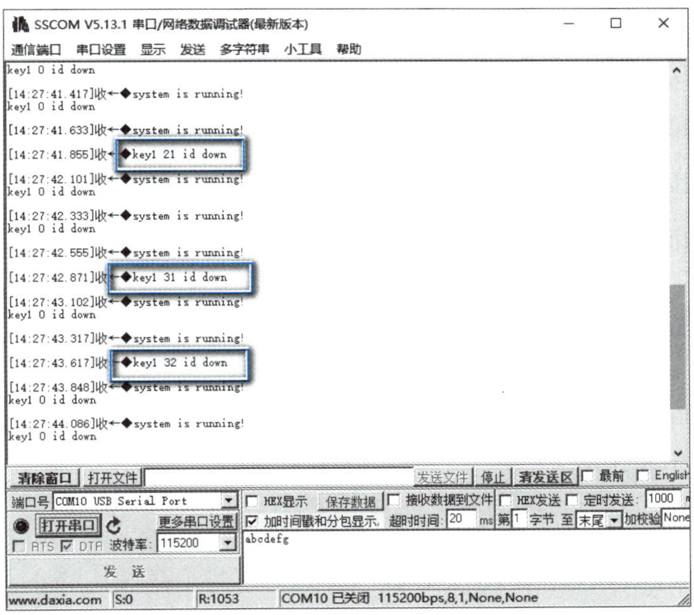

图6-34 结果输出

任务小结

通过称重机面板按键的设计与实现，读者能够使用STM32CubeMX软件进行引脚配置，能够根据矩阵键盘知识，获取每一个按键状态，能够将获取的每一个按键通过串口输出。任务小结如图6-35所示。

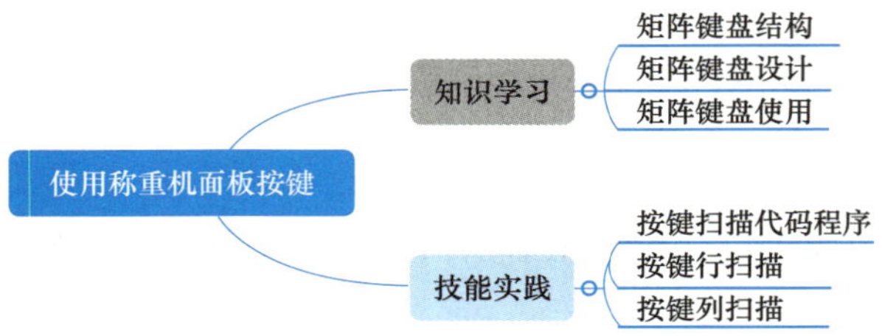

图6-35　任务小结

任务拓展

修改功能代码，使得当按键被按下时输出键的名称，例如，第3行第2列的按键被按下，显示“5 id down”。

任务3　数码管显示称重数值

职业能力目标

- 能根据MCU编程手册，利用STM32CubeMX软件，准确对引脚进行配置。
- 能利用数码管的知识，通过编写代码，正确使用数码管显示数字。
- 能根据前面的知识，通过转换，正确将重量显示在数码管上。

任务描述与要求

任务描述：制作一个电子秤，采用称重传感器测量重量，能够使用显示器件显示重量，并能进行重量单位g/kg的切换。

任务要求：

- 能够通过STM32CubeMX软件进行引脚配置。
- 能够将重量的数据通过数码管进行显示。

- 能够通过按键进行单位的转换。

知识链接

1. 数值显示方案

本任务所使用传感器称重范围为0～500g，分辨率为1g。称重时，如果根据物体重量数值直接显示各位数码则程序将变得复杂。程序要首先判断重量数值是0～9、10～99或者100～500三个范围中的哪一个，然后再进行个位、十位、百位的数码分解。这里采用简化处理的方式，全部按照四位数值显示，不足四位的高位补零。为方便识读，再设计一个按键做单位切换，即g和kg的转换显示。

2. 取各位数码

ADC转换结果经过公式转换之后是一个整数，在数码管上显示时需要将其个位、十位、百位分别显示到不同的数码管上。这里就涉及取整数的各位数码操作。假设整为x，设其百位数码为b，十位数码为y，个位数码为z。分解算法如下：

```
a=x/100;
b=x%100/10;
c=x%10;
```

3. 切换显示方案

根据本称重传感器称重范围及分辨率，显然在其以g为单位显示时是整数，在其以kg为单位显示时是小数。所以在程序中设置显示模式变量，当该变量指示以kg为单位显示时在最高位数码管后点亮小数点；当该变量指示以g为单位显示时不显示小数点即可。

4. 体重秤结构分析

体重秤主要由称重传感器、M3核心板、数码管显示模块和用于切换的矩阵按键模块组成。

图6-36所示就是智能电子秤的一个主要的结构框图。

- 图中标识①是重量获取，M3通过A—D转换获取重量数据。
- 图中标识②是按键切换部分，主要是用于单位切换。
- 图中标识③是数码管显示部分，用于重量的显示。

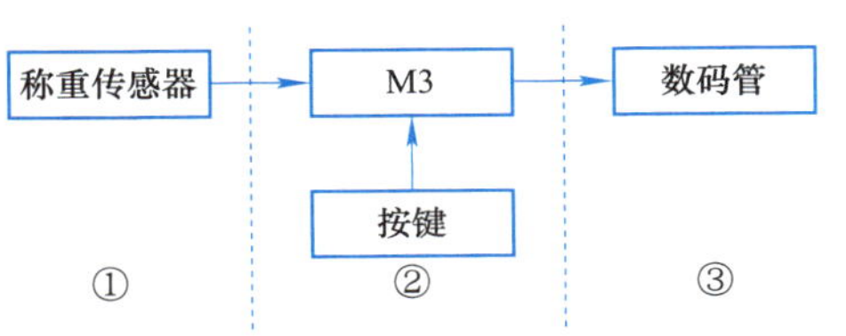

图6-36 智能电子秤结构图

任务准备

任务实施前必须先准备好表6-3所列的设备/资源。

表6-3 设备/资源清单表

序号	设备/资源名称	数量	是否准备到位（√）
1	STM32F103VET6模块	1	
2	称重传感模块	1	
3	显示模块	1	
4	杜邦线	13	

任务实施

要完成本任务，可以将实施步骤分成以下7步：

- STM32CubeMX工程配置引脚。
- 在工程中添加代码包。
- 在源文件中添加代码。
- 编译代码。
- 硬件环境搭建。
- 模块固件下载。
- 结果验证。

具体实施步骤如下：

1. 修改任务2工程配置引脚

由于任务2已经做了一个矩阵键盘的程序，现在只需要在原来的基础上进行修改即可。

复制一份STM32_KEY5X5程序，将其改名为STM32_KEY_LED。

打开文件内的.ioc文件，进行按键引脚配置。

1）单击PD13，设置为外部中断GPIO_EXTI13，然后单击“System Core”→“NVIC”，将“EXTI line[15:10] interrupts”勾选，使能外部中断，如图6-37所示。

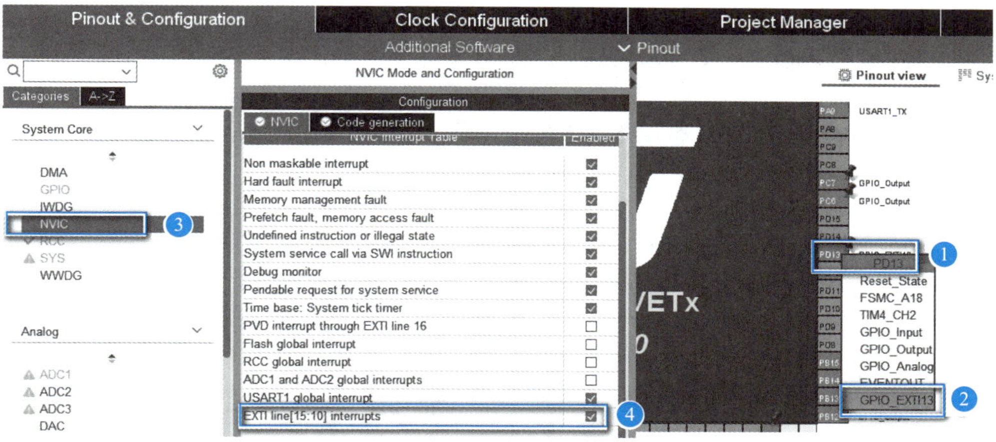

图6-37　配置外部中断

2）单击“ADC1”，勾选“IN0”，也可以单击“PA0”的引脚进行选择，如图6-38所示。

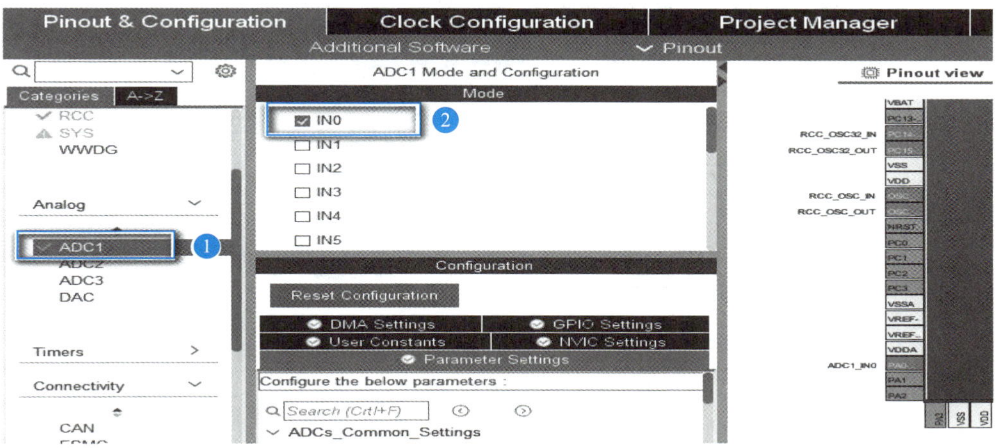

图6-38　配置ADC1的通道0

3）最后单击右上角的“GENERATE CODE”按钮生成初始化代码。

2. 添加代码包

1）单击编译按钮开始编译，若0个错误表示编译通过，如图6-39所示。

2）打开项目工程文件夹的MDK-ARM文件夹下的“HARDWORK”文件夹，并将GPIO_LED文件夹复制进去，如图6-40所示。

3）打开Keil5，双击“HARDWORK”，选择GPIO_LED文件夹添加“led. c”文件。

4）添加的文件直接编译会报错，需要包含文件夹的路径，根据之前的任务添加led的文件路径，使程序可以找到. h文件。

5）再次进行编译就不会报错。

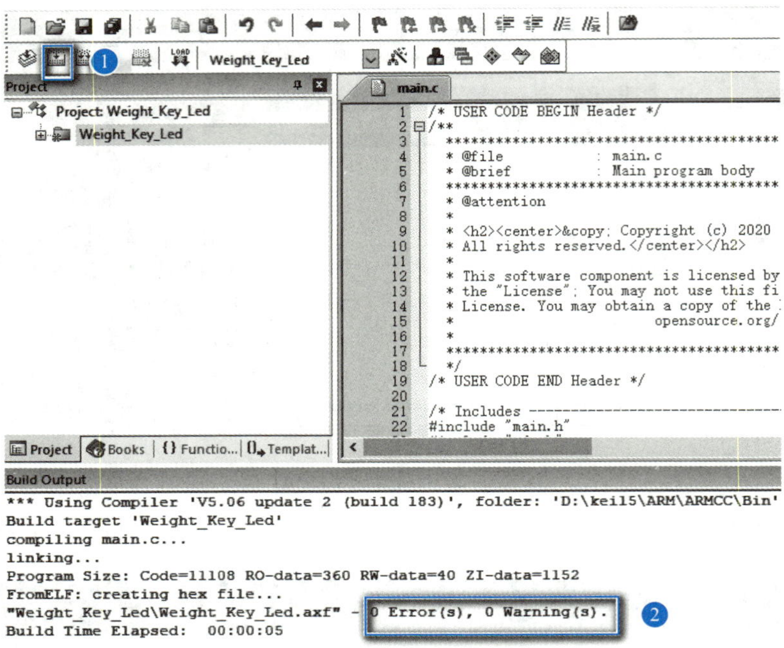

图6-39　编译工程

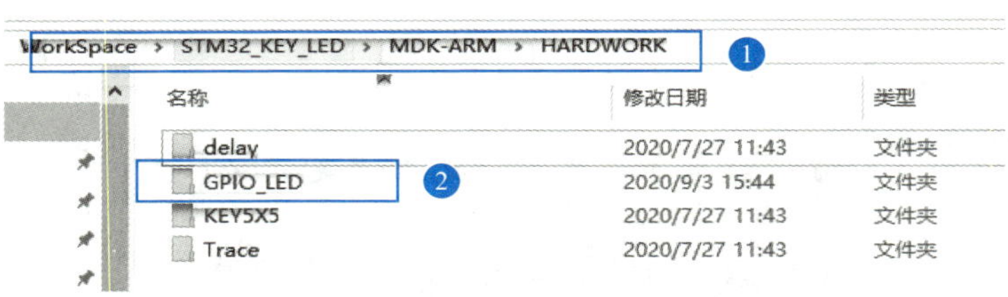

图6-40　添加GPIO_LED代码包

3. 添加代码程序

（1）添加头文件

在MDK-ARM中双击打开“Application/User”下的“main. c”文件，在添加头文件代码处添加“key. h”“trace. h”“delay. h”和“led. h”头文件。

```
/* USER CODE BEGIN Includes */
#include "trace.h"
#include "delay.h"
#include "key.h"
#include "led.h"
/* USER CODE END Includes */
```

（2）添加变量

在“USER CODE BEGIN PV”和“USER CODE END PV”之间添加变量。

```
/* USER CODE BEGIN PV */
static uint8_t flag=0；
ADC_ChannelConfTypeDef sConfig = {0}；
u8 smg[17]={0xc0，0xf9，0xa4，0xb0，0x99，0x92，0x82，0xf8，\
0x80，0x90，0x88，0x83，0xc6，0xa1，0x86，0x8e}；
/* USER CODE END PV */
```

在“USER CODE BEGIN 1”和“USER CODE END 1”之间添加变量。

```
/* USER CODE BEGIN 1 */
u16 adcvalue = 0；
long press_value = 0；  //原始重量
u8 ge=0，shi=0，bai=0，qian=0；  //数据
float kg_value = 0；
uint16_t temp_value = 0；
/* USER CODE END 1 */
```

（3）添加函数声明

在“USER CODE BEGIN PFP”和“USER CODE END PFP”之间添加函数声明。

```
/* USER CODE BEGIN PFP */
u16 Get_Adc_Average(uint32_t channel，u8 times)；
/* USER CODE END PFP */
```

在“USER CODE BEGIN 0”和“USER CODE END 0”之间添加中断处理函数。

```
/* Private user code ---------------------------------------------------------*/
/* USER CODE BEGIN 0 */
void HAL_GPIO_EXTI_Callback(uint16_t GPIO_Pin)
{
    delay_ms(10)；
    if(HAL_GPIO_ReadPin(GPIOD，GPIO_PIN_13) != RESET)
    {
        u1_printf("g mode!")；
        flag = (~flag )&0x01；
        u1_printf("%d \r\n!"，flag)；
    }
}
/* USER CODE END 0 */
```

在最后的“#endif /* USE_FULL_ASSERT */”后面进行函数实现。

```
#endif /* USE_FULL_ASSERT */
u16 Get_Adc(uint32_t channel)
{
    /**Configure Regular Channel */
    sConfig.Channel = channel；
```

```
    sConfig.Rank = ADC_REGULAR_RANK_1;
    sConfig.SamplingTime = ADC_SAMPLETIME_239CYCLES_5;
    if (HAL_ADC_ConfigChannel(&hadc1, &sConfig) != HAL_OK)
    {
        Error_Handler();
    }
    HAL_ADC_Start(&hadc1);                           //开启ADC
    HAL_ADC_PollForConversion(&hadc1, 10);           //轮询转换
    return (u16)HAL_ADC_GetValue(&hadc1);
}
u16 Get_Adc_Average(uint32_t channel, u8 times)
{
    u32 temp_val=0;
    u8 t;
    for(t=0; t<times; t++)
    {
        temp_val+=Get_Adc(channel);
        delay_ms(5);
    }
    return temp_val/times;
}
```

在“USER CODE BEGIN 2”和“USER CODE END 2”之间添加函数。

```
/* USER CODE BEGIN 2 */
LED_Init();
delay_init(72);
u1_printf("system is running!\r\n");
/* USER CODE END 2 */
```

在“USER CODE BEGIN WHILE”和“USER CODE END WHILE”之间添加获取重量程序代码。

```
/* Infinite loop */
/* USER CODE BEGIN WHILE */
while (1)
{
    //压力信号---数据
    adcvalue = Get_Adc_Average(ADC_CHANNEL_0, 5);
    press_value = adcvalue/4096.0 *500; //转换压力信号为0~500// 0~500g
  /* USER CODE END WHILE */
```

在“USER CODE BEGIN 3”和“USER CODE END 3”之间添加获取数码管显示程序代码。

```
/* USER CODE BEGIN 3 */
 //输出段选
ge = press_value%10； //取出个位
HAL_GPIO_WritePin(GPIOB，GPIO_PIN_14，GPIO_PIN_SET)；
HAL_GPIO_WritePin(GPIOB，GPIO_PIN_12，GPIO_PIN_RESET)；
HAL_GPIO_WritePin(GPIOB，GPIO_PIN_13，GPIO_PIN_RESET)；
HAL_GPIO_WritePin(GPIOB，GPIO_PIN_11，GPIO_PIN_RESET)；
GPIOC->ODR = smg[ge]；
delay_ms(5)；

 shi = press_value%100/10； //十位
 HAL_GPIO_WritePin(GPIOB，GPIO_PIN_13，GPIO_PIN_SET)；
 HAL_GPIO_WritePin(GPIOB，GPIO_PIN_11，GPIO_PIN_RESET)；
 HAL_GPIO_WritePin(GPIOB，GPIO_PIN_12，GPIO_PIN_RESET)；
 HAL_GPIO_WritePin(GPIOB，GPIO_PIN_14，GPIO_PIN_RESET)；
 GPIOC->ODR = smg[shi]；
 delay_ms(5)；

 bai = press_value%1000/100； //百位
 HAL_GPIO_WritePin(GPIOB，GPIO_PIN_12，GPIO_PIN_SET)；
 HAL_GPIO_WritePin(GPIOB，GPIO_PIN_13，GPIO_PIN_RESET)；
 HAL_GPIO_WritePin(GPIOB，GPIO_PIN_11，GPIO_PIN_RESET)；
 HAL_GPIO_WritePin(GPIOB，GPIO_PIN_14，GPIO_PIN_RESET)；
 GPIOC->ODR = smg[bai]；
 delay_ms(5)；

 qian = press_value%10000/1000； //千位 == 1kg
 HAL_GPIO_WritePin(GPIOB，GPIO_PIN_11，GPIO_PIN_SET)；
 HAL_GPIO_WritePin(GPIOB，GPIO_PIN_12，GPIO_PIN_RESET)；
 HAL_GPIO_WritePin(GPIOB，GPIO_PIN_13，GPIO_PIN_RESET)；
 HAL_GPIO_WritePin(GPIOB，GPIO_PIN_14，GPIO_PIN_RESET)；
 GPIOC->ODR = smg[qian]；
 if(flag == 0 && temp_value != press_value )
 {
    temp_value = press_value；
    u1_printf("称重传感器---重量值为 %d g\r\n"，press_value)；
 }
 if(flag == 1)
 {
    if(temp_value != press_value)
    {
```

```
            temp_value = press_value;
            kg_value = (float)press_value/1000;
            u1_printf("称重传感器---重量值为 %.3f kg\r\n", kg_value);
        }
        HAL_GPIO_WritePin(GPIOC, GPIO_PIN_7, GPIO_PIN_RESET);
    }
    delay_ms(5);
  }
  /* USER CODE END 3 */
```

4. 编译代码

代码添加完成后，单击“重新编译”按钮完成编译，确保编译准确无错误。

5. 硬件环境搭建

图6-41所示是本任务的硬件连线图。把STM32F103VET6模块的PA0引脚连接到称重传感器模块的A—D输出接口，其他按提示进行连接。

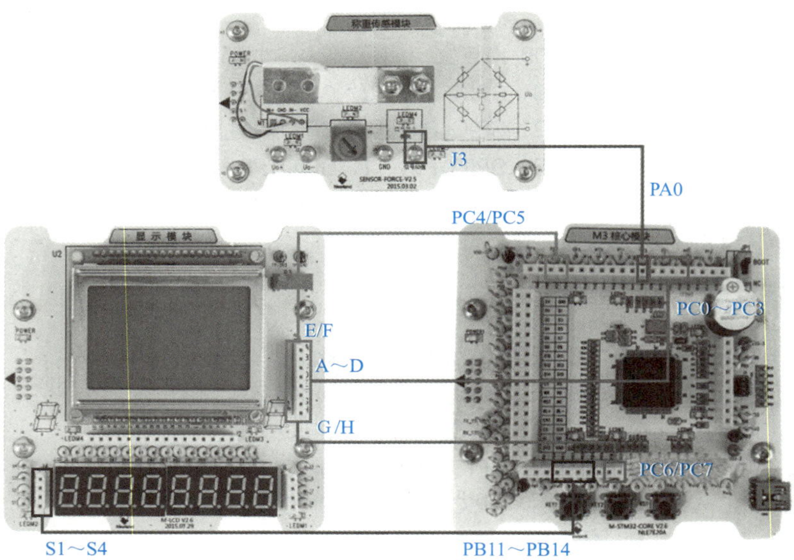

图6-41　硬件连线图

6. M3模块固件下载

（1）烧写前的硬件准备

搭建硬件平台，把M3模块和压电传感器模块放到NEWLab实训平台上。

确保NEWLab实训平台接线正常，并将旋钮旋到通信模式。

将M3核心模块JP1从NC拨到Boot端，按下复位键。

（2）烧写

打开FlashLoader Demonstrator软件，将编译好的HEX文件进行烧录。

等待下载完毕。

（3）烧写后启动M3模块

将M3模块的JP1从BOOT切换到NC按下复位键。

将M3模块的引脚接到矩阵键盘模块的指定引脚。

7. 结果验证

打开串口调试工具，单片机上电，选择连接的串口，打开串口，调节称重传感器旋钮进行灵敏度调节及校准，之后进行称重，可以在调试助手上看到串口输出的数据，显示模块的数码管也会进行数据的显示，如图6-42和图6-43所示，可以获取当前重量数据。

图6-42　串口结果输出

图6-43　数码管结果输出

当按下按键KEY2时，数码管和串口都会输出kg的数据。

任务小结

通过数码管显示称重数值，读者能够使用STM32CubeMX软件进行引脚配置，能利用数码管的知识，通过编写代码，正确使用数码管显示数字，能根据前面的知识，通过转换，正确将重量显示在数码管上。任务小结如图6-44所示。

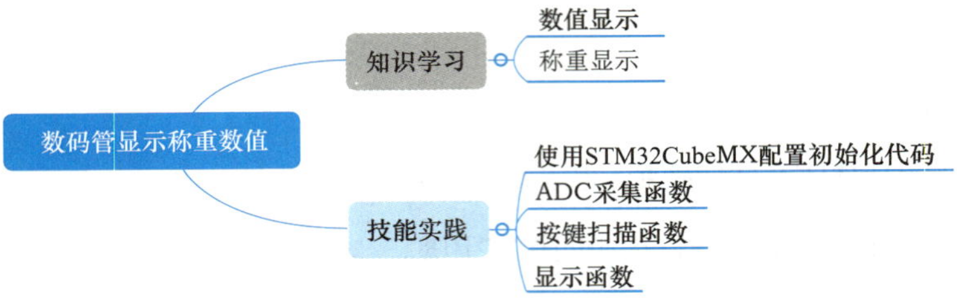

图6-44　任务小结

任务拓展

电子秤采用电池供电，因此需要节约能耗。请修改代码实现唤醒功能，当称重时唤醒显示并显示重量，没有称重后关闭数码管显示。

项目扩展阅读

中华瑰宝——木杆称

考古资料证明，我国早在公元前16世纪（商朝、西周），就已有称量物料质量的简单衡器，公元前5世纪的春秋时期，《墨经·经下》中对木杆秤有了文字记载。木杆秤已整整使用了30余世纪。

木杆称是一种历史悠久的传统手工艺品。作为一种特殊的行业，制杆秤是一门精细的手艺，道道工序容不得半点马虎，稍有不慎，秤就会有偏差。木杆秤制作技艺入选了浙江省非物质文化遗产。

做秤选用的木杆较为挑剔，需要纹路细腻且木质坚硬，柞栎木、红木等都是上等的材料。为了保证木杆不开裂，材料要放在干燥处堆放两三个伏天后才能使用。木材经凿、刨处理后，就变成了笔直且又长又细的椭圆柱体，再用细砂布沾水，打磨后又光又滑，也有的用蓼珠子来回擦拭。秤匠随后在木杆两端套上金属皮后，杆秤便出现其雏形。接下来便是制定重量刻度的精细活计。秤匠须懂得一些物理、数学知识，否则定刻度时颇费力。

Project 7

项目7

制作餐馆无线点餐系统

引导案例

随着无线网络蓬勃发展，各行各业都在积极向信息科技靠拢，而餐饮业庞大的场地空间、烦琐而重复的点餐程序尤需改进。其实，一切的缺点都可以转化为体现优势的动力，无线网络技术在餐饮业里的应用就是证明。

无线点餐就是利用无线网络技术实现随时随地的点菜过程（见图7-1），可以最大程度避免传统的点菜方式的弊病：人工传递浪费时间，效率低下，直接影响了翻台率；经营大规模菜系时单据多、信息量大，而分单、传菜等环节经过的人越多越容易出问题，因而直接影响了服务质量。

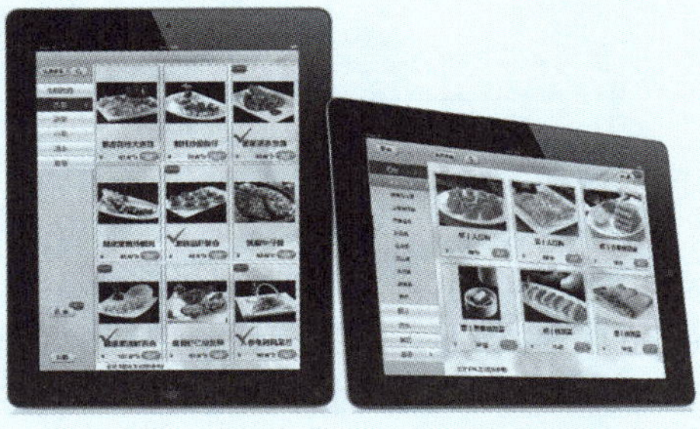

图7-1　常见的无线点餐机

随着传统餐饮行业向更加注重卫生环境的智能餐馆过渡，引入无线点餐系统，会从一定程度上减少人员接触与沟通。本项目将利用无线通信技术以及相关的接口技术来实现一个简单的餐馆无线点餐系统。

任务1 用SPI读取Flash存储信息

职业能力目标

扫码观看视频

- 能根据MCU手册，查阅相关资料，利用STM32CubeMX软件对SPI进行配置。
- 能根据W25Q80DV相关知识，准确添加代码，实现对串行Flash的读写。

任务描述与要求

任务描述：国内某公司准备为某餐饮连锁店开发一套无线点餐系统，在考虑成本与实用性、安全性后，采用STM32系列单片机、SI4432无线收发模块。此任务主要分为3部分，本任务为第一部分，实现单片机与串行Flash的SPI通信。

任务要求：

- 实现STM32与外置设备的SPI通信。
- 实现对W25Q80DV串行Flash的ID号的读取。

知识链接

1. SPI协议介绍

SPI（Serial Peripheral Interface，串行外围设备接口）是Motorola公司推出的一种同步串行接口，是一种高速的、全双工、同步的通信总线。它只需4条线就可以完成MCU与各种外围器件的通信，这4条线是：串行时钟线（CSK）、主机输入/从机输出数据线（MISO）、主机输出/从机输入数据线（MOSI）、低电平有效从机选择线（CS）。

2. Flash芯片W25Q80DV简介

W25Q80DV是一种容量为8Mbit的串行Flash存储器。该存储器被组织成4096页，每页256字节，同一时间最多可以写256字节（一页）。

3. SPI时序及模式分析

（1）协议通信时序详解

1）SPI的通信原理很简单，它以主从方式工作，这种模式通常有一个主设备和一个或多个从设备，需要至少4根线，事实上3根也可以（单向传输时）。也是所有基于SPI的设备共有的，它们是SDI（数据输入）、SDO（数据输出）、SCLK（时钟）、CS（片选）。

- SDO/MOSI——主设备数据输出，从设备数据输入。
- SDI/MISO——主设备数据输入，从设备数据输出。
- SCLK——时钟信号，由主设备产生。
- CS/SS——从设备使能信号，由主设备控制。当有多个从设备的时候，因为每个从设备上都有一个片选引脚接入主设备机中，当主设备和某个从设备通信时将需要把从设备对应的片选引脚电平拉低或者是拉高。

2）需要说明的是，SPI通信有4种不同的模式，不同的从设备可能在出厂时就配置为某种模式，这是不能改变的；但通信双方必须工作在同一模式下，所以可以对主设备的SPI模式进行配置，通过CPOL（时钟极性）和CPHA（时钟相位）来控制主设备的通信模式，具体如下：

- Mode0：CPOL=0，CPHA=0。
- Mode1：CPOL=0，CPHA=1。
- Mode2：CPOL=1，CPHA=0。
- Mode3：CPOL=1，CPHA=1。

时钟极性CPOL是用来配置SCLK的电平处于哪种状态时是空闲态或者有效态，时钟相位CPHA是用来配置数据采样是在第几个边沿：

- CPOL=0，表示当SCLK=0时处于空闲态，所以有效状态就是SCLK处于高电平时。
- CPOL=1，表示当SCLK=1时处于空闲态，所以有效状态就是SCLK处于低电平时。
- CPHA=0，表示数据采样是在第1个边沿，数据发送在第2个边沿。
- CPHA=1，表示数据采样是在第2个边沿，数据发送在第1个边沿。

主设备能够控制时钟，因为SPI通信并不像UART或者IIC通信那样有专门的通信周期、有专门的通信起始信号、有专门的通信结束信号，所以SPI协议能够通过控制时钟信号线，当没有数据交流的时候时钟线要么是保持高电平要么是保持低电平。

（2）W25Q80DV控制指令

W25Q80DV的指令集包含34个基本指令（完全通过SPI总线控制），见表7-1。

表7-1　W25x Flash存储器指令表

指令名称	指令码	描述
WriteEnable	0x06	写使能
WriteDisable	0x04	写失能
…	…	…

任务准备

任务实施前必须先准备好表7-2所列的设备/资源。

表7-2 设备/资源清单表

序 号	设备/资源名称	数 量	是否准备到位（√）
1	STM32F103VET6模块	1	
2	功能扩展模块	1	
3	杜邦线	6	
4	配书资源	1	

任务实施

要完成本任务，可以将实施步骤分成以下7步：

- STM32CubeMX工程配置SPI。
- 在工程中添加代码包。
- 在源文件中添加代码。
- 编译代码。
- 硬件环境搭建。
- 模块固件下载。
- 结果验证。

具体实施步骤如下：

1. 进行STM32CubeMX配置SPI

具体操作可以参考项目1中的任务1完成以下操作。

1）打开“STM32CubeMX”，选择“New Project”进入芯片选择界面。

2）在搜索栏输入“stm32f103ve”，右侧会出现STM32F103VE的芯片，选择LQFP封装的，双击进入芯片配置界面。

3）单击“System Core”→“RCC”，“High Speed Clock（HSE）”和“Low Speed Clock（LSE）”都选择“Crystal/Ceramic Resonator”。

4）单击“SYS”，“Debug”选择“Serial Wire”。

5）单击“Connectivity”→“USART1”，配置串口一，如图7-2所示。“Mode”选择“Asynchronous”，“Baud Rate”选择“115200Bits/s”，“Data Direction”选

择“Receive and Transmit”，然后单击“NVIC Settings”，勾选“USART1 global interrupt”，使能串口中断。

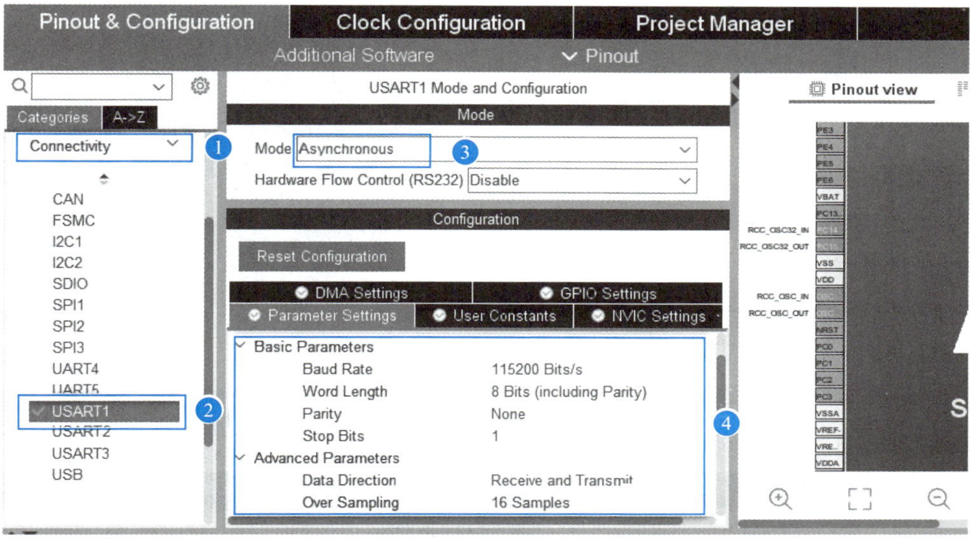

图7-2　配置串口

6）单击“Connectivity”→“SPI1”，配置SPI1，“Mode”选择“Full-Duplex Master”，“Parameter Setting”→“Clock Parameters”→“Prescaler (for Buad Rate)”选择4，其他参数都默认即可（SPI2配置一致），如图7-3所示。

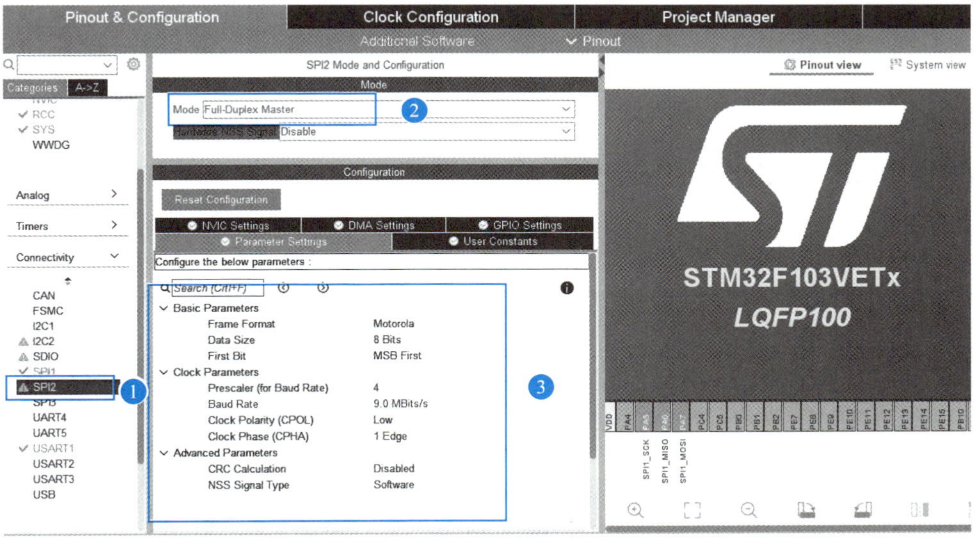

图7-3　配置SPI

7）单击“PB12”，选择“GPIO_Output”将引脚设置为输出模式，并设置为默认高电平，如图7-4所示。

8）单击“Clock Configuration”进行如图7-5所示的时钟配置。

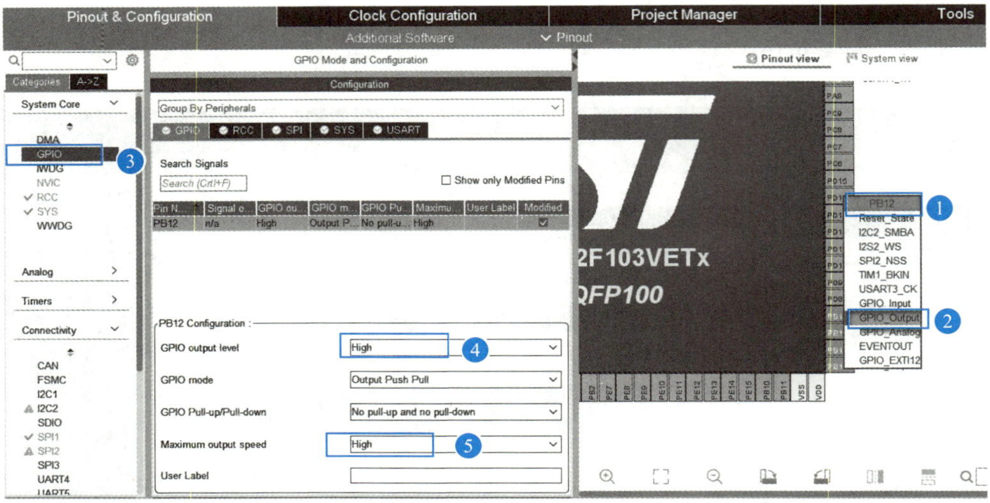

图7–4　配置引脚

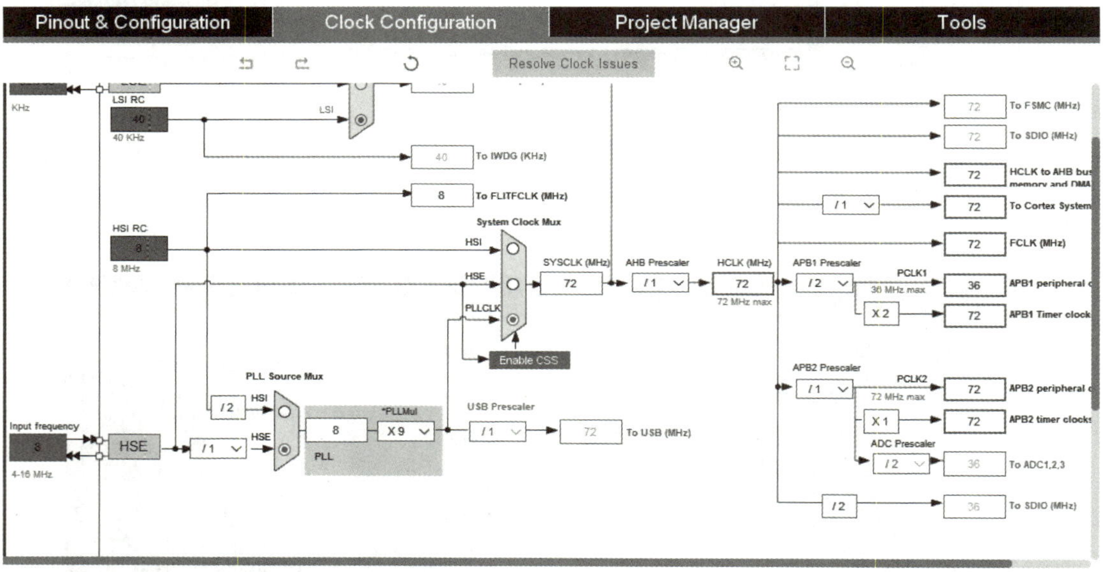

图7–5　配置时钟

9）单击“Project Manager”，单击“Project”设置文件名和保存的位置，“Toolchain/IDE”选择“MDK_ARM”。

10）单击“Code Generator”按钮。

11）最后单击右上角的“GENERATE CODE”按钮生成初始化代码。

2. 添加代码包

本次操作只用到串口，不需要添加代码包。

单击编译按钮开始编译，若0个错误表示编译通过，如图7–6所示。

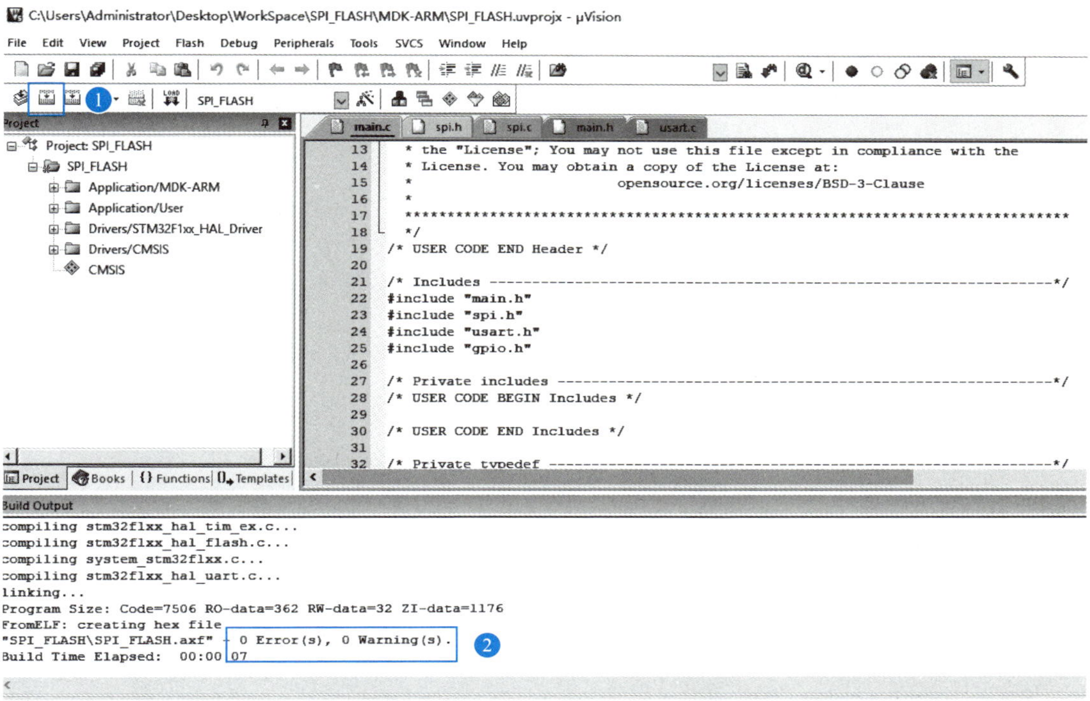

图7-6 编译工程

3. 添加代码程序

双击“usart.c”，在“USER CODE BEGIN 1”和“USER CODE END 1”之间添加代码的地方添加如下代码：

```
int fputc(int ch, FILE *f)
{
    HAL_UART_Transmit(&huart1, (uint8_t *)&ch,1, 0xFFFF);
    return ch;
}
```

在SPI_FLASH文件夹的Src文件夹下添加“W25Qx.c”文件，并在Inc文件夹下添加“W25Qx.h”文件双击“Application/User”将“W25Qx.c”添加进去并进行编译。

在“W25Qx.h”内添加如下代码：

```
#ifndef __W25X16_H
#define __W25X16_H
#include "main.h"
#define SPI_FLASH_CS_0  HAL_GPIO_WritePin(GPIOB,GPIO_PIN_12,GPIO_PIN_RESET)
#define SPI_FLASH_CS_1  HAL_GPIO_WritePin(GPIOB,GPIO_PIN_12,GPIO_PIN_SET)
#define W25Q80  0XEF13
#define W25Q16  0XEF14
```

```
#define W25Q32  0XEF15
#define W25Q64  0XEF16
//读取芯片ID W25X16的ID:0XEF14
extern uint16_t SPI_Flash_ReadID(void);
void CheckBusy(void);
void ReadData(void);
void WriteData(void);
#endif
```

在“W25Qx.c”内添加如下代码：

```
#include "w25Qx.h"
#include "main.h"
#include "spi.h"
#include "usart.h"
#include "gpio.h"
static char SPI1_ReadWriteByte(uint8_t txdata)
{
    uint8_t rxdata=00;
    HAL_SPI_TransmitReceive(&hspi2,&txdata,&rxdata,1,3);
    return rxdata;
}
//读取芯片ID W25X80的ID:0XEF13
uint16_t SPI_Flash_ReadID(void)
{
    uint16_t Temp = 0;
    SPI_FLASH_CS_0;
    SPI1_ReadWriteByte(0x90);//发送读取ID命令
    SPI1_ReadWriteByte(0x00);
    SPI1_ReadWriteByte(0x00);
    SPI1_ReadWriteByte(0x00);
    Temp|=SPI1_ReadWriteByte(0xFF)<<8;
    Temp|=SPI1_ReadWriteByte(0xFF);
    SPI_FLASH_CS_1;
    return Temp;
}
void W25Qx_Read_ID(uint8_t *ID)
{
    uint8_t cmd[4] = {0x90,0x00,0x00,0x00};
    SPI_FLASH_CS_0;    /* Send the read ID command */
```

```
        HAL_SPI_Transmit(&hspi2, cmd, 4, 100);/* Reception of the data */
        HAL_SPI_Receive(&hspi2,ID, 2, 100);
        SPI_FLASH_CS_1;
}
```

双击“main. c”，在“USER CODE BEGIN Includes”和“USER CODE END Includes”之间添加头文件：

```
/* USER CODE BEGIN Includes */
#include "W25Qx.h"
/* USER CODE END Includes */
```

在“USER CODE BEGIN PV”和“USER CODE END PV”之间添加变量：

```
/* USER CODE BEGIN PV */
uint8_t ID[2];
/* USER CODE END PV */
```

在“USER CODE BEGIN WHILE”和“USER CODE END WHILE”之间添加主程序：

```
 /* Infinite loop */
 /* USER CODE BEGIN WHILE */
 while (1)
 {
        W25Qx_Read_ID(ID);
        printf(" W25Qxxx ID is : 0x%02X 0x%02X \r\n\r\n",ID[0],ID[1]);
        HAL_Delay(2000);
        if(W25Q80==SPI_Flash_ReadID())
        {
         printf("SPI_Flash_ReadID is Ok!  \r\n");
        }
              printf("%x\r\n",SPI_Flash_ReadID());
 }
   /* USER CODE END WHILE */
```

在“main. h”文件中的“USER CODE BEGIN Includes”和“USER CODE END Includes”之间添加头文件：

```
#include <stdio.h>
```

4. 编译代码

代码添加完成后，单击“重新编译”按钮完成编译，确保编译准确无错误。

5. 硬件环境搭建

把M3核心模块和功能扩展模块正确放置到NEWLab实训平台，按照图7-7搭建电路，连线关系见表7-3。

表7-3　硬件连接引脚对应表

序　号	M3核心模块	功能扩展模块
1	3.3V	WP
2	PB14	DO
3	PB12	CS
4	3.3V	HO
5	PB13	CLK
6	PB15	DI

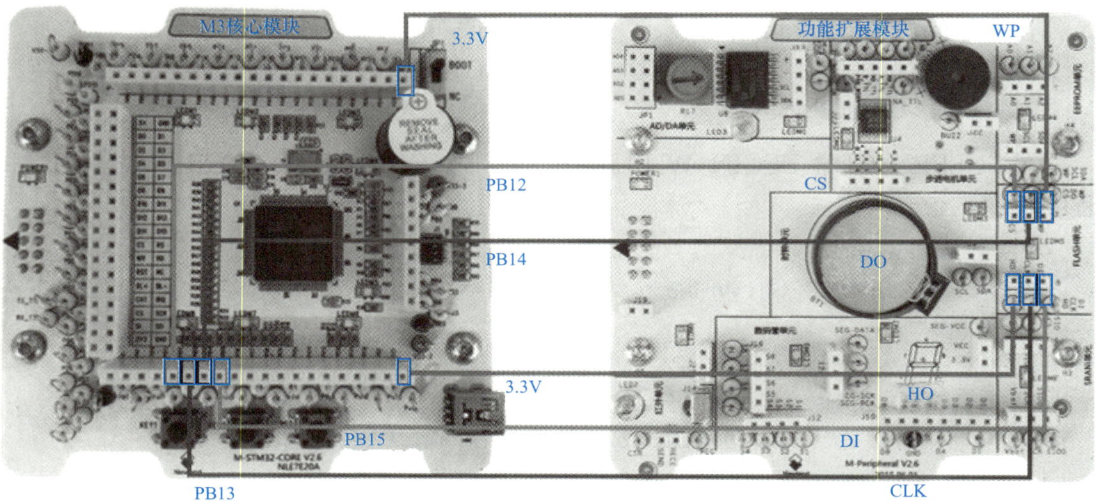

图7-7　硬件连线图

6. 固件下载

（1）烧写前的硬件准备

1）确保NEWLab接线正常，并将旋钮旋到通信模式。

2）将M3核心模块JP1从NC拨到Boot端。

3）NEWLab平台上电，并按下M3核心模块上的复位键。

（2）查看串口号

在“设备管理器”中查看对应的串口号，如图7-8所示。

（3）烧写

1）打开FlashLoader Demonstrator软件，将编译好的HEX文件进行烧录。

2）等待下载完毕。

（4）烧写后启动M3模块

将M3模块的JP1从BOOT切换到NC按下复位键。

7. 结果验证

打开串口调试工具，单片机上电，选择连接的串口，打开串口，然后就可以在调试助手上看到串口输出的数据，如图7-8所示。

图7-8 输出结果

任务小结

通过本任务的学习应当了解SPI通信协议和串行Flash的相关知识，掌握通过STM32CubeMX对SPI进行配置，并能够通过SPI获取串行Flash的ID号。任务小结如图7-9所示。

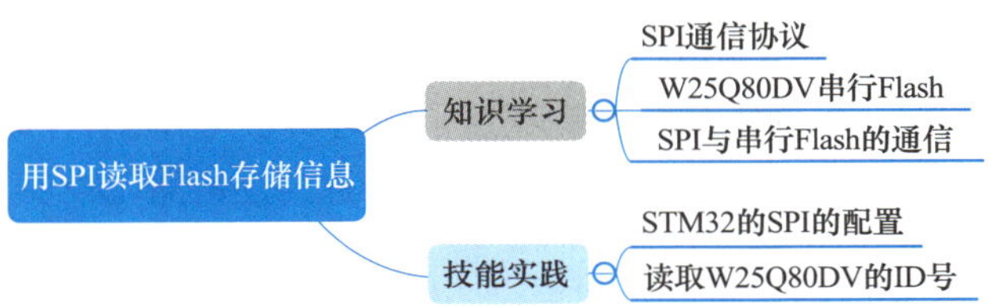

图7-9 任务小结

任务拓展

通过本任务了解SPI通信协议以及W25Q80DV的相关知识，自主学习，通过SPI实现向串行Flash芯片W25Q25DV写入数据并将数据读取出来。

任务2 用SI4432实现无线通信

职业能力目标

- 能根据任务要求，快速查阅硬件连接资料，准确搭建设备环境。
- 能根据功能需求，正确添加代码，实现两个无线设备之间的信息收发。

任务描述与要求

任务描述：国内某公司准备为某餐饮连锁店开发一套无线点餐系统，在考虑成本与实用性、安全性后，采用STM32系列单片机、SI4432无线收发模块。此任务主要分为3部分，本任务为第二部分，实现两个SI4432无线收发器自动通信。

任务要求：

- 对SI4432无线收发模块进行初始化配置。
- 实现SI4432的接收和发送功能。

知识链接

1. 无线通信频段介绍

根据无线通信的频段，平常用的无线模块主要有315MHz、433MHz、2.4GHz。2.4GHz的比如24L01，好多开发板上都配这一款芯片。433MHz频段的模块常用的有NRF905、CC1101、SI4432。在315MHz频段做普通的遥控器比较多，像超外差模块。

2. SI4432无线模块介绍

SI4432无线模块是采用Silicon Laboratories SI4432芯片制作的无线模块，可工作在315/433/868/915MHz4个频段。

如图7-10所示，SI4432还有一些内置的功能，比如天线的分集算法、唤醒定时器、低电压监测、温度传感器、常用的A—D转换、TX/RX先进先出缓冲寄存器（FIFOs）、上电复位（POR）和通用I/O口（GPIOs）。芯片内含有一个高性能的ADC在接收路径和数字调制解调器当中做解调、滤波和数据包处理，它非常适合做一些多样化的应用。

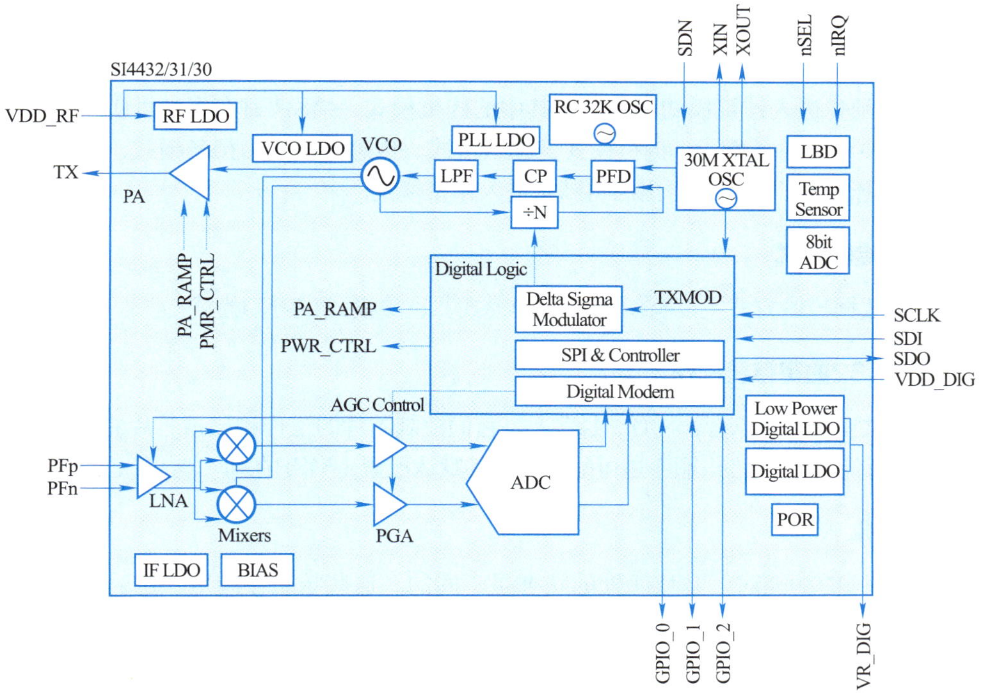

图7-10　SI4432内部逻辑图

SI4432外围电路有一个MCU、一个晶体和一些被动元件。系统如图7-11所示。芯片集成了电压调节器，工作电压从1.8～3.6V，只有四针SPI线与MCU连接。3个配置通用I/O，可根据系统需要进行配置。

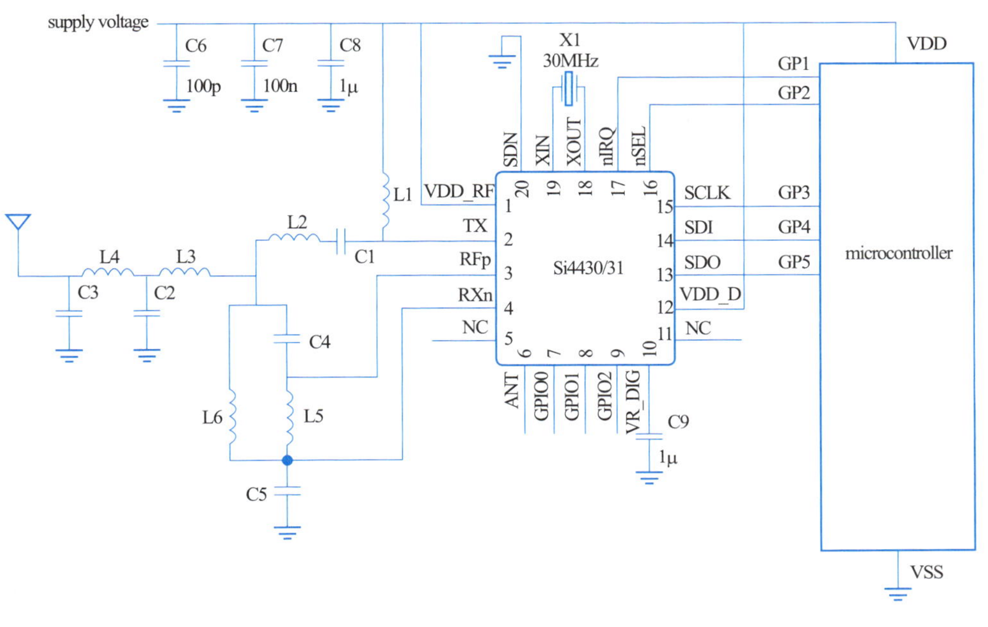

图7-11　SI4432芯片引脚

3. 工作模式介绍

SI4432主要有关闭模式、挂机模式、发射模式和接收模式。关闭模式下可以降低功耗，各模式切换必须先进入挂机模式再切换。其中的挂机模式，给SPI寄存器地址07h赋予不同的值，又分为5种不同的子模式：待机模式、睡眠模式、传感器模式、预备模式、调谐模式。上电复位后或者芯片由掉电状态退出后将默认进入预备模式。

4. 数据传输方式

SI4432数据传输方式主要有3种，FIFO模式、直接模式和PN9模式。

5. SI4432的寄存器操作

SI4432共有128个寄存器（0～127），它们控制芯片的工作和记录芯片的状态。可通过SPI对它们进行访问。SPI的it顺序是可配置的，其默认配置（MSB在前）与MCU的顺序相同。

6. 状态机

在完成不同的功能时，芯片所处的状态是不同的。这些状态在满足一定的条件时可实现相互转移。状态机如图7-12所示：关闭（SHUTDOWN）和空闲（IDLE）状态称为低功耗状态。

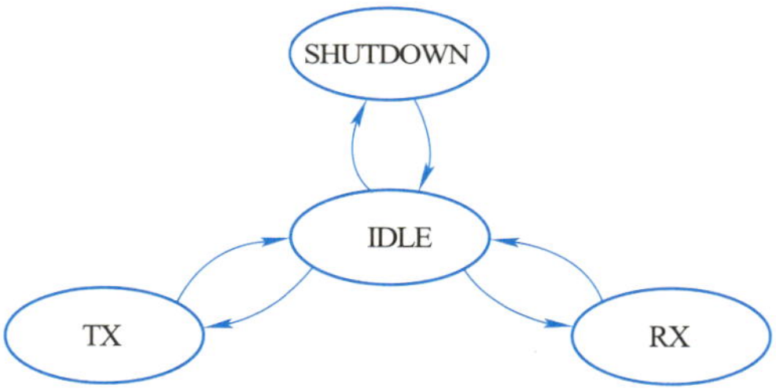

图7-12　SI4432状态机

7. 无线收发系统结构分析

系统总体拓扑图如图7-13所示。

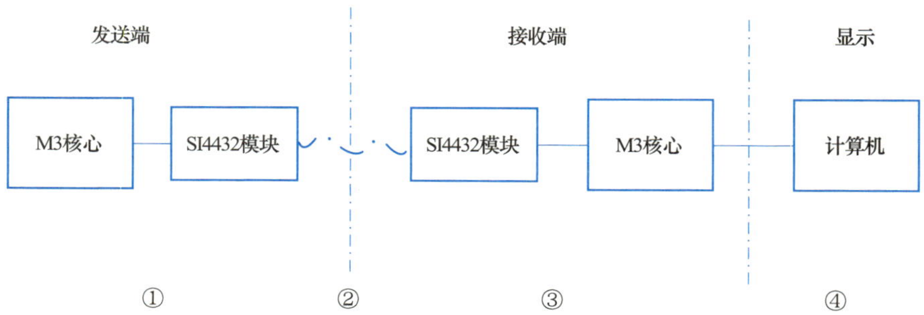

图7-13　系统总体拓扑图

1）图中标识①、②、③是本任务的重点，需要涉及开发相关代码。

2）图中标识④主要是数据串口实现，同学们基本都会用。

8. SPI控制SI4432收发逻辑分析

无线发送程序流程如图7-14所示。

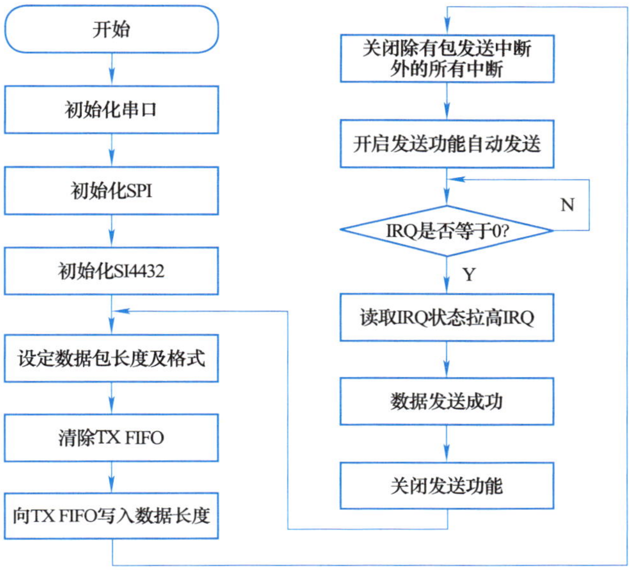

图7-14　发送流程图

无线接收程序流程如图7-15所示。

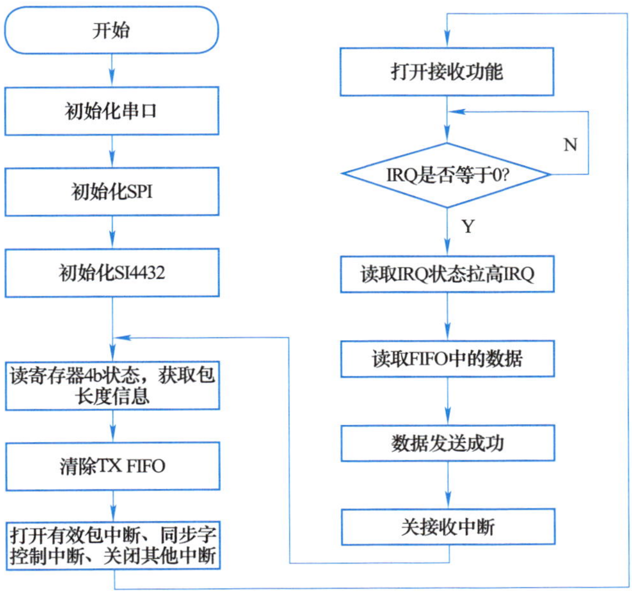

图7-15　接收流程图

任务准备

本任务需要2组设备配合完成，表7-4所列是每组设备清单量。

表7-4 设备/资源清单表

序号	设备/资源名称	数量	是否准备到位（√）
1	M3核心模块	1	
2	有线无线收发模块	1	
3	杜邦线	6	
4	配书资源	1	

任务实施

要完成本任务，可以将实施步骤分成以下7步：

- STM32CubeMX工程配置SPI。
- 在工程中添加代码包。
- 在源文件中添加代码。
- 编译代码。
- 硬件环境搭建。
- 模块固件下载。
- 结果验证。

具体实施步骤如下：

1. 进行STM32CubeMX配置SPI

1）打开“STM32CubeMX”，选择“STM32F103VET6”芯片，并进行配置。

2）单击“System Core”→“RCC”，“High Speed Clock（HSE）”和“Low Speed Clock（LSE）”都选择“Crystal/Ceramic Resonator”。

3）单击“SYS”，“Debug”选择“Serial Wire”。

4）单击“Connectivity”→“USART1”，配置串口1，如图7-16所示，“Mode”选择“Asynchronous”，“Baud Rate”选择“9600Bits/s”，“Data Direction”选择“Receive and Transmit”，然后单击“NVIC Settings”，勾选“USART1 global interrupt”，使能串口中断。

5）单击“Connectivity”→“SPI2”，配置SPI2，如图7-17所示，“Mode”选择“Full-Duplex Master”，“Parameter Setting”的“Prescaler”选择“256”，“Clock Polarity”选择“High”，“Clock Phase”选择“2Edge”。

6）单击“PA2”设置为输入“GPIO_Input”，单击“PA3”设置为输出“GPIO_Output”，单击“PB12”设置为输出“GPIO_Output”，并将PA2设置为上拉输入“Pull-up”，“User Laber”设置为“SI4432_IRQ”，将PA3设置为默认低电平“Low”，“User Laber”设置为“SI4432_SDN”，将PB12设置为默认高电平“High”，“User Laber”设置为“SI4432_NSEL”，如图7-18所示。

7）单击“Clock Configuration”进行如图7-19所示的时钟配置。

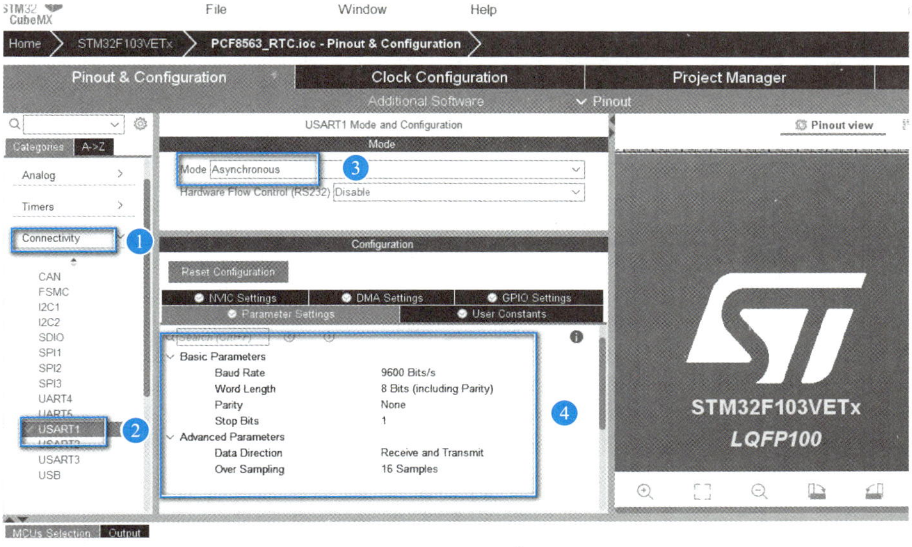

图7-16　配置串口

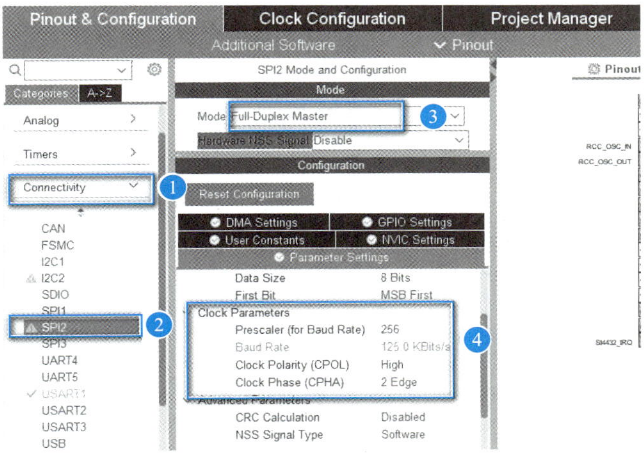

图7-17　配置SPI2

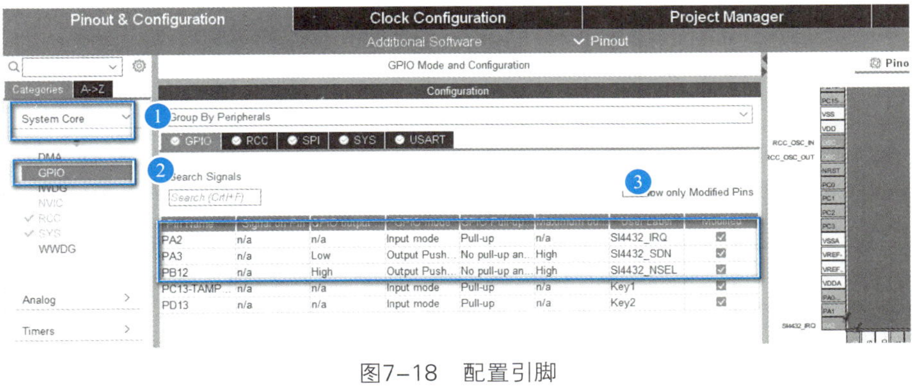

图7-18　配置引脚

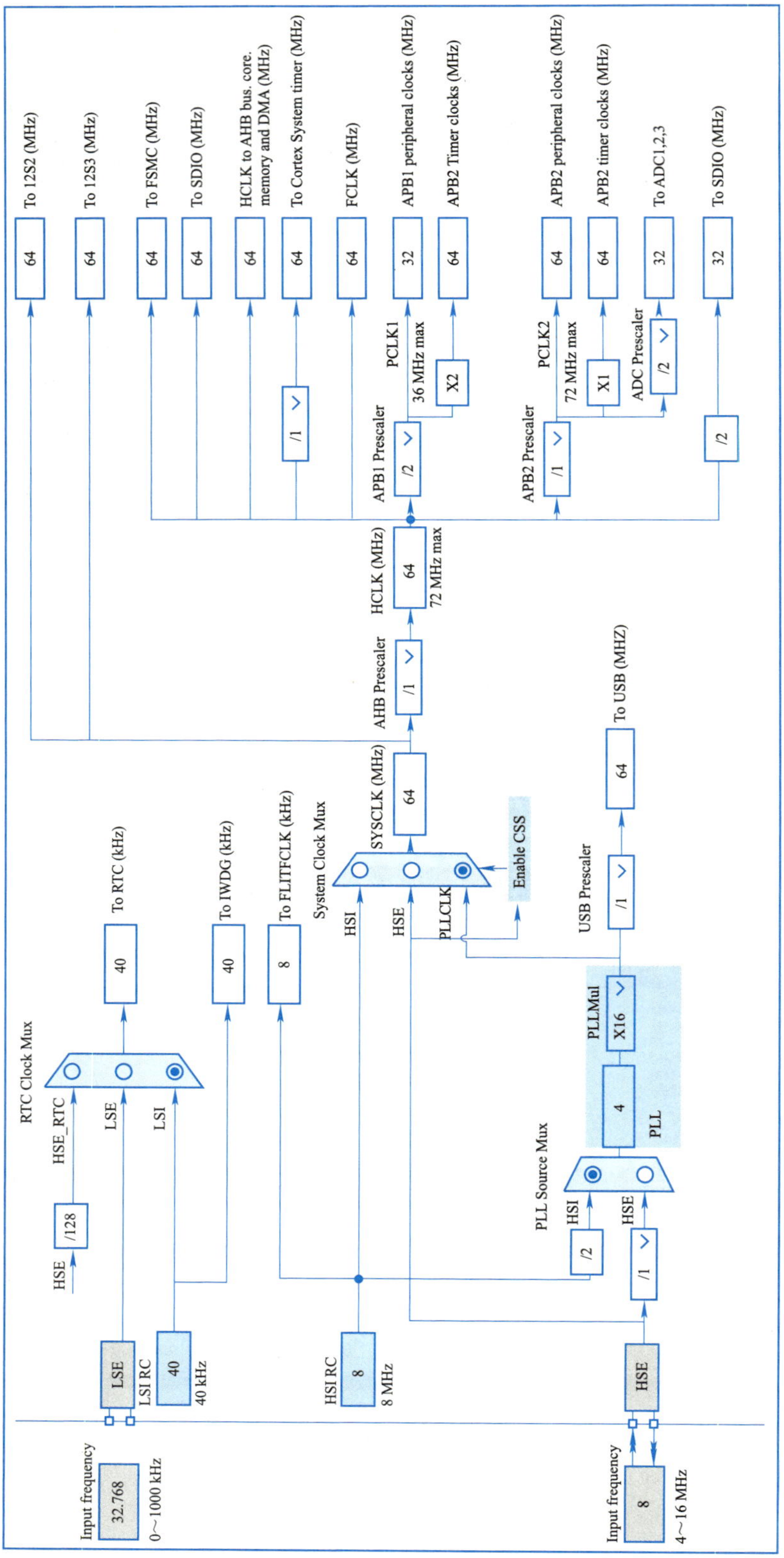
Input frequency
32.768
0~1000 kHz
LSE
LSI RC
40
40 kHz
HSE
/128
HSE_RTC
LSE
LSI
RTC Clock Mux
40
To RTC (kHz)
40
To IWDG (kHz)
8
To FLITFCLK (kHz)
HSI RC
8
8 MHz
System Clock Mux
HSI
HSE
PLLCLK
Enable CSS
SYSCLK (MHz)
64
AHB Prescaler
/1
HCLK (MHz)
64
72 MHz max
APB1 Prescaler
/2
PCLK1
36 MHz max
X2
APB2 Prescaler
/1
PCLK2
72 MHz max
X1
ADC Prescaler
/2
/2
/1
64
To 12S2 (MHz)
64
To 12S3 (MHz)
64
To FSMC (MHz)
64
To SDIO (MHz)
64
HCLK to AHB bus. core. memory and DMA (MHz)
64
To Cortex System timer (MHz)
64
FCLK (MHz)
32
APB1 peripheral clocks (MHz)
64
APB2 Timer clocks (MHz)
64
APB2 peripheral clocks (MHz)
64
APB2 timer clocks (MHz)
32
To ADC1,2,3
32
To SDIO (MHz)
Input frequency
8
4~16 MHz
HSE
/1
/2
HSI
HSE
PLL Source Mux
4
X16
PLLMul
PLL
USB Prescaler
/1
64
To USB (MHZ)

图7-19 配置时钟

8）单击“Project Manager”，单击“Project”设置文件名和保存的位置，“Toolchain/IDE”选择“MDK_ARM”。

9）单击“Code Generator”按钮，如图7-20所示进行勾选设置。

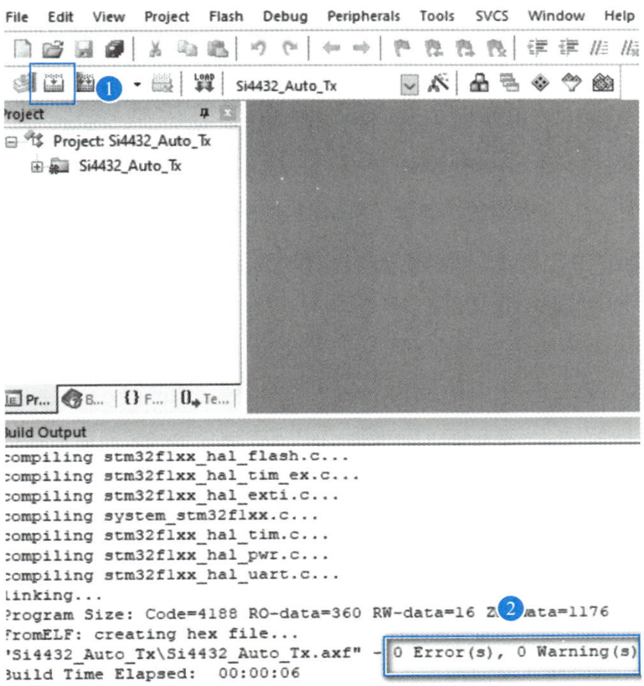

图7-20　编译工程

10）最后单击右上角的“GENERATE CODE”按钮生成初始化代码。

2. 在工程中添加代码包

（1）检查工程是否可用

如图7-20所示，打开工程后，先要对工程进行编译，若编译通过，则表示工程可用，若编译失败参照“开发环境搭建”先完成开发环境搭建及测试。

单击编译按钮开始编译，若0个错误表示编译通过。

（2）添加代码包

在项目工程文件夹的“MDK-ARM”文件夹下新建一个“HARDWORK”文件夹，并将SI4432和SPI两个文件夹复制进去，如图7-21所示。

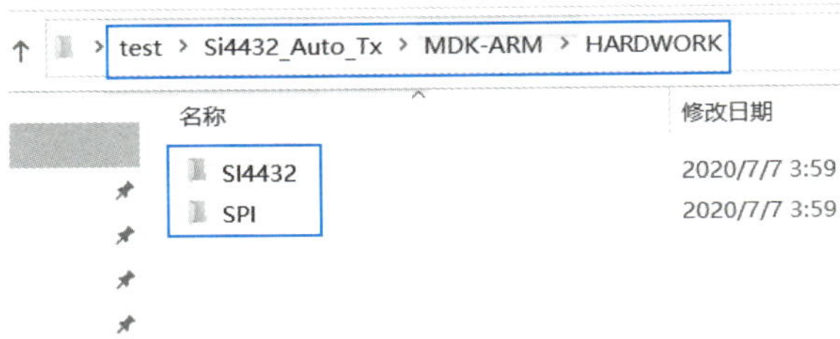

图7-21　添加代码包

右键单击项目文件名，选择“Add Group”添加组，将“NEW Group”改为“HARDWORK”，双击“HARDWORK”，

选择“SI4432”“SPI”文件夹添加“SI4432.c”“SPI.c”文件，如图7-22所示。

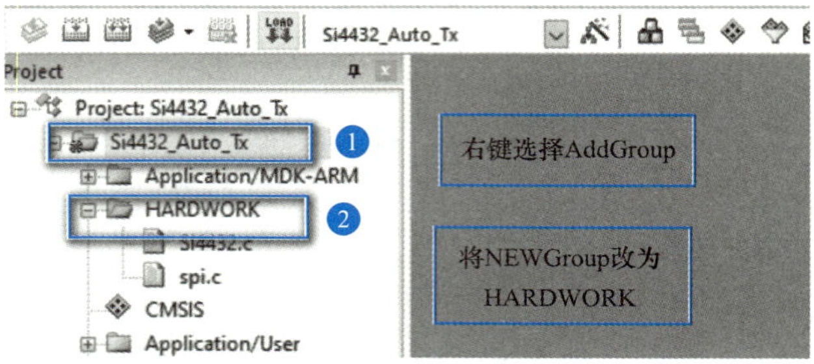

图7-22　添加“SI4432.c”“SPI.c”文件

添加的文件直接编译会报错，需要包含文件夹的路径，图7-23所示就是添加“Trace”文件的路径，使程序可以找到.h文件。

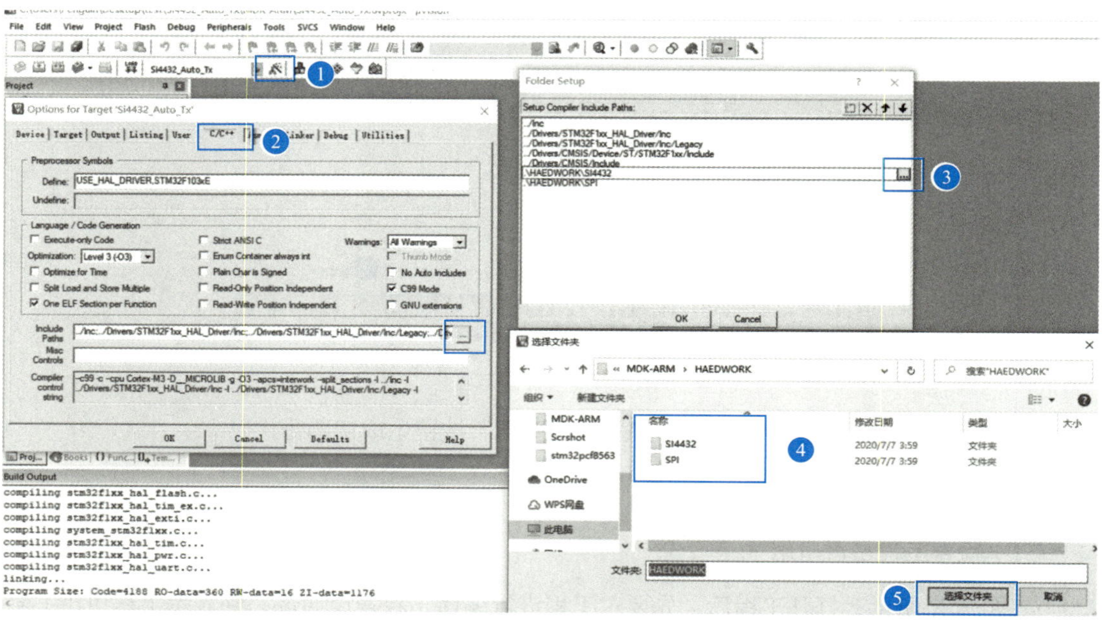

图7-23　添加文件路径

按照图7-23所示方法继续将SI4432和SPI路径添加进去。

添加完文件后直接编译也会报错，这时双击“SI4432.c”将里面的“UART_HandleTypeDef huart1;”和“DMA_HandleTypeDef hdma_usart1_tx;”注释掉，然后双击“spi.c”将里面的“SPI_HandleTypeDef hspi2;”注释掉，如图7-24所示。

3. 添加代码程序

（1）添加头文件

在“MDK-ARM”中双击打开“Application/User”下的“main.c”文件，如图7-25所示，在添加头文件代码处添加“spi.h”和“si4432.h”的头文件。

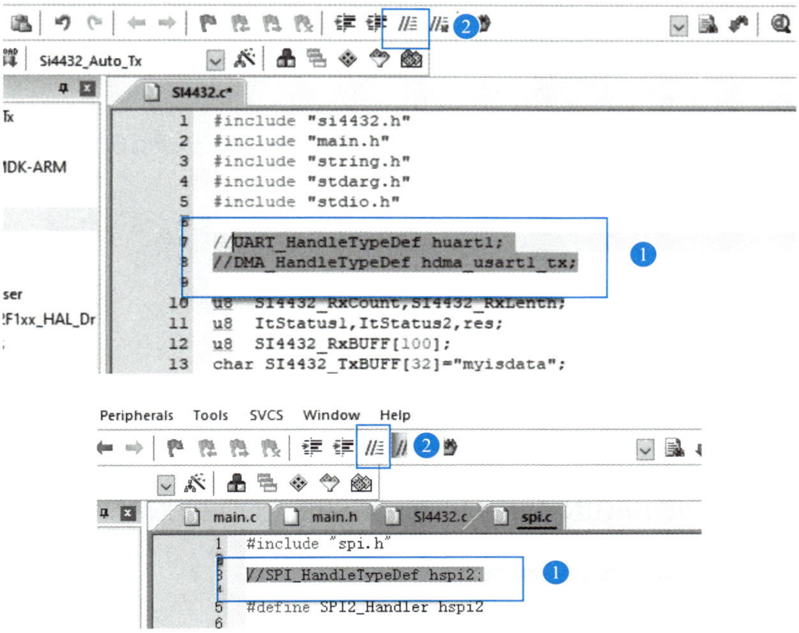

图7–24　注释

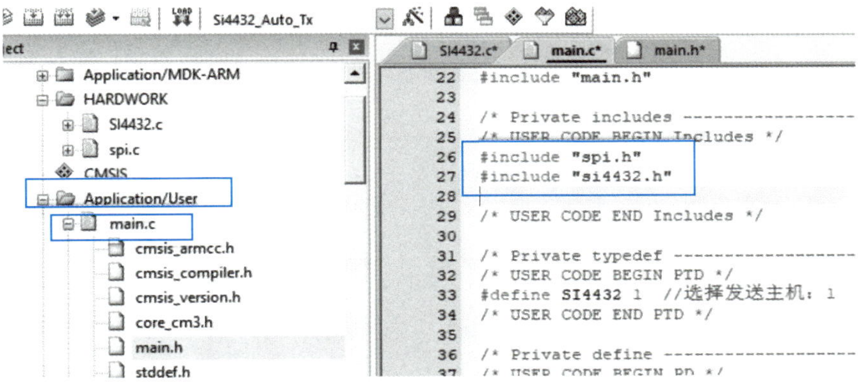

图7– 25　添加头文件

（2）添加变量

在“USER CODE BEGIN PD”和“USER CODE END PD”之间添加宏定义，如图7-26所示。

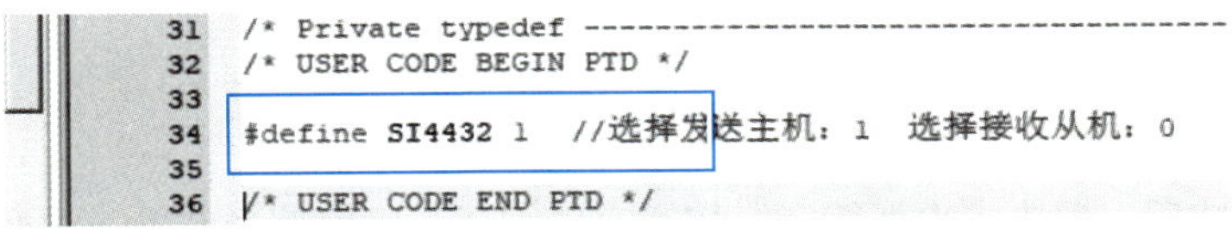

图7–26　添加变量参数

在“USER CODE BEGIN 2”和“USER CODE END 2”之间添加代码：

```
/* USER CODE BEGIN 2 */
  HAL_GPIO_WritePin(SI4432_SDN_GPIO_Port,SI4432_SDN_Pin,GPIO_PIN_SET);
  delay_ms(10);
  HAL_GPIO_WritePin(SI4432_SDN_GPIO_Port,SI4432_SDN_Pin,GPIO_PIN_RESET);
  delay_ms(100);
  si4432_init();          //SI4432初始化
  #if SI4432

  #else
  si4322_rx_mode();
  #endif
/* USER CODE END 2 */
```

在“USER CODE BEGIN WHILE”和“USER CODE END 3”之间添加函数，实现数据收发功能：

```
/* Infinite loop */
/* USER CODE BEGIN WHILE */
sendstring("system is ok\r\n");
while (1)
{
     #if SI4432
     si4322_send();
     sendstring("Send project ! \r\n");
     delay_ms(2000);
  #else
     si4322_receive();
     sendstring("Receive project ! \r\n");
     delay_ms(2000);
     #endif
  /* USER CODE END WHILE */

  /* USER CODE BEGIN 3 */
     delay_ms(100);
}
/* USER CODE END 3 */
```

4. 编译代码

代码添加完成后，单击“重新编译”按钮完成编译，确保编译准确无错误。

5. 硬件环境搭建

图7-27所示是本任务的硬件连线图。在断电的情况下把STM32F103VET6模块的引脚与无线模块SI4432进行连线，对应关系见表7-5。

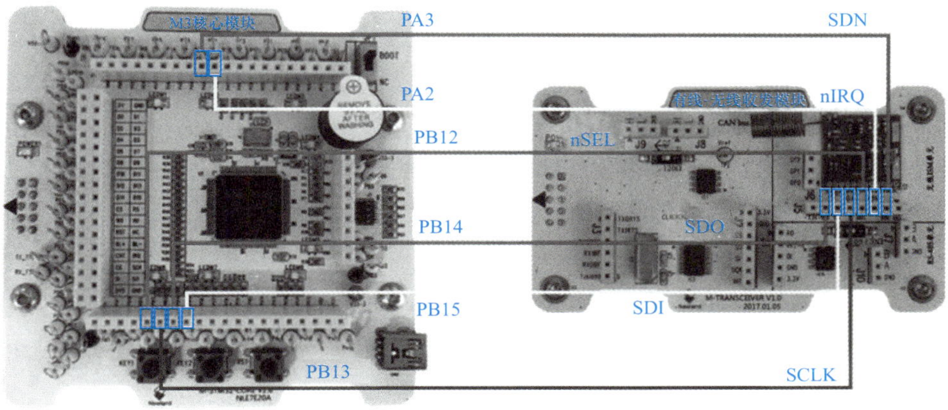

图7-27　硬件连线图

表7-5　硬件连接引脚对应表

序　　号	M3核心模块	有线—无线收发模块
1	PA3	SDN
2	PA2	nIRQ
3	PB12	nSEL
4	PB13	SCLK
5	PB14	SDO
6	PB15	SDI

6. M3模块固件下载

本任务需要两组设备配合完成，一组设备下载“发送主机固件”，另一组设备需要下载“接收从机固件”。

（1）发送主机固件下载

1）烧写前的硬件准备。

- 确保NEWLab接线正常，并将旋钮旋到通信模式。
- 将M3核心模块JP1从NC拨到Boot端。
- 给设备上电，并按下复位键。

2）烧写。

- 打开FlashLoader Demonstrator软件，将编译好的HEX文件进行烧录。
- 等待下载完毕。

3）烧写后启动M3模块。

将M3模块的JP1从BOOT切换到NC按下复位键。

（2）接收从机固件下载

接收从机固件下载之前，需要将程序中SI4432的宏定义改为0，如图7-28所示，这样程序就可以变成一个接收程序，然后编译好烧录到第二组开发板里即可。

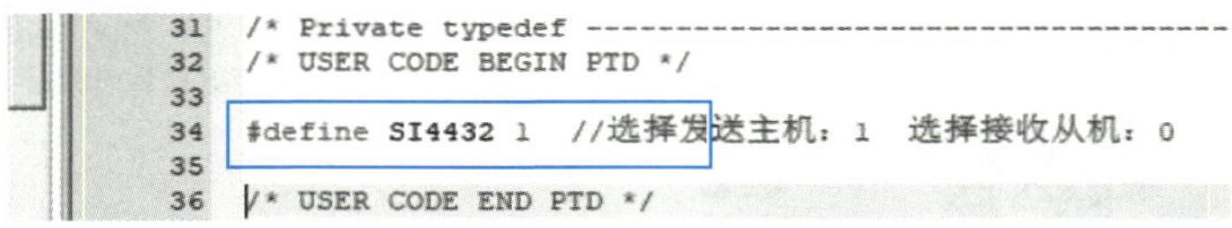

图7-28 更改宏定义

7. 结果验证

打开串口调试工具，单片机上电，选择连接的串口，打开串口，将接收端通过串口与调试助手连接，显示出收到的数据，如图7-29和图7-30所示。

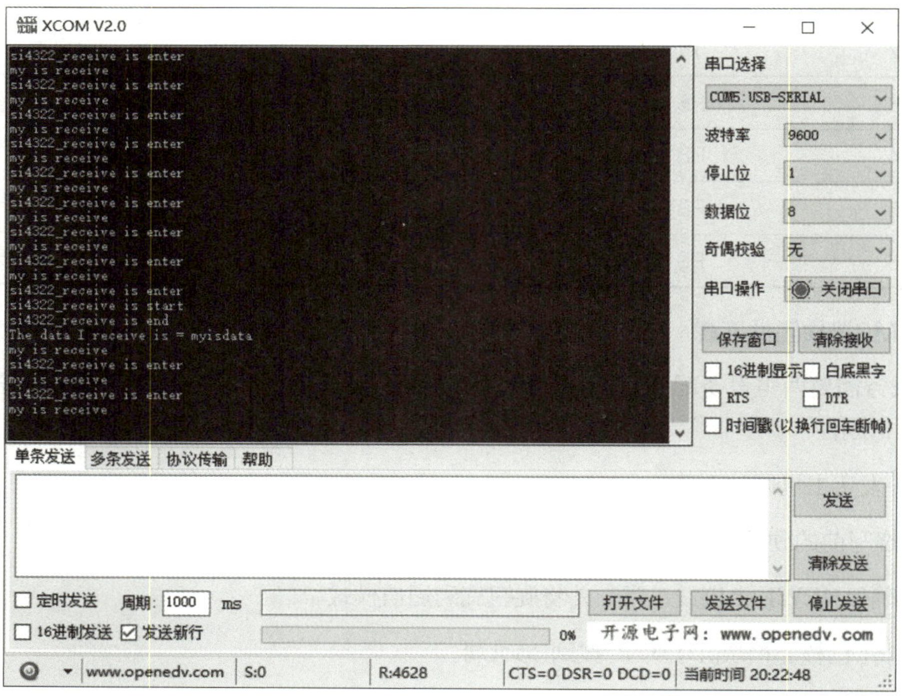

图7-29 接收端输出结果

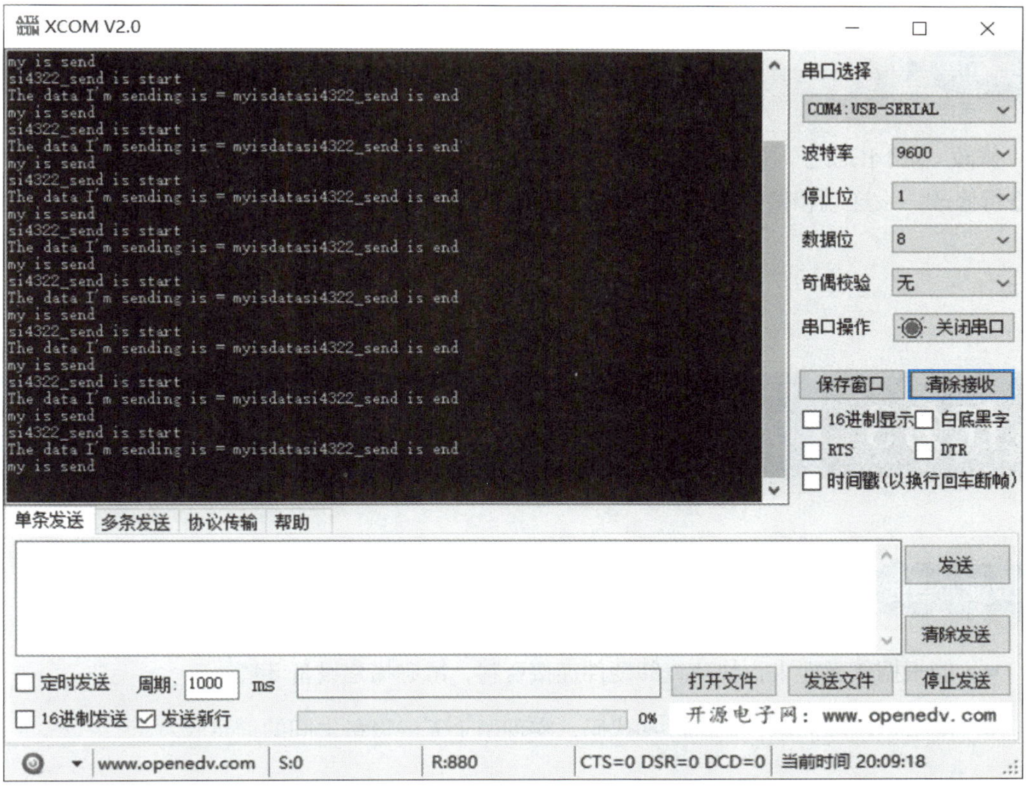

图7-30　发送端输出结果

修改“si4432.c”文件里的“char SI4432_TxBUFF[32]="myisdata";”就可以进行发送数据的修改。

任务小结

通过本任务的学习，理解SI4432无线收发模块的相关知识以及通信流程。能够实现SI4432无线模块的初始化配置，能够实现无线收发模块之间的通信。任务小结如图7-31所示。

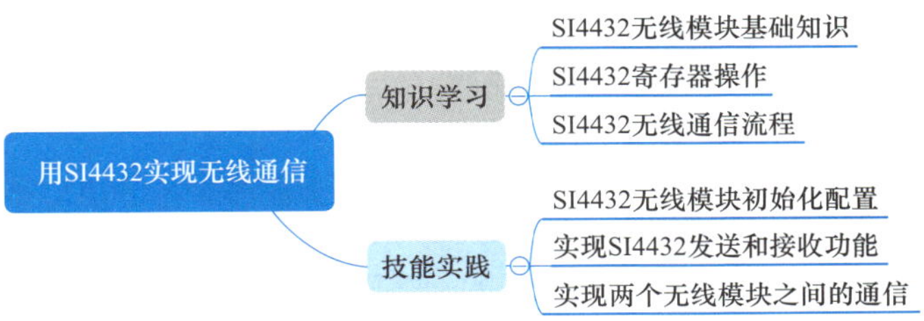

图7-31　任务小结

任务拓展

修改“si4432.c”文件里的“char SI4432_TxBUFF[32]="myisdata";”将发送的数据进行修改，发送端和接收端通过串口显示的数据变成修改的数据。

任务3 实现按键点菜功能

职业能力目标

- 能根据任务要求，快速查阅硬件连接资料，准确搭建设备环境。
- 能根据功能需求，正确添加代码，实现两个无线设备之间的信息收发。

任务描述与要求

任务描述：国内某公司准备为某餐饮连锁店开发一套无线点餐系统，在考虑成本与实用性、安全性后，采用STM32系列单片机、SI4432无线收发模块。此任务主要分为3部分，本任务为第三部分，通过按键控制SI4432发送端进行数据的发送。

任务要求：

- 实现SI4432无线接收端的自动接收。
- 实现SI4432无线发送端的按键控制数据发送。

知识链接

1. 在生活中的应用

SI4432无线传输模块是采用Silicon Laboratories的SI4432芯片研发出的高性能、高稳定性的无线模块，SI4432是一款高度集成的无线SM频段收发芯片。

SI4432做成无线通信模块应用广泛，可适用于无线数据通信、无线遥控系统、小型无线网络、小型无线数据终端、无线抄表、门禁系统、无线遥感监测、水文气象监控、机器人控制、无线RS485/RS232数据通信等诸多领域。

2. 无线收发系统结构分析

系统总体拓扑图如图7-32所示。

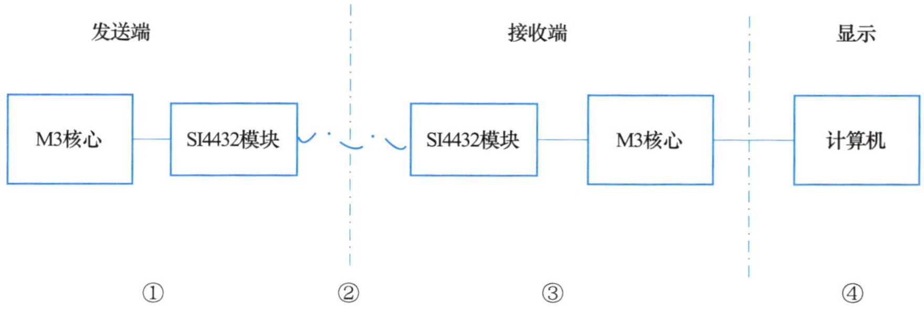

图7-32　拓扑图

- 图中标识①、②、③是本任务的重点，需要涉及开发相关代码。
- 图中标识④主要是数据串口实现。

对于发送端和接收端使用SI4432模块进行数据传输，单片机和SI4432之间主要是通过SPI接口进行数据通信，按键可以控制发送端进行特定数据的发送，图7-33就是发送端及接收端与SI4432模块的连接图。

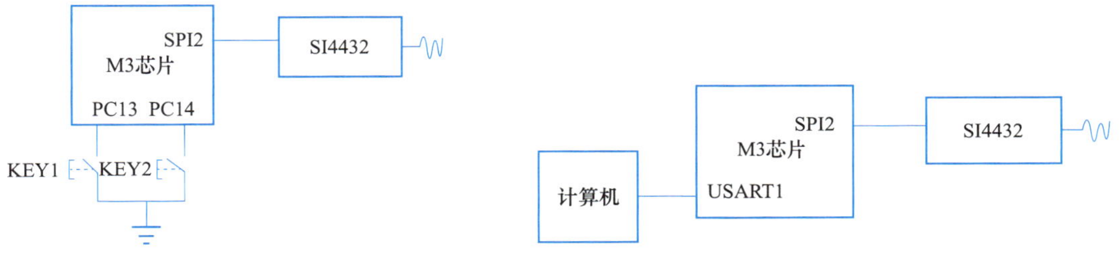

图7-33　发送与接收端设计图

- M3芯片与SI4432模组通信使用SPI2通信口。
- KEY1按钮用于发送指令1。
- KEY2按钮用于发送指令2。
- 计算机用于接收端的数据显示。

3. 按键控制SI4432收发逻辑分析

无线发送程序流程如图7-34所示。

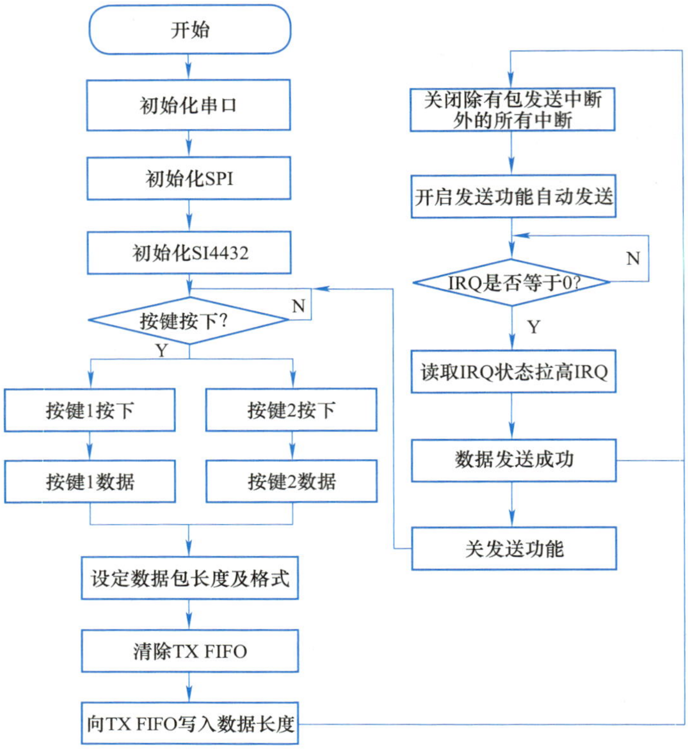

图7-34　按键发送端流程图

无线接收程序流程如图7-35所示。

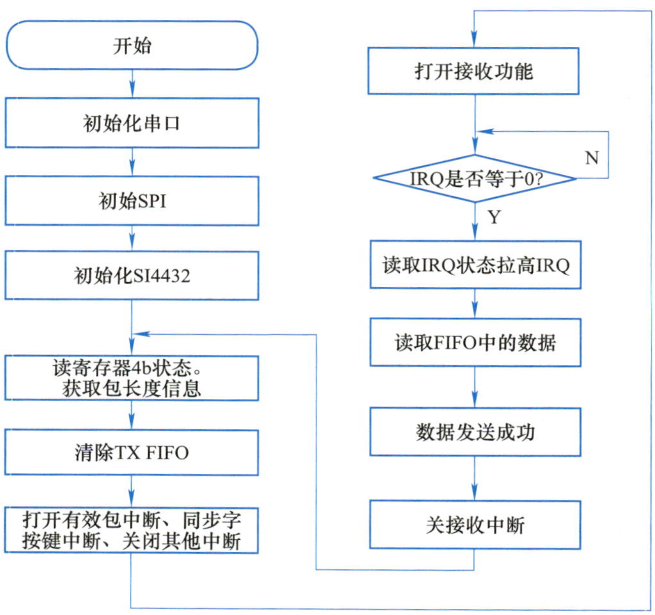

图7-35　接收端流程图

任务准备

本任务需要2组设备配合完成，表7-6所列是每组设备清单量。

表7-6　设备/资源清单表

序　　号	设备/资源名称	数　　量	是否准备到位（√）
1	M3核心模块	1	
2	有线无线收发模块	1	
3	杜邦线	8	
4	配书资源	1	

任务实施

要完成本任务，可以将实施步骤分成以下7步：

- 修改任务2工程配置引脚。
- 在工程中添加代码包。
- 在源文件中添加代码。
- 编译代码。
- 硬件环境搭建。
- 模块固件下载。
- 结果验证。

具体实施步骤如下：

1. 修改任务2工程配置引脚

由于之前已经做了一个无线自动收发的程序，现在只需要在原来的代码基础上进行修改即可。

复制一份SI4432_Auto_Tx程序，将其改名为SI4432_Key_Tx。

打开文件内的.ioc文件，进行按键引脚配置，配置PC13为输入模式，并且设置为上拉输入，如图7-36所示。

最后单击右上角的“GENERATE CODE”按钮生成初始化代码。

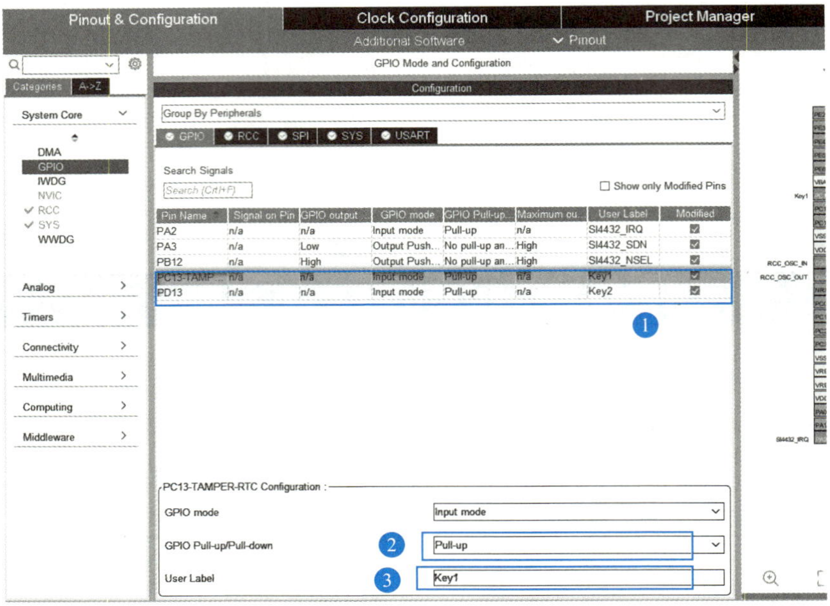

图7-36　配置按键引脚

2. 添加代码包

本次操作不用添加代码包。

单击Keil开发工具中的编译按钮开始编译，出现0个错误，表示编译通过。

3. 添加代码程序

在“USER CODE BEGIN PD”和“USER CODE END PD”之间添加如图7-37所示的宏定义。

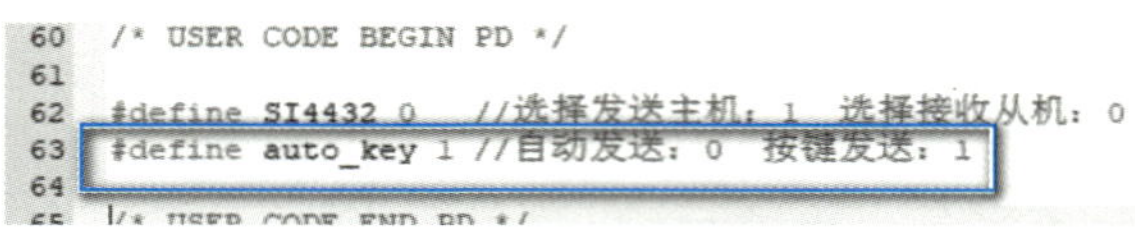

图7-37　添加宏定义

在“USER CODE BEGIN 2”和“USER CODE END 2”之间添加代码：

```
/* USER CODE BEGIN 2 */
    HAL_GPIO_WritePin(SI4432_SDN_GPIO_Port,SI4432_SDN_Pin,GPIO_PIN_SET);
    delay_ms(10);
    HAL_GPIO_WritePin(SI4432_SDN_GPIO_Port,SI4432_SDN_Pin,GPIO_PIN_RESET);
    delay_ms(100);
    si4432_init();                        //SI4432初始化
    #if SI4432

    #else
```

```
            si4322_rx_mode();
     #endif
 /* USER CODE END 2 */
```

在“USER CODE BEGIN WHILE”和“USER CODE END 3”之间添加函数，实现数据收发功能：

```
/* Infinite loop */
/* USER CODE BEGIN WHILE */
sendstring("system is ok\r\n");
while (1)
{
     #if SI4432
          #if auto_key
          if(HAL_GPIO_ReadPin(Key1_GPIO_Port , Key1_Pin ) == 0)
          {
               delay_ms(10);
               if(HAL_GPIO_ReadPin(Key1_GPIO_Port , Key1_Pin ) == 0)
               {
                    si4322_send();
                    sendstring("Send Project ! \r\n");
                    delay_ms(100);
               }
          }
          #else
          si4322_send();
          sendstring("Send Project ! \r\n");
          delay_ms(2000);
      #endif
     #else
     si4322_receive();
     sendstring("Receive Project ! \r\n");
      delay_ms(2000);
     #endif
   /* USER CODE END WHILE */

   /* USER CODE BEGIN 3 */
     delay_ms(100);
 }
 /* USER CODE END 3 */
```

4. 编译代码

代码添加完成后，单击“重新编译”按钮完成编译，确保编译准确无错误。

5. 硬件环境搭建

图7-38所示是本任务的硬件连线图。在断电的情况下把STM32F103VET6模块的引脚按表7-7对应关系与无线模块SI4432进行连线。

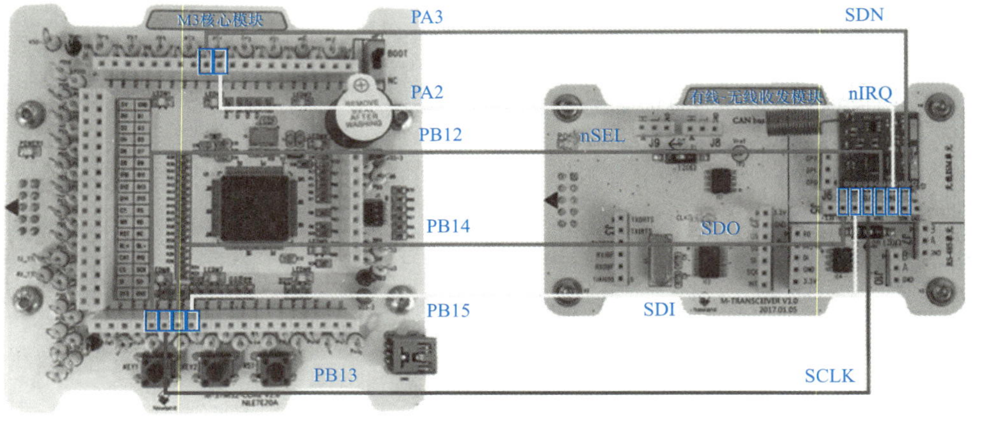

图7-38　硬件连线图

表7-7　硬件连接引脚对应表

序　号	M3核心模块	有线—无线收发模块
1	PA3	SDN
2	PA2	nIRQ
3	PB12	nSEL
4	PB13	SCLK
5	PB14	SDO
6	PB15	SDI

6. M3模块固件下载

本任务需要两组设备配合完成，一组设备下载“发送主机固件”，另一组设备需要下载“接收从机固件”。

（1）发送主机固件下载

1）烧写前的硬件准备。

- 确保NEWLab接线正常，并将旋钮旋到通信模式。
- 将M3核心模块JP1从NC拨到Boot端。
- 给设备上电，并按下复位键。

2）烧写。

- 打开FlashLoader Demonstrator软件，将编译好的HEX文件进行烧录。
- 等待下载完毕。

3）烧写后启动M3模块。

将M3模块的JP1从BOOT切换到NC按下复位键。

（2）接收从机固件下载

接收从机固件下载之前，需要将程序中SI4432的宏定义改为0，如图7-39所示，这样程序就可以变成一个接收程序，然后编译好烧录到第二组开发板里即可。

```
/* Private define ------------------------------------------------
/* USER CODE BEGIN PD */

#define SI4432 1  //选择发送主机：1  选择接收从机：0
#define auto_key 1 //自动发送：0  按键发送：1

/* USER CODE END PD */
```

图7-39　更改宏定义

7. 结果验证

打开串口调试工具，单片机上电，选择连接的串口，打开串口，将接收端打开，当按下发送端的按键key1时，就会有数据发送出去，接收端与串口调试助手相连，就会显示数据，如图7-40和图7-41所示。

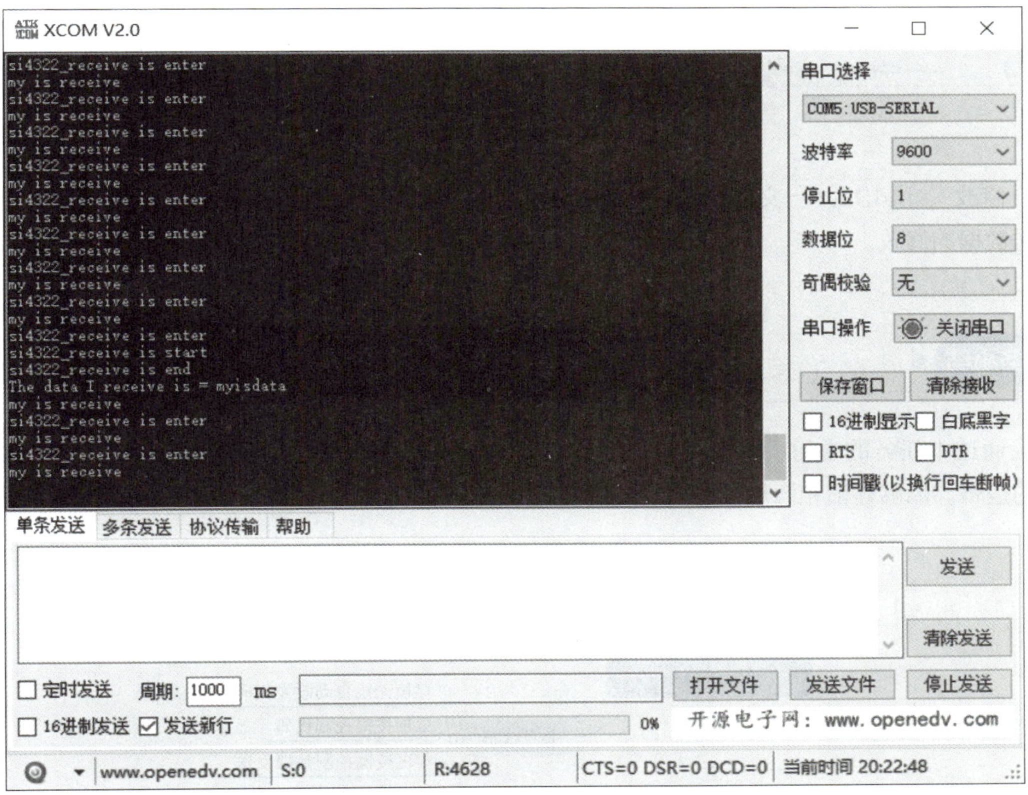

图7-40　接收端输出结果

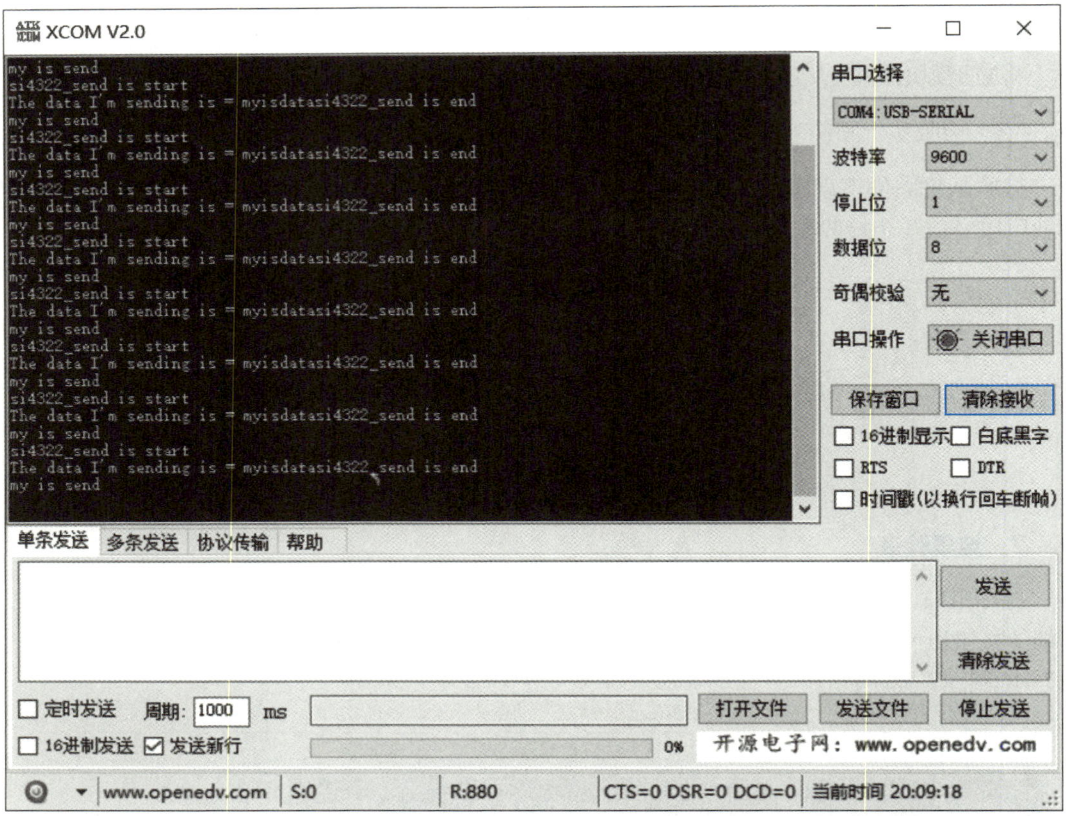

图7-41　发送端输出结果

修改“si4432.c”文件里的“char SI4432_TxBUFF[32]="myisdata";”就可以进行发送数据的修改。

任务小结

通过本任务的学习，理解一些生活中常见的无线收发模块的应用，了解餐馆无线点餐系统的逻辑。能够移植和添加代码实现按键控制数据发送的功能。任务小结如图7-42所示。

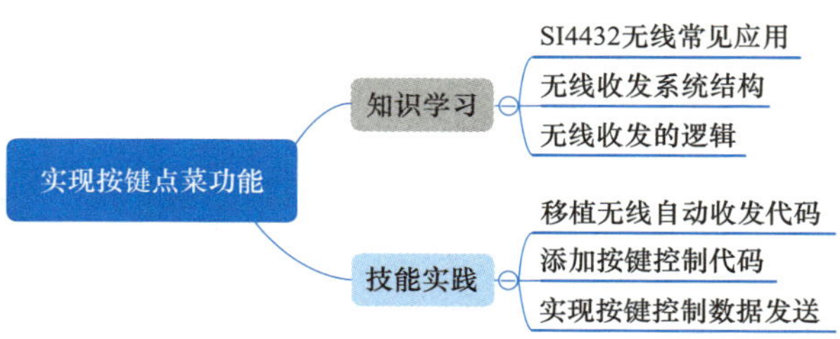

图7-42　任务小结

任务拓展

修改“si4432.c”文件里的“char SI4432_TxBUFF[32]="myisdata";”，将数据进行修改，接收端对收到的数据进行判断，进而控制LED灯闪烁提醒。

项目扩展阅读

大国工匠之“无线追求”张路明

张路明长期扎根专业技术一线，从事无线通信射频电路设计工作，几十年如一日埋头钻研，聚焦军工通信核心关键技术研究、产品研制，先后突破了短波小型化射频信道的“机芯平台”“高速跳频”软切换技术、“抗强干扰”同轴腔体滤波器、“超宽带大动态”低噪声放大技术等数十项关键技术，其中多项技术达到了世界领先水平，突破了国外在高性能短波侦收、小型化高性能抗干扰电台、超宽带短波通信系统等方面的技术封锁，他参与研制了共4代（模拟、数字、自适应、自动）短波、超短波通信系统数十个型号产品，支持了我国短波、超短波电台等军工通信装备紧跟世界领先水平同步发展。

他从1988年至今负责研制“100W短波自适应通信系统”“xx战术短波跳频电台”“舰艇遇险救生通信系统”“125W自适应电台”“软件无线电网关”等多个项目。中国自主研发制造的战斗机歼20是国防重器，意义重大且深远。他负责其中“X20机载短波通信设备”项目，指导确定技术路线和技术方案。通过试飞验证，该技术方案基本解决了机载短波通信设备发射效率低的问题，较大提升了有效通信距离，满足了飞机远距离覆盖的要求。

Project 8

项目 8

制作天气手环

引导案例

现代生活节奏加快，无论是上班还是运动，人们都希望能拥有一款既可以看时间又可以看天气和其他信息的手环。这种手环不仅能够显示时间，还能够显示温度、光照度、心率以及运动步数等，有的还能够与手机连接进行数据的显示，有的甚至还具有通话的功能，这已经不是简单的手表了，这些都是智能穿戴设备。

智能手环（见图8-1）作为可穿戴设备，外观往往很酷。智能手环这种设计风格对于习惯佩戴首饰的用户而言，颇具有诱惑力。小小智能手环个头不大，功能还是比较强大的，其开发涉及智能手环MCU数据指令到蓝牙IC的传输、蓝牙到APP的数据通信协议、APP到手机内部的通信调试逻辑实现、APP数据到云端服务器的数据库算法设计等一系列的开发。

图8-1　智能手环

本项目将用一个简单的智能手环项目来走进手环的内部世界，看一看它到底是如何实现各种各样的功能的。

任务1 获取湿度及光照度数据

扫码观看视频

职业能力目标

- 能根据MCU编程手册，利用STM32CubeMX软件，准确对ADC进行配置。
- 能根据MCU编程手册，利用STM32CubeMX软件，准确对TIM进行配置。
- 能利用湿度、光照度传感器的知识，通过编写代码，准确获取湿度、光照度数据。

任务描述与要求

任务描述：某公司因为市场需求，准备研发一款多功能手环以满足市场需求。经过研究，准备使用STM32单片机和PCF8563时钟芯片以及湿度、光照度传感器，来实现多功能需求。本项目主要分为3个任务，本任务主要是进行湿度和光照度数据的获取。

任务要求：

- 配置单片机的ADC。
- 配置单片机的TIM定时器。
- 获取湿度和光照度数据并通过串口显示。

知识链接

1. 多功能天气手环

天气手环主要是利用电子技术将普通电子手表智能化、数字化，拥有时钟精确、体积小、界面友好、可拓展性强的特点，被广泛用于生活和工作当中。另外，在生活和工农业生产中，也常常需要知道温度，这就需要天气手环具有多功能性。

天气手环是采用电子电路实现时、分、秒进行数字显示的即时装置，广泛应用于个人、家庭、车站、码头、办公室等场所，成为人们日常生活的必需品。由于数字集成电路的发展和石英晶体振荡器的广泛应用，数字时钟的精度远远超过老式钟表，钟表的数字化给人们的生产带来了极大的方便，而且扩大了原先表的功能。诸如定时报警、按时自动打铃、定时开关、各种定时电器的自动启动应用等，这些都是以数字化为基础的，是数字钟的扩大及应用，有着非常现实的意义。

另外，温度、湿度、光照度等实时显示系统应用同样越来越广泛，比如热水器显示温度等。如果能够在天气手环上附加温度、湿度、光照度采集功能，将使电子钟的应用更加广泛。

2. 湿敏传感器介绍

湿敏传感器是能够感受外界湿度变化，并通过器件材料的物理或化学性质变化，将湿度转化成有用信号的器件。

3. 光照度传感器介绍

光电式传感器是将光通量转换为电量的一种传感器，它的基础是光电转换元件的光电效应。

光电效应是光电器件的理论基础。光可以认为是由具有一定能量的粒子（一般称为光子）所组成的，而每个光子所具有的能量E与其频率大小成正比。光照射在物体表面上就可以看成是物体受到一连串能量为E的光子轰击，而光电效应就是由于该物质吸收到光子能量为E的光后产生的电效应。

4. STM32获取湿度光照度数据分析

图8-2所示为NEWLab温度/光照度传感模块电路板结构图，图中数字对应模块情况如下：

1）温敏或光敏电阻传感器，本实验使用光敏电阻。

2）基准电压调节电位器。

3）比较器电路。

4）基准电压测试接口J10，测试光照感应的阀值电压，即比较器1负端（3脚）电压。

5）模拟量输出接口J6，测试光敏电阻两端的电压，即比较器1正端（2脚）电压。

6）数字量输出接口J7，测试比较器1输出电平电压。

7）接地GND接口J2。

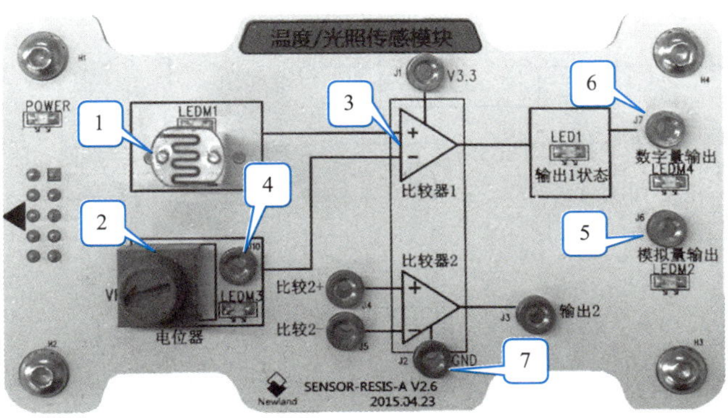

图8-2　温度/光照度传感模块电路板结构图

5. 湿度传感模块

图8-3所示为NEWLab湿度传感模块电路板结构图，图中数字对应模块情况如下：

1）湿度传感器HS1101。

2）振荡电路模块。

3）频率信号接口J4。

4）接地GND接口J2。

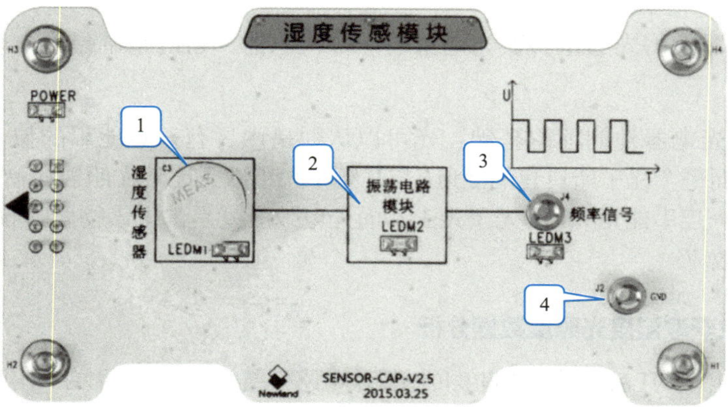

图8-3　湿度传感模块电路板结构图

湿度传感器模块电路如图8-4所示。

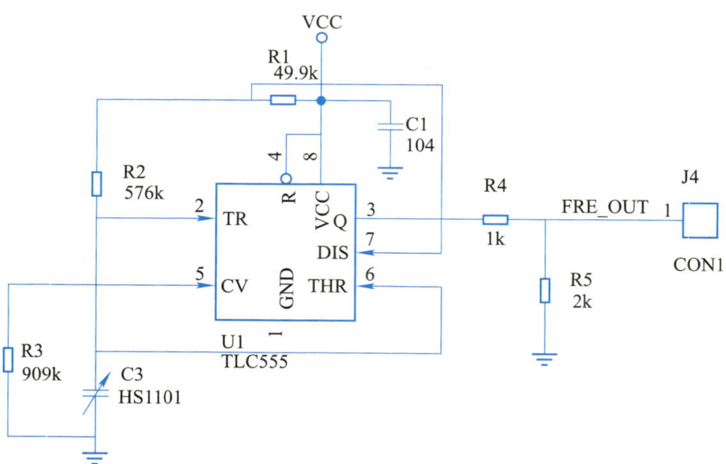

图8-4　湿度传感器模块电路图

湿度传感器产生的电容影响输出信号的频率，当湿度增加时，湿度传感器的电容量也变大，输出信号频率降低。湿度和电压频率的关系见表8-1。

表8-1 湿度与电压频率关系

湿度/%RH	频率/Hz	湿度/%RH	频率/Hz
0	7351	60	6600
10	7224	70	6468
20	7100	80	6330
30	6976	90	6186
40	6853	100	6033
50	6728		

任务准备

任务实施前必须先准备好表8-2所列的设备/资源。

表8-2 设备/资源清单表

序号	设备/资源名称	数量	是否准备到位（√）
1	STM32F103VET6模块	1	
2	温度/光照度传感模块	1	
3	湿度传感模块	1	
4	光照连接线	1	
5	杜邦线	2	

任务实施

要完成本任务，可以将实施步骤分成以下7步：

- STM32CubeMX工程配置ADC和TIM。
- 在工程中添加代码包。
- 在源文件中添加代码。
- 编译代码。
- 硬件环境搭建。
- 模块固件下载。
- 结果验证。

具体实施步骤如下：

1. 进行STM32CubeMX配置ADC和TIM

1）打开“STM32CubeMX”，选择STM32F103VET6芯片，并进行配置。

2）单击“System Core”→“RCC”，“High Speed Clock（HSE）”和“Low Speed Clock（LSE）”都选择“Crystal/Ceramic Resonator”。

3）单击“SYS”，“Debug”选择“Serial Wire”。

4）单击“Connectivity”→“USART1”，配置串口1如图8-5所示，“Mode”选择“Asynchronous”，“Baud Rate”选择“115200Bits/s”，“Data Direction”选择“Receive and Transmit”，然后单击“NVIC Settings”，勾选“USART1 global interrupt”，使能串口中断。

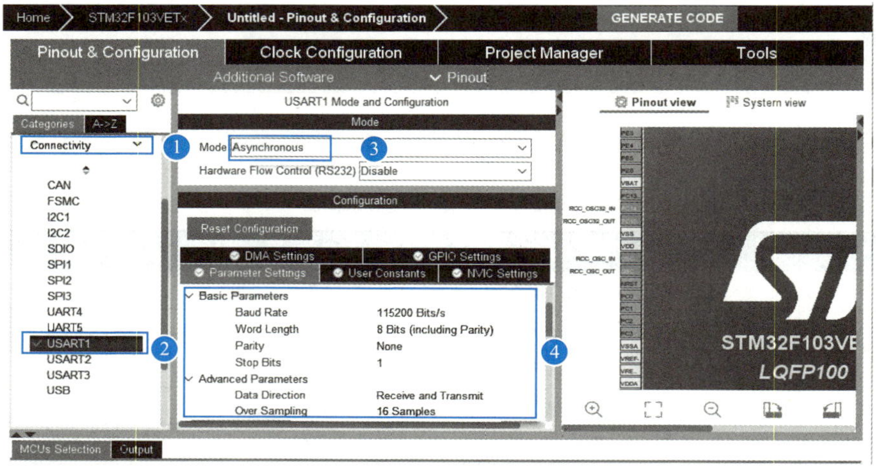

图8-5　配置串口1

5）单击“ADC1”，勾选“IN0”，也可以单击引脚进行选择，如图8-6所示。

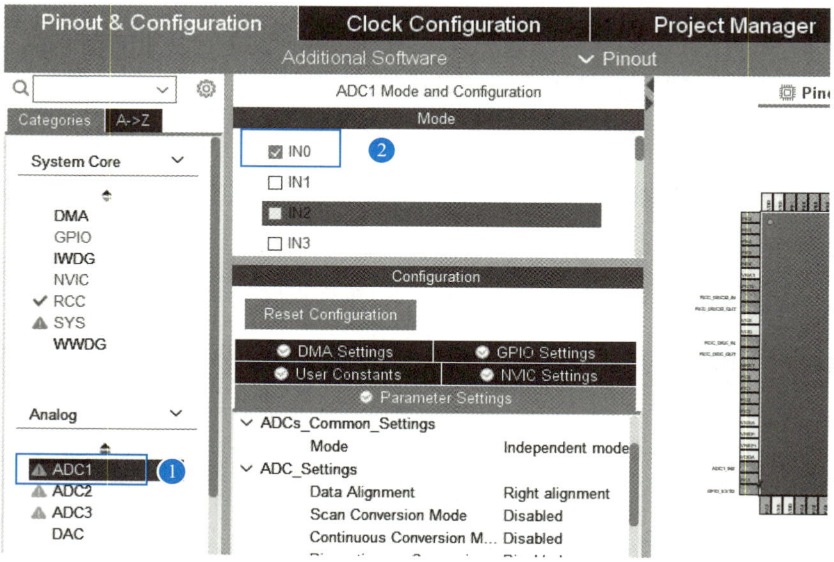

图8-6　配置ADC1的通道0

6）单击“TIM6”，勾选“Activated”，进行“Counter Settings”设置，将“Prescaler”设置为“7199”，“Counter Mode”设置为“Up”，“Counter Period”设置为“9999”，如图8-7所示。

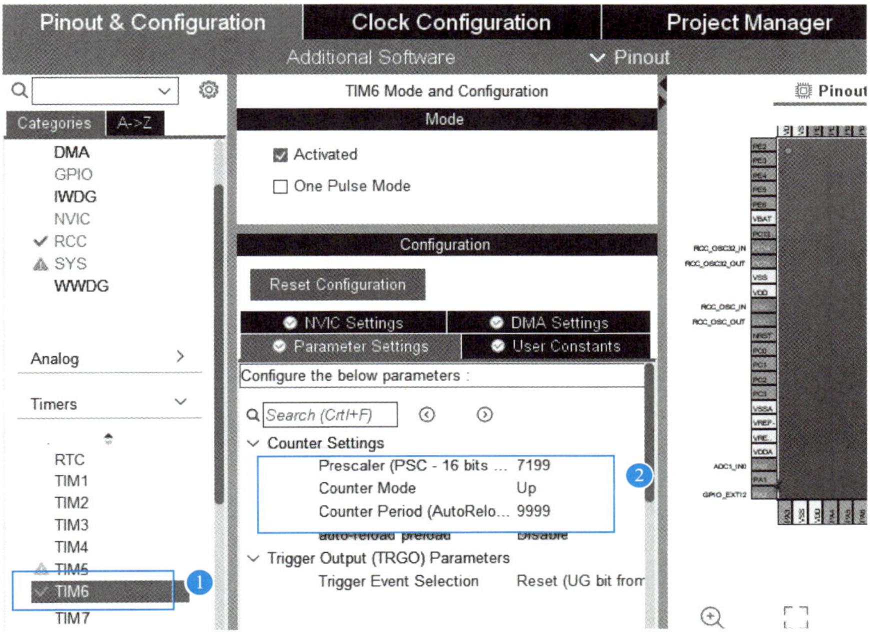

图8-7 配置TIM6定时器

7）单击“PA2”引脚，设置为外部中断“GPIO_EXTI2”，然后单击“NVIC”使能外部中断、串口中断和TIM6的中断，如图8-8所示。

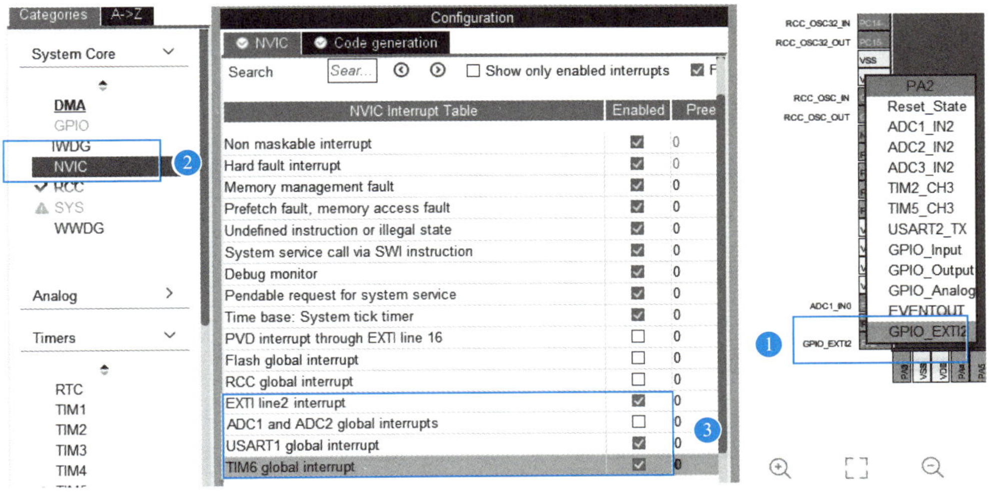

图8-8 使能中断

8）单击“Clock Configuration”进行如图8-9所示的时钟配置。

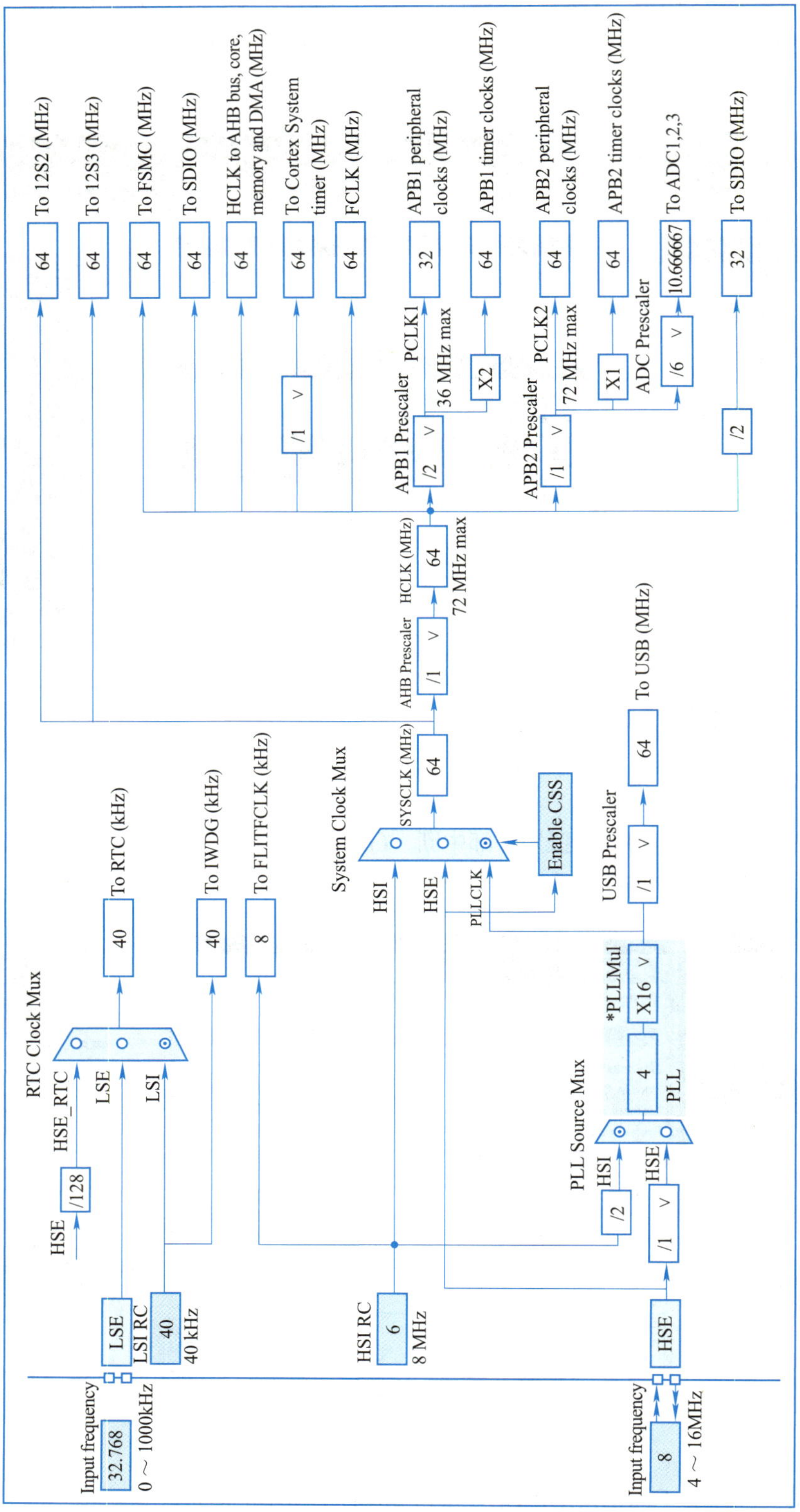
Input frequency
32.768
0～1000kHz
LSE
LSI RC
40
40 kHz
HSE
/128
HSE_RTC
LSE
LSI
RTC Clock Mux
40
To RTC (kHz)
40
To IWDG (kHz)
8
To FLITFCLK (kHz)
HSI RC
6
8 MHz
HSI
HSE
PLLCLK
System Clock Mux
Enable CSS
SYSCLK (MHz)
64
AHB Prescaler
/1
HCLK (MHz)
64
72 MHz max
Input frequency
8
4～16MHz
HSE
/1
/2
HSI
HSE
PLL Source Mux
4
PLL
X16
*PLLMul
USB Prescaler
/1
64
To USB (MHz)
64
To 12S2 (MHz)
64
To 12S3 (MHz)
64
To FSMC (MHz)
64
To SDIO (MHz)
64
HCLK to AHB bus, core, memory and DMA (MHz)
/1
64
To Cortex System timer (MHz)
64
FCLK (MHz)
APB1 Prescaler
/2
36 MHz max
PCLK1
32
APB1 peripheral clocks (MHz)
X2
64
APB1 timer clocks (MHz)
APB2 Prescaler
/1
72 MHz max
PCLK2
64
APB2 peripheral clocks (MHz)
X1
64
APB2 timer clocks (MHz)
ADC Prescaler
/6
10.666667
To ADC1,2,3
/2
32
To SDIO (MHz)

图8-9　配置时钟

9）单击“Project Manager”，单击“Project”设置文件名和保存的位置，“Toolchain/IDE”选择“MDK_ARM”。

10）单击“Code Generator”按钮。

11）最后单击右上角的“GENERATE CODE”按钮生成初始化代码。

2. 添加代码包

1）单击编译按钮开始编译，若0个错误表示编译通过，如图8-10所示。

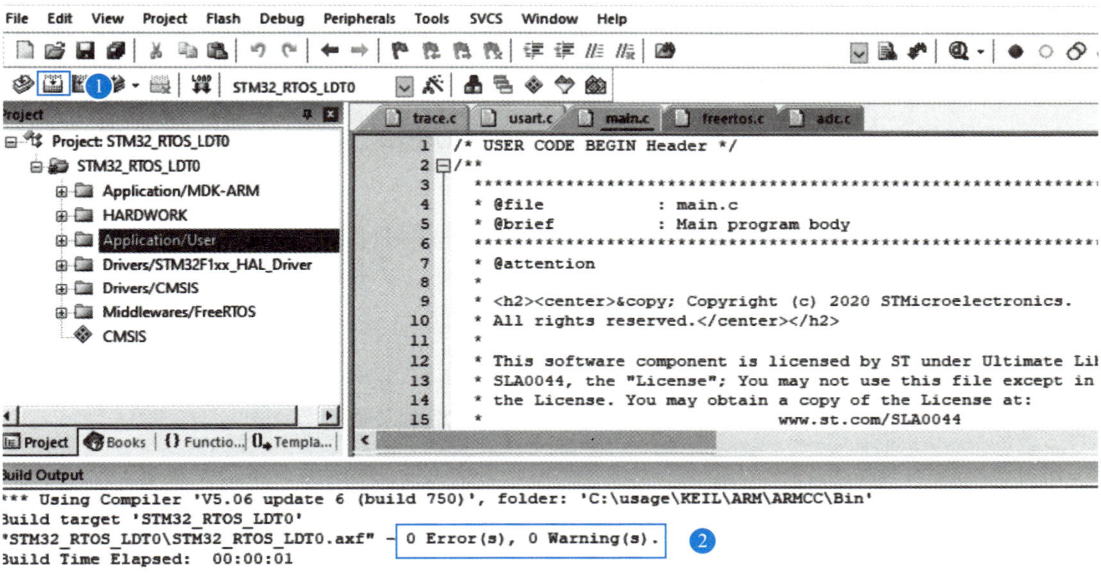

图8-10 编译工程

2）在项目工程文件夹的“MDK-ARM”文件夹下新建一个“HARDWORK”文件夹，并将图8-11所示文件夹复制进去。

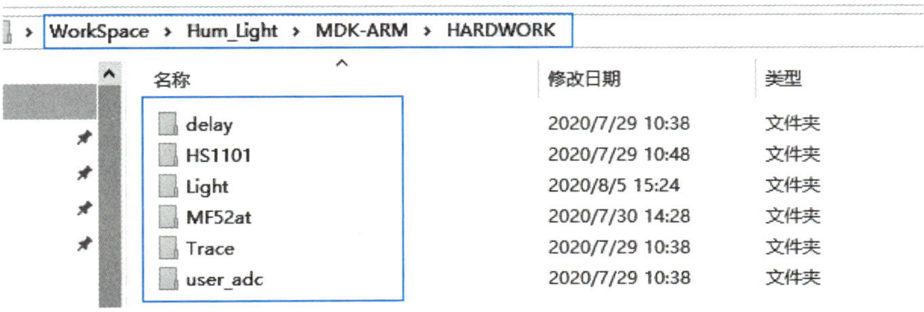

图8-11 添加代码包

3）右键单击项目文件名，选择“Add Group”添加组，将“NEW Group”改为“HARDWORK”如图8-12所示，双击“HARDWORK”，选择“delay”“Trace”“HS1101”“Light”和“user_adc”文件夹分别添加“delay.c”“Trace.c”“hs1101.c” "light. c"和"user_adc. c"文件。

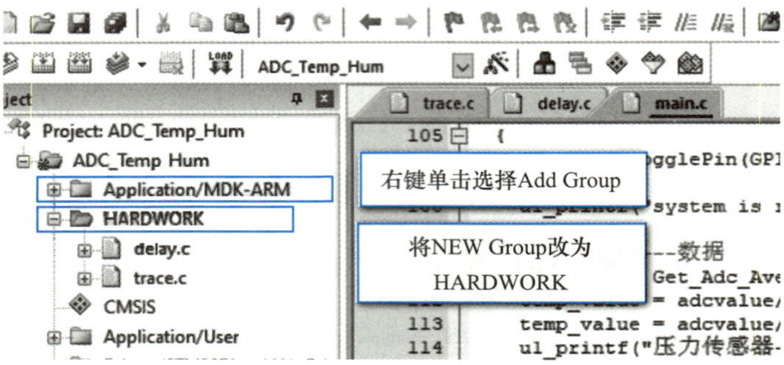

图8-12 添加"delay.c"和"Trace.c"文件

4）添加的文件直接编译会报错，需要包含文件夹的路径，如图8-13就是添加"Trace"文件的路径，使程序可以找到.h文件。

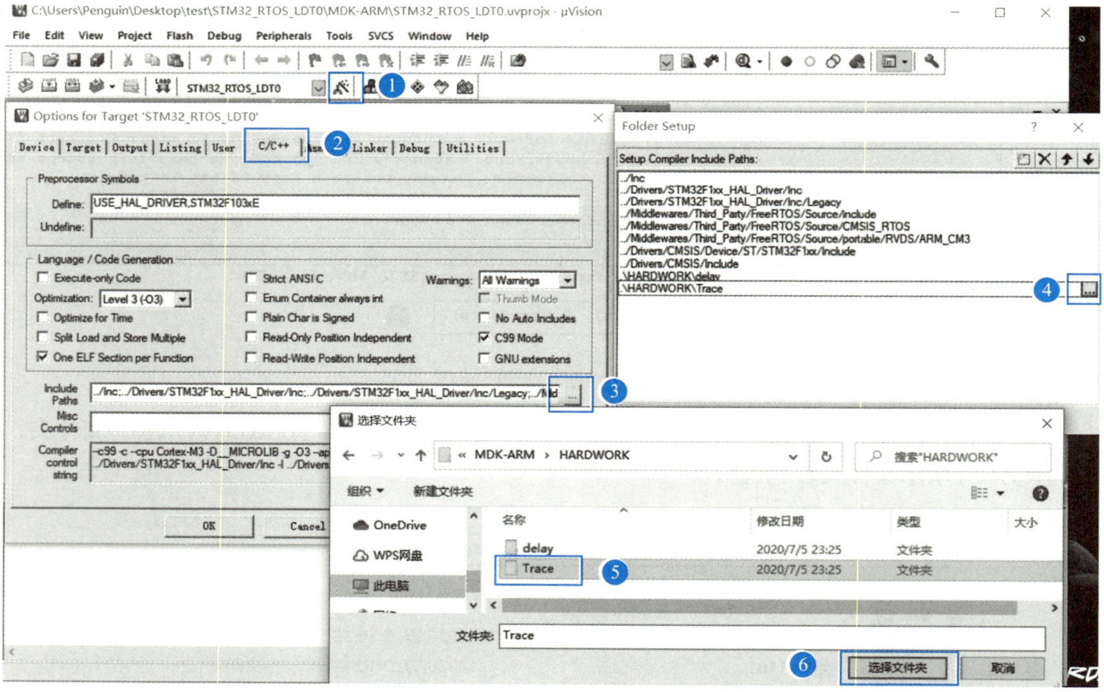

图8-13 添加"Trace"文件的路径

5）按照相同的方法将"delay""HS1101""Light"和"user_adc"的文件路径添加进去。

添加完文件后直接编译也会报错，这时双击"trace. c"将里面的"UART_HandleTypeDef huart1;"注释掉，如图8-14所示。

再次进行编译就不会报错。

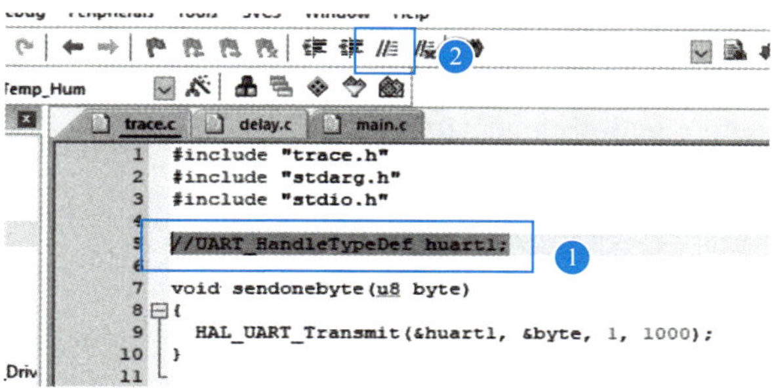

图8–14　注释或删除

3. 添加代码程序

（1）添加头文件

在“MDK-ARM”中双击打开“Application”→“User”下的“main.c”文件，在添加头文件代码处添加“trace.h”“delay.h”“hs1101.h”“light.h”头文件：

```
/* Private includes ----------------------------------------------------------*/
/* USER CODE BEGIN Includes */
#include "trace.h"
#include "delay.h"
#include "hs1101.h"
#include "light.h"
/* USER CODE END Includes */
```

（2）添加变量

在“USER CODE BEGIN PV”和“USER CODE END PV”之间添加变量：

```
/* USER CODE BEGIN PV */ 2
int sensor_hum = 0;
uint32_t sensor_tem = 0;  5
/* USER CODE END PV */
```

（3）添加函数

在“USER CODE BEGIN 2”和“USER CODE END 2”之间添加函数：

```
/* USER CODE BEGIN 2 */
HAL_TIM_Base_Start_IT(&htim6);
EXTI2_Disable();
delay_init(72);
/* USER CODE END 2 */
```

（4）添加主程序代码

在“USER CODE BEGIN WHILE”和“USER CODE END 3”之间添加主程序代码：

```
/* Infinite loop */
/* USER CODE BEGIN WHILE */
```

```
while (1)
{
        sensor_hum = ucGetHumidity();
        sensor_tem = getLight();
        u1_printf("sensor_hum %d %\r\n",sensor_hum);
        u1_printf("sensor_Light %d Lux\r\n",sensor_tem);
        delay_ms(5000);
    /* USER CODE END WHILE */

    /* USER CODE BEGIN 3 */
}
/* USER CODE END 3 */
```

4. 编译代码

代码添加完成后，单击“重新编译”按钮完成编译，确保编译准确无错误。

5. 硬件环境搭建

如图8-15所示，把相关模块正确放置到NEWLab实训平台，并在断电的情况下按表8-3所列对应关系完成硬件线路搭建。

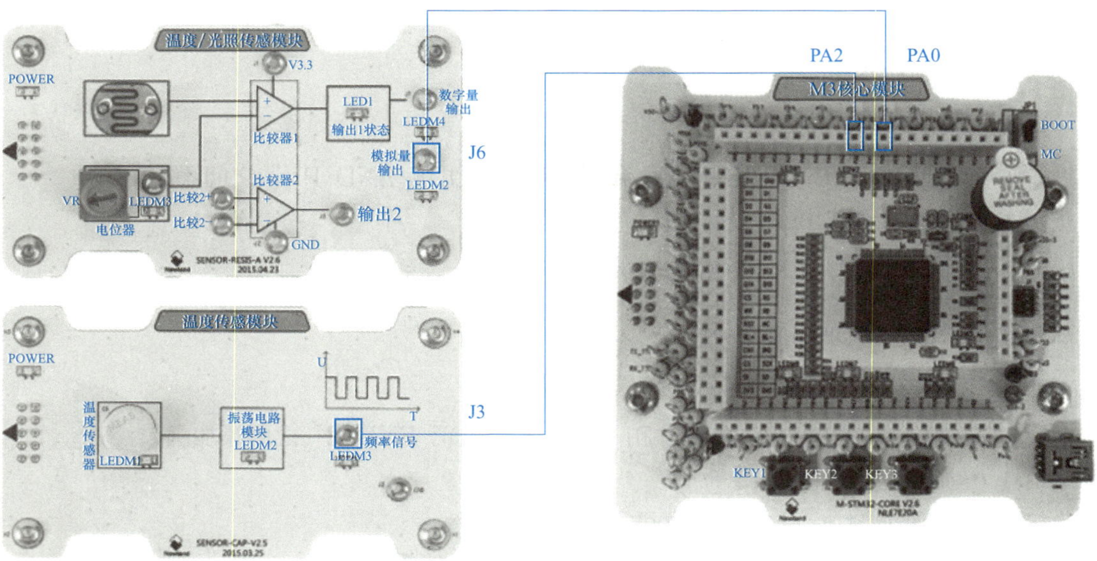

图8-15　硬件连线图

表8-3　硬件连线引脚对应表

序　　号	M3核心模块	光照度传感模块	湿度传感模块
1	PA0	J6	—
2	PA2	—	J3

6. M3模块固件下载

（1）烧写前的硬件准备

1）确保NEWLab接线正常，并将旋钮旋到通信模式。

2）将M3核心模块JP1从NC拨到Boot端。

3）给设备上电，并按下复位键。

（2）烧写

1）打开FlashLoader Demonstrator软件，将编译好的HEX文件进行烧录。

2）等待下载完毕。

（3）烧写后启动M3模块

将M3模块的JP1从BOOT切换到NC按下复位键。

7. 结果验证

打开串口调试工具，单片机上电，选择连接的串口，打开串口，然后就可以在调试助手上看到串口输出的数据，如图8-16所示，可以获取当前湿度光照度数据。

图8-16　结果输出

任务小结

通过本任务的学习，能够了解湿度、光照度传感器的相关知识，掌握STM32的ADC和TIM定时器的配置，能够添加代码实现湿度和光照度数据的获取。任务小结如图8-17所示。

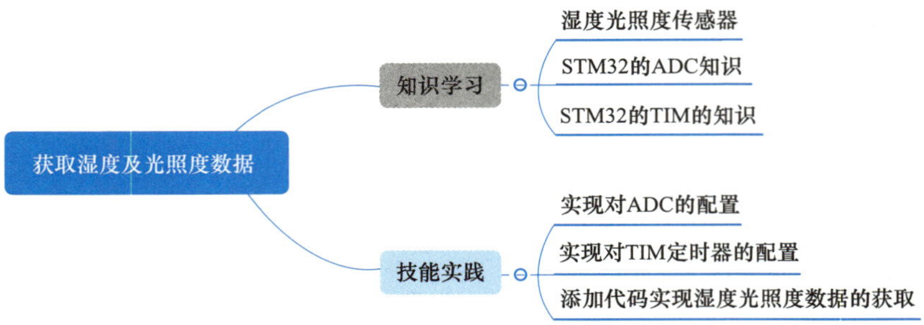

图8–17　任务小结

任务拓展

根据前面所学知识，为获取到的湿度和光照度数据设置阈值，当达到阈值时进行报警，湿度超过警报值时，蜂鸣器响；光照度超过警报值时LED闪烁。

任务2　获取时间

职业能力目标

- 能根据MCU编程手册，通过STM32CubeMX软件，准确配置引脚。
- 能根据I^{2}C相关资料，理解I^{2}C的工作过程。
- 能根据PCF8563相关手册，通过I^{2}C进行读写等操作，获取RTC时间。

任务描述与要求

任务描述：某公司因为市场需求，准备研发一款多功能手环以满足市场需求。经过研究考虑，准备使用STM32单片机和PCF8563时钟芯片以及湿度、光照度传感器，来实现多功能需求。本项目主要分为3个任务，本任务主要是进行实时时间的获取和显示。

任务要求：

- 实现STM32的I^{2}C的配置。
- 实现STM32与外设PCF8563时钟芯片的通信。
- 实现PCF8563芯片实时时间的获取。

知识链接

1. RTC实时时钟简介

实时时钟的缩写是RTC（Real Time Clock）。RTC是集成电路，通常称为实时时钟芯片。

实时时钟芯片是日常生活中应用最为广泛的消费类电子产品之一。它为人们提供精确的实时时间，或者为电子系统提供精确的时间基准。目前实时时钟芯片大多采用精度较高的晶体振荡器作为时钟源。

2. RTC工作过程

RTC工作过程如图8-18所示。

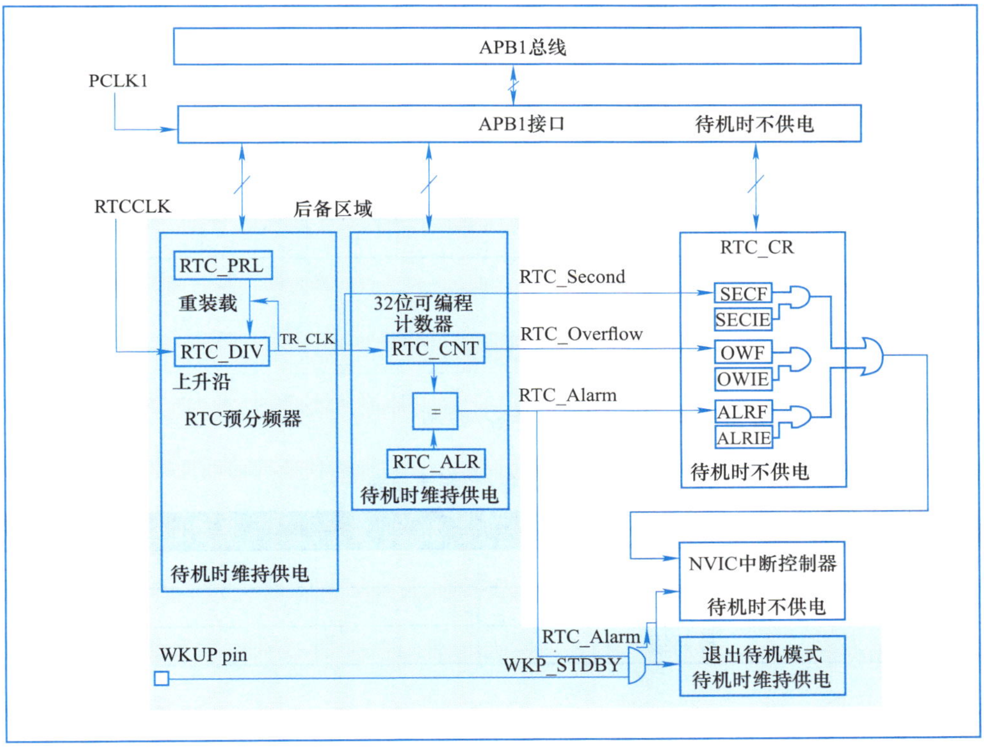

图8-18 RTC工作过程

3. PCF8563介绍

PCF8563是低功耗的CMOS实时时钟日历芯片。它提供一个可编程时钟输出、一个中断输出和掉电检测器。所有的地址和数据，通过I^2C总线接口串行传递，最大总线速度为400Kbit/s，每次读写数据后内嵌的字地址寄存器会自动产生增量。

4. PCF8563寄存器介绍

寄存器配置见表8-4。

表8-4　PCF8563寄存器配置表

地址	寄存器名称	bit7	bit6	bit5	bit4	bit3	bit2	bit1	bit0
00H	控制/状态寄存器1	TEST	0	STOP	0	TESTC	0	0	0
01H	控制/状态寄存器2	0	0	0	TI/TP	AF	TF	AIE	TIE
0DH	CLKOUT频率寄存器	FE	—	—	—	—	—	FD1	FD0
0EH	定时器控制寄存器	TE	—	—	—	—	—	TD1	TD0
0FH	定时器倒计数数值寄存器								
02H	秒	VL	00～59 BCD码格式数						
03H	分	—	00～59 BCD码格式数						
04H	时	—	—	00～59 BCD码格式数					
05H	日	—	—	01～31 BCD码格式数					
06H	星期	—	—	—	—	—	0～6		
07H	月/世纪	C	—	—	01～12 BCD码格式数				
08H	年	00～99 BCD码格式数							
09H	分报警	AE	00～59 BCD码格式数						
0AH	时报警	AE	—	01～23 BCD码格式数					
0BH	日报警	AE	—	01～31 BCD码格式数					
0CH	星期报警	AE	—	—	—	—			

任务准备

任务实施前必须先准备好表8-5所列的设备/资源。

表8-5　设备/资源清单表

序　　号	设备/资源名称	数　　量	是否准备到位（√）
1	STM32F103VET6模块	1	
2	功能扩展模块	1	
3	杜邦线	2	

任务实施

要完成本任务，可以将实施步骤分成以下7步：

- STM32CubeMX工程配置。
- 在工程中添加代码包。
- 在源文件中添加代码。

- 编译代码。
- 硬件环境搭建。
- 模块固件下载。
- 结果验证。

具体实施步骤如下:

1. 进行STM32CubeMX配置

1）打开“STM32CubeMX”，选择STM32F103VET6芯片，并进行配置。

2）单击“System Core”→“RCC”，“High Speed Clock（HSE）”和“Low Speed Clock（LSE）”都选择“Crystal/Ceramic Resonator”。

3）单击“SYS”，“Debug”选择“Serial Wire”。

4）单击“Connectivity”→“USART1”，配置串口1，如图8-19所示，“Mode”选择“Asynchronous”，“Baud Rate”选择“9600Bits/s”，“Data Direction”选择“Receive and Transmit”，然后单击“NVIC Settings”，勾选“USART1 global interrupt”，使能串口中断。

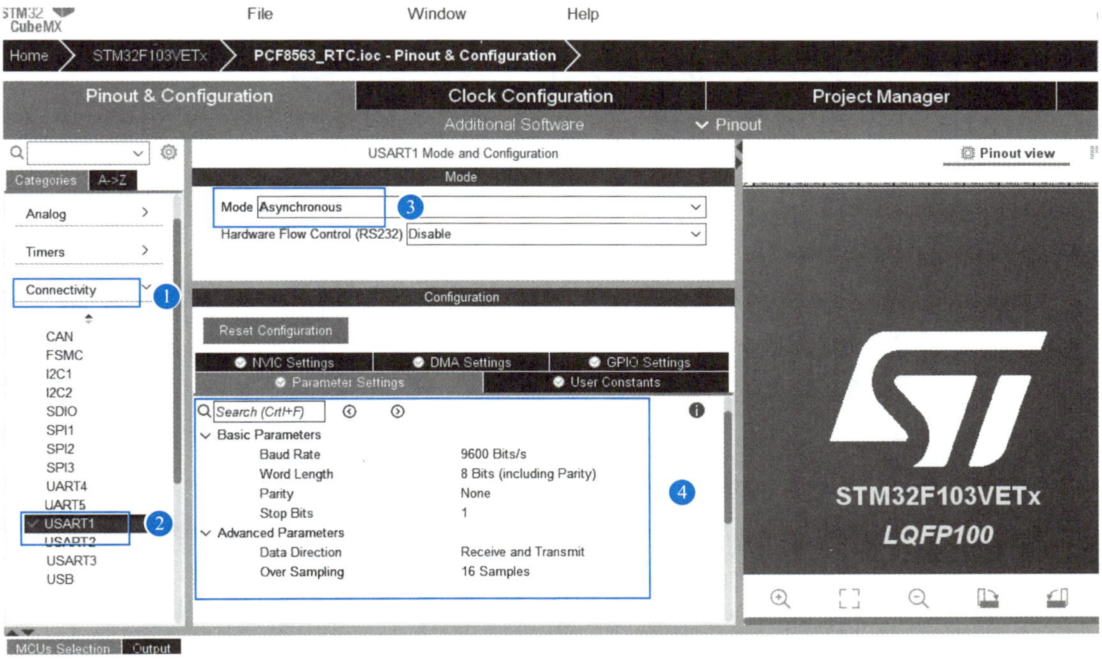

图8-19 配置串口

5）单击“Clock Configuration”进行如图8-20所示的时钟配置，其中“ADC Prescaler”默认为32。

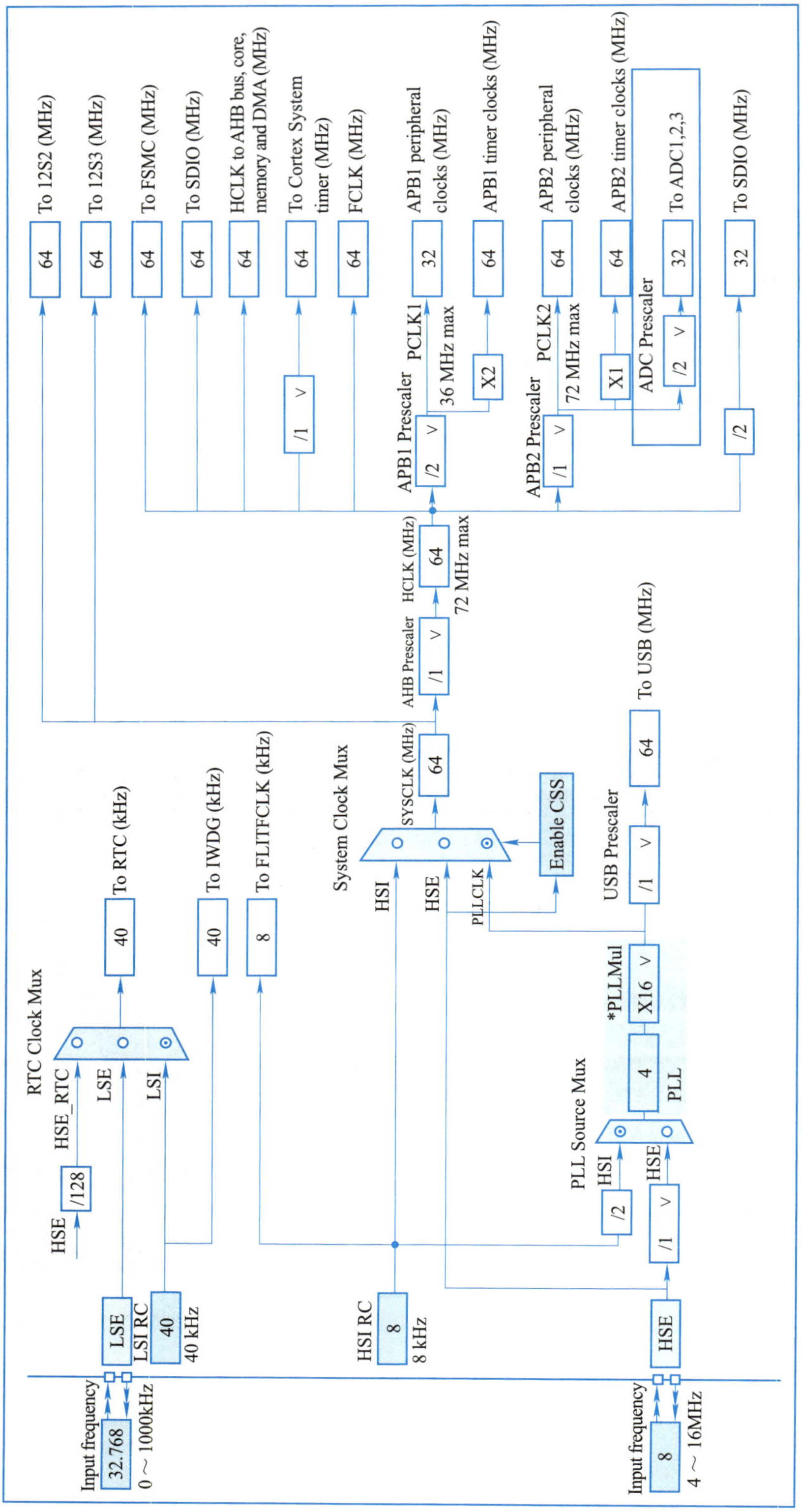
Input frequency
32.768
0～1000kHz
LSE
LSI RC
40
40 kHz
HSE
/128
HSE_RTC
LSE
LSI
RTC Clock Mux
40
To RTC (kHz)
40
To IWDG (kHz)
8
To FLITFCLK (kHz)
HSI RC
8
8 kHz
HSI
HSE
PLLCLK
System Clock Mux
Enable CSS
SYSCLK (MHz)
64
AHB Prescaler
/1
HCLK (MHz)
64
72 MHz max
Input frequency
8
4～16MHz
HSE
/1
/2
HSI
HSE
PLL Source Mux
4
PLL
X16
*PLLMul
USB Prescaler
/1
64
To USB (MHz)
64
To 12S2 (MHz)
64
To 12S3 (MHz)
64
To FSMC (MHz)
64
To SDIO (MHz)
64
HCLK to AHB bus, core, memory and DMA (MHz)
/1
64
To Cortex System timer (MHz)
64
FCLK (MHz)
APB1 Prescaler
/2
PCLK1
36 MHz max
32
APB1 peripheral clocks (MHz)
X2
64
APB1 timer clocks (MHz)
APB2 Prescaler
/1
PCLK2
72 MHz max
64
APB2 peripheral clocks (MHz)
X1
64
APB2 timer clocks (MHz)
ADC Prescaler
/2
32
To ADC1,2,3
/2
32
To SDIO (MHz)

图8-20　配置时钟

6）单击“Project Manager”，单击“Project”设置文件名和保存的位置，“Toolchain/IDE”选择“MDK_ARM”。

7）单击“Code Generator”。

8）最后单击右上角的“GENERATE CODE”按钮生成初始化代码。

2. 在工程中添加代码包

（1）检查工程是否可用

如图8-21所示，打开工程后，先要对工程进行编译，若编译通过，则表示工程可用，若编译失败参照“开发环境搭建”先完成开发环境搭建及测试。

单击编译按钮开始编译，若0个错误表示编译通过，如图8-21所示。

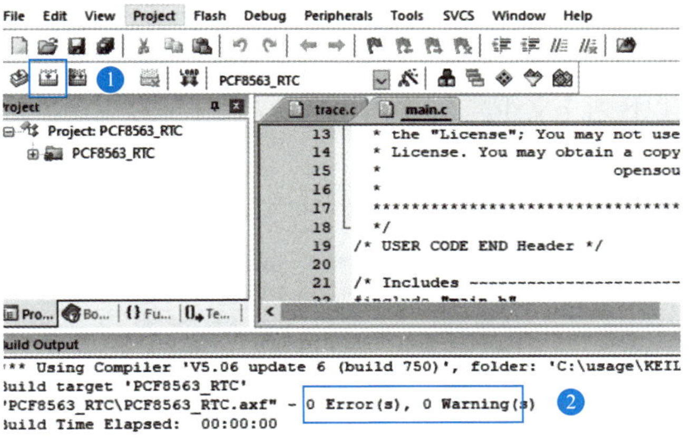

图8-21　编译工程

（2）添加代码包

在项目工程文件夹的“MDK-ARM”文件夹下新建一个“HARDWORK”文件夹，并将“delay”“iic”“PCF8563”“Trace”4个文件夹复制进去，如图8-22所示。

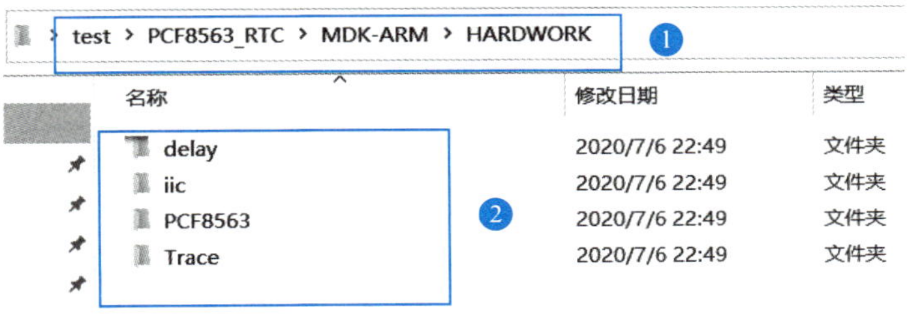

图8-22　添加代码包

右键单击项目文件名，选择“Add Group”添加组，将“NEWGroup”改为“HARDWORK”，如图8-23所示，双击“HARDWORK”，选择“delay”“Trace” "iic" "PCF8563"文件夹添加"delay. c" "Trace. c" "iic. c" "PCF8563. c"文件。

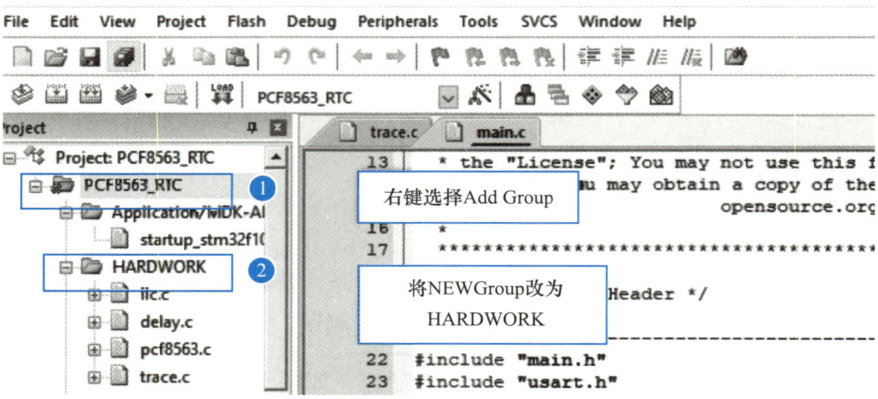

图8-23　添加"delay.c" "Trace.c" "iic.c" "PCF8563.c"文件

添加的文件直接编译会报错，需要包含文件夹的路径，如图8-24就是添加"Trace"文件的路径，使程序可以找到. h文件。

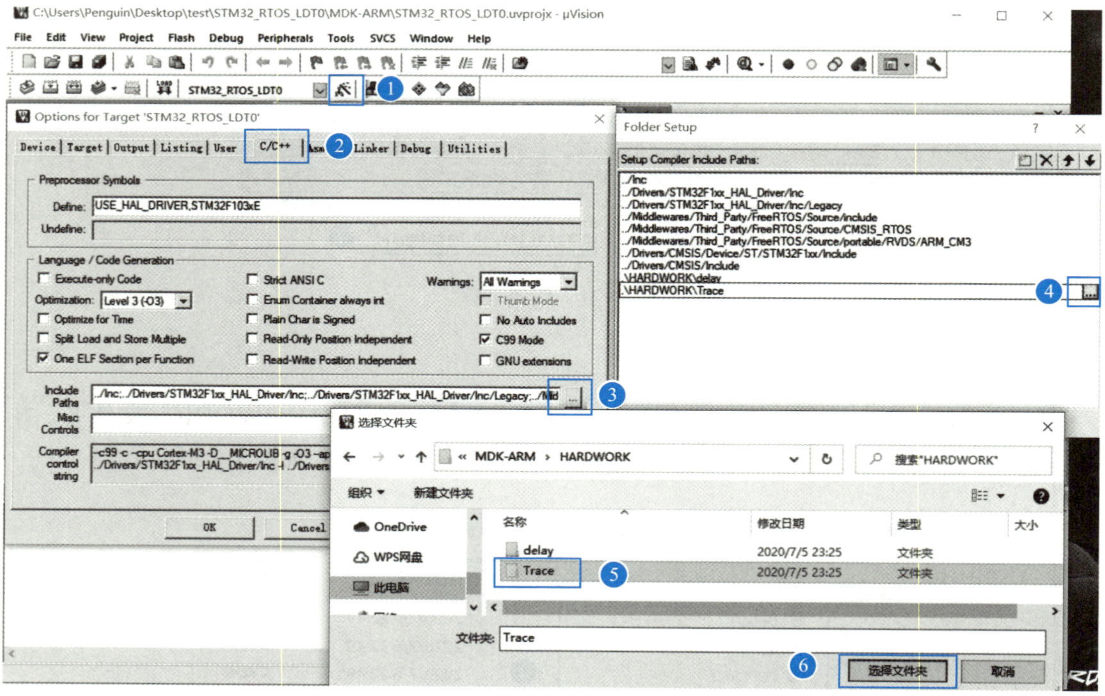

图8-24　添加"Trace"文件的路径

按照图8-24所示方法继续将"delay" "iic"和"PCF8563"路径添加进去。

添加完文件后直接编译也会报错，这时双击"trace. c"将里面的"UART_HandleTypeDef huart1;"注释掉，如图8-25所示。

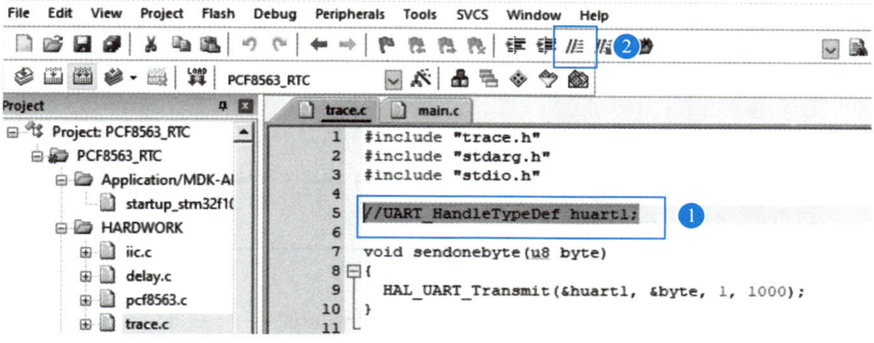

图8-25　注释或删除

再次进行编译就不会报错。

3. 添加代码程序

（1）添加头文件

在“MDK-ARM”中双击打开“Application/User”下的“main.c”文件，如图8-26所示，在添加头文件代码处添加“key.h”“pcf8563.h”“stdio.h”“iic.h”“trace.h”“delay.h”头文件。

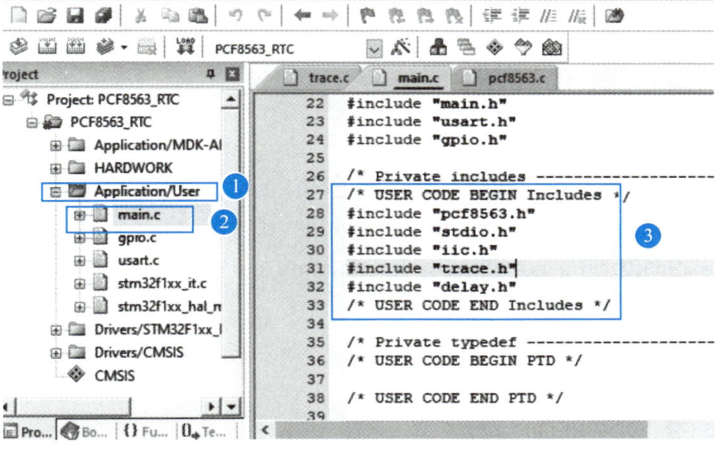

图8-26　添加头文件

（2）添加变量

在“USER CODE BEGIN PV”和“USER CODE END PV”之间添加全局变量，如图8-27所示。

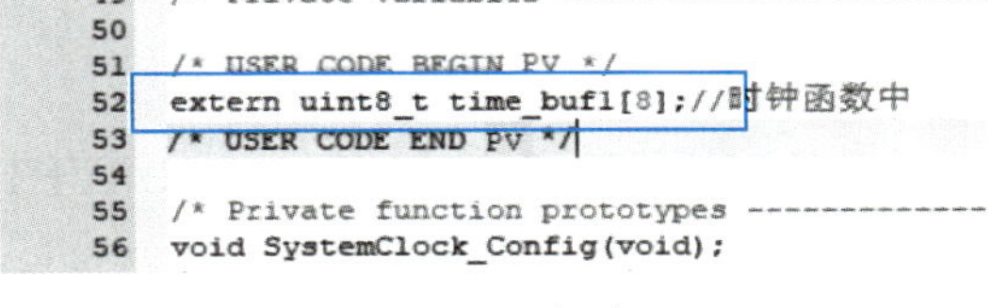

图8-27　添加变量

在“USER CODE BEGIN 2”和“USER CODE END 2”之间添加函数，如图8-28所示，进行函数的调用。

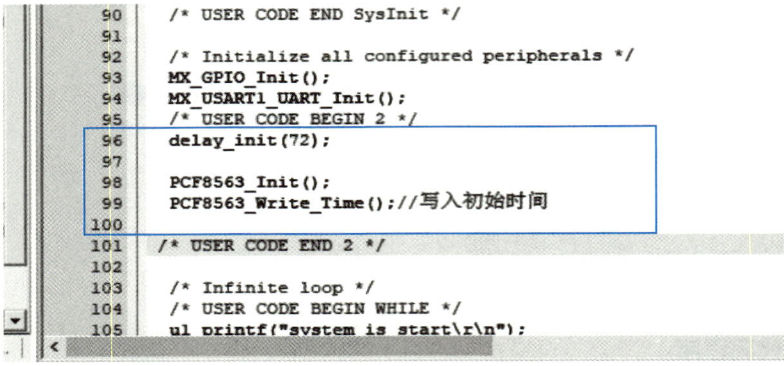

图8-28　添加函数进行调用

在“USER CODE BEGIN WHILE”和“USER CODE END WHILE”之间添加函数，实现时钟数据的获取与显示：

```
/* USER CODE BEGIN WHILE */
 u1_printf("system is start\r\n");
 while (1)
 {
      //实时获取时间
      PCF8563_Read_Time();//读取时钟time_buf1_sp
      u1_printf("data is 20%d-%d-%d %d:%d:%d %d\r\n",time_buf1[1],
      time_buf1[2],time_buf1[3],time_buf1[4],time_buf1[5],time_buf1[6],time_buf1[7]);
      delay_ms(1000);
     /* USER CODE END WHILE */

     /* USER CODE BEGIN 3 */
 }
 /* USER CODE END 3 */
```

4. 编译代码

代码添加完成后，单击“重新编译”按钮完成编译，确保编译准确无错误。

5. 硬件环境搭建

如图8-29所示，是本任务的硬件连线图。把STM32F103VET6模块的PB6引脚接到时钟芯片的SCL，PB7接SDA。

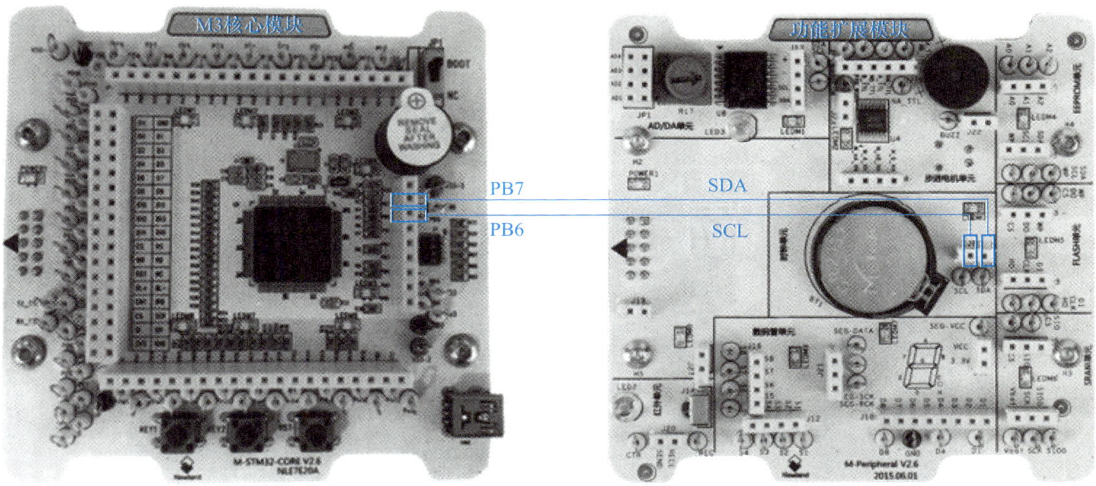

图8-29　硬件连线图

把M3核心模块和功能扩展模块正确放置到NEWLab实训平台，在断电情况下按照图8-29搭建电路，连线关系见表8-6。

表8-6　硬件连线引脚对应表

序　　号	M3核心模块	功能扩展模块
1	PB6	SCL
2	PB7	SDA

6. M3模块固件下载

（1）烧写前的硬件准备

1）确保NEWLab接线正常，并将旋钮旋到通信模式。

2）将M3核心模块JP1从NC拨到Boot端。

3）NEWLab平台上电，并按下M3核心模块上的复位键。

（2）烧写

1）打开FlashLoader Demonstrator软件，将编译好的HEX文件进行烧录。

2）等待下载完毕。

（3）烧写后启动M3模块

将M3模块的JP1从BOOT切换到NC按下复位键。

7. 结果验证

打开串口调试工具，单片机上电，选择连接的串口，打开串口，然后就可以在调试助手上看到串口输出的数据，如图8-30所示，时间在进行变化，秒数在进行增大。

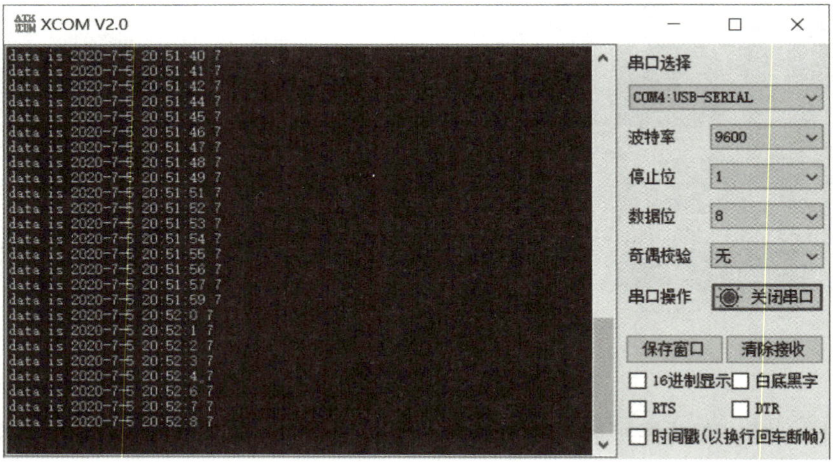

图8-30 输出结果

任务小结

通过本任务的学习，能够了解RTC实时时钟和PCF8563的相关知识，能够实现STM32单片机与PCF8563的通信即时间的设置和获取。任务小结如图8-31所示。

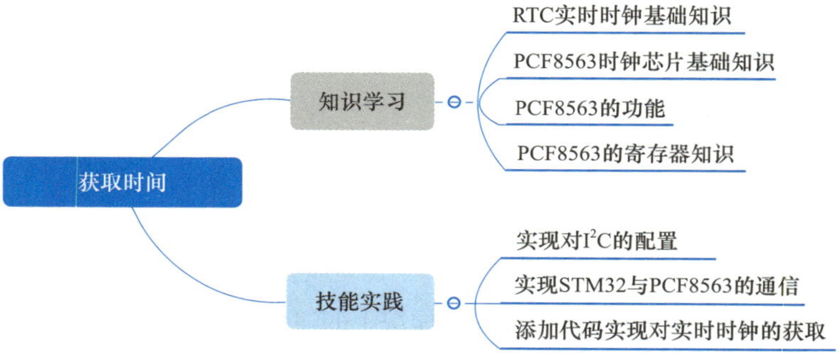

图8-31 任务小结

任务拓展

修改“pcf8563. c”文件内的“unsigned char time_buf1 [8]={20, 20, 07, 01, 00, 00, 00, 03};”来修改显示的起始时间，数组内数据表示的是2020年07月01日00时00分00秒周三。

任务3 实现天气手环功能

职业能力目标

- 能根据相关资料，理解I²C通信协议。
- 能在PCF8563_RTC时钟基础上移植湿度、光照度传感器，实现时间以及湿度、光照度数据的显示。

任务描述与要求

任务描述：某公司因为市场需求，准备研发一款多功能手环以满足市场需求。经过研究考虑，准备使用STM32单片机和PCF8563时钟芯片以及湿度、光照度传感器，来实现多功能需求。本项目主要分为3个任务，本任务主要是移植代码实现多功能天气手环。

任务要求：

- 移植湿度、光照度传感器代码。
- 整合湿度、光照度传感器和PCF8563时钟程序实现多功能天气手环。

知识链接

1. 多功能天气手环介绍

天气手环已成为人们日常生活中必不可少的物品，广泛用于个人穿戴，给人们的生活、学习、工作、娱乐带来极大的方便。随着技术的发展，人们已不再满足于钟表原先简单的报时功能，希望出现一些新的功能，诸如日历的显示、闹钟的非接触式止闹、跑表功能、重要日期倒计时显示等，以带来更大的方便，而所有这些，又都是以数字化的电子时钟为基础的。因此，研究实用天气手环及其扩展应用，有着非常现实的意义，具有很大的实用价值。

2. 串行接口

PCF8563的串行接口为I²C总线。

（1）I²C总线特性

I²C总线用两条线（SDA和SCL）在芯片和模块间传递信息。SDA为串行数据线，SCL为串行时钟线，两条线必须用一个上拉电阻与正电源相连，其数据只有在总线不忙时才可传送。

系统配置参见图8-32，产生信号的设备是传送器，接收信号的设备是接收器，控制信号的设备是主设备，受控制信号的设备是从设备。

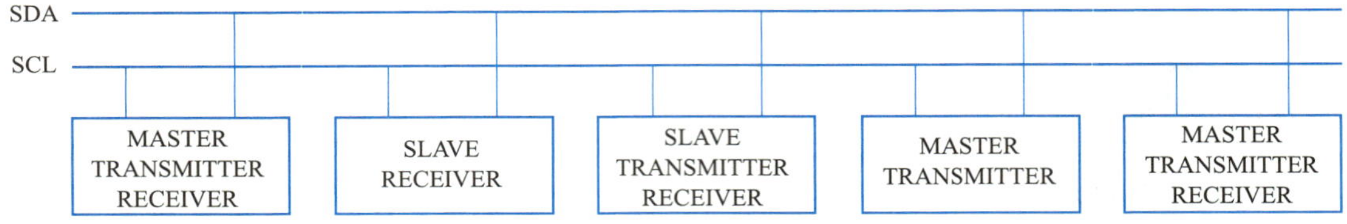

图8-32　I²C总线系统配置图

（2）起动（START）和停止（STOP）条件

总线不忙时，数据线和时钟线保持高电平。数据线在下降沿而时钟线为高电平时为起动条件（S），数据线在下降沿而时钟线为高电平时为停止条件（P），参见图8-33。

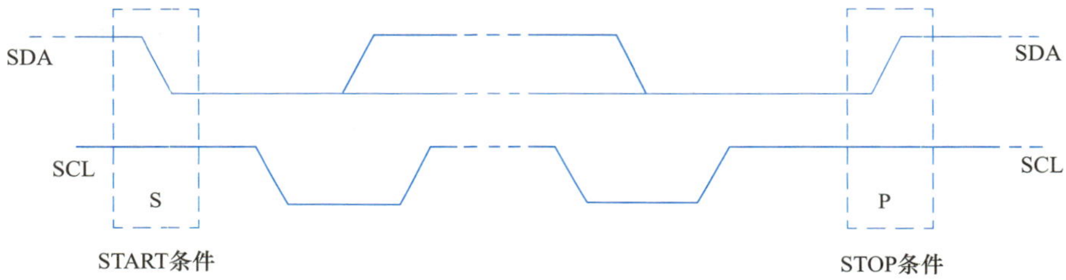

图8-33　I²C总线的起动（START）和停止（STOP）条件

（3）位传送

每个时钟脉冲传送一个数据位，SDA线上的数据在时钟脉冲高电平时应保持稳定，否则SDA线上的数据将成为上面提及的控制信号，参见图8-34。

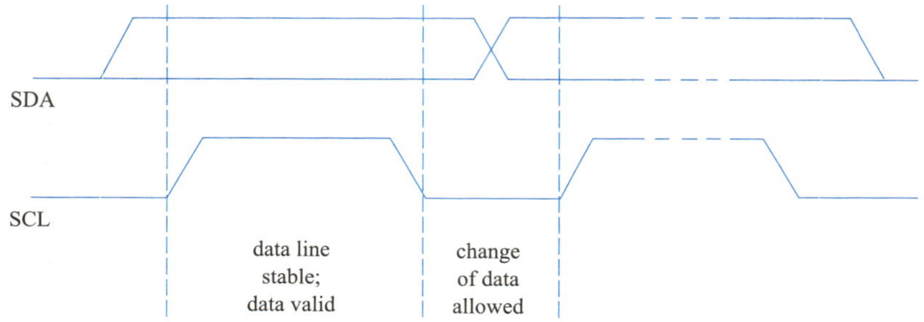

图8-34　I²C总线上的位传送

（4）标志位

在起动条件和停止条件之间传送器传送给接收器的数据数量没有限制。每8位字节后加一个标志位，传送器产生高电平的标志位，这时主设备产生一个附加标志时钟脉冲。

从接收器必须在接收到每个字节后产生一个标志位，主接收器也必须在接收从传送器传送的每个字节后产生一个标志位。在标志位时钟脉冲出现时，SDA线应保持低电平（应考虑起动和保持时间）。传送器应在从设备接收最后一个字节时变为低电平，使接收器产生标志位，这时主设备可产生停止条件，如图8-35所示。

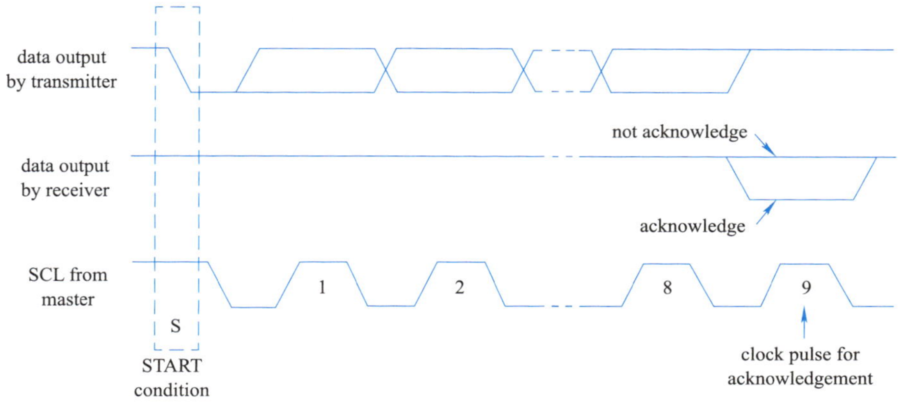

图8-35　I^2C总线上的标志位

（5）I^2C总线协议

用I^2C总线传递数据前，接收的设备应先标明地址，在I^2C总线起动后，这个地址与第一个传送字节一起被传送。PCF8563可以作为一个从接收器或从传送器，这时时钟信号线SCL只能是输入信号线，数据信号线SDA是一条双向信号线。

PCF8563从地址参见图8-36。

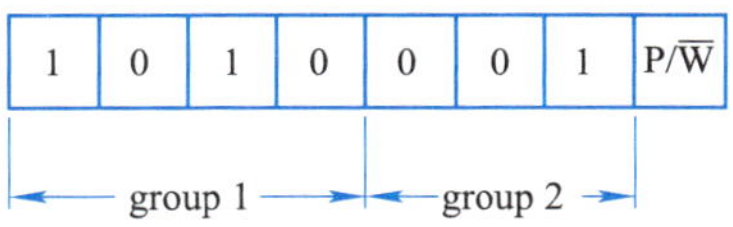

图8-36　从地址

时钟/日历芯片读/写周期：3种PCF8563读/写周期中I^2C总线的配置参见图8-37～图8-39，图中字地址是4位数，用于指出下一个访问的寄存器，字地址的高四位无用。

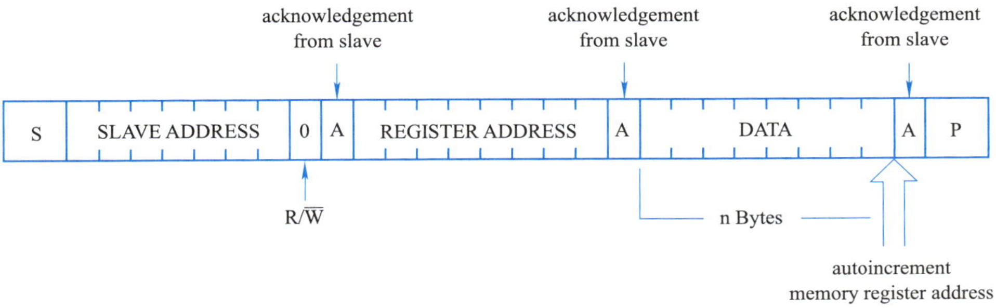

图8-37　主传送器到从接收器（写模式）

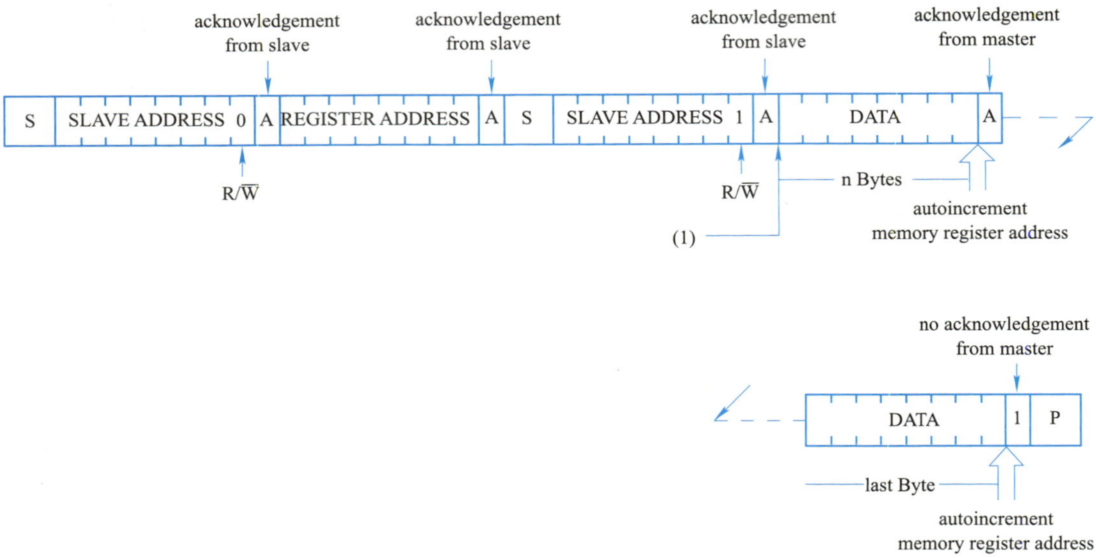

图8-38　设置字地址后主设备读数据（写字地址，读数据）

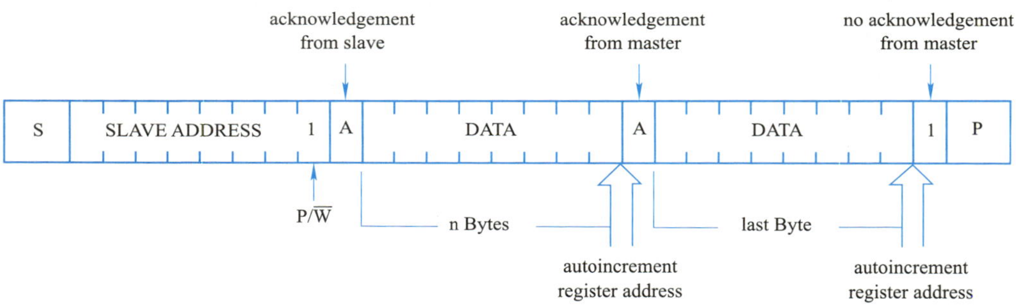

图8-39　主设备读从设备第一个字节数据后的数据（读模式）

任务准备

任务实施前必须先准备好表8-7所列的设备/资源。

表8-7　设备/资源清单表

序　　号	设备/资源名称	数　　量	是否准备到位（√）
1	STM32F103VET6模块	1	
2	功能拓展模块	1	

（续）

序　　号	设备/资源名称	数　　量	是否准备到位（√）
3	温度/光照度传感模块	1	
4	湿度传感模块	1	
5	杜邦线及杜邦线转香蕉线	各2条	

任务实施

要完成本任务，可以将实施步骤分成以下7步：

- STM32CubeMX工程配置。
- 硬件环境搭建。
- 在工程中添加代码包。
- 在源文件中添加代码。
- 编译代码。
- 模块固件下载。
- 结果验证。

具体实施步骤如下：

1. 进行STM32CubeMX配置

由于之前已经进行过PCF8563_RTC的配置，就不再重新进行配置。

2. 硬件环境搭建

如图8-40所示，是本任务的硬件连线图。连线关系见表8-8，把STM32F103VET6模块的PB6接PCF8591的SCL，PB7接PCF8591的SDA，温度光照度传感模块的模拟量输出接PA0，湿度传感器模块的输出接PA2。

表8-8　硬件连线引脚对应表

序　　号	M3核心模块	功能扩展模块	光照度传感模块	湿度传感模块
1	PB6	SCL	—	—
2	PB7	SDA	—	—
3	PA0	—	J6	—
4	PA2	—	—	J3

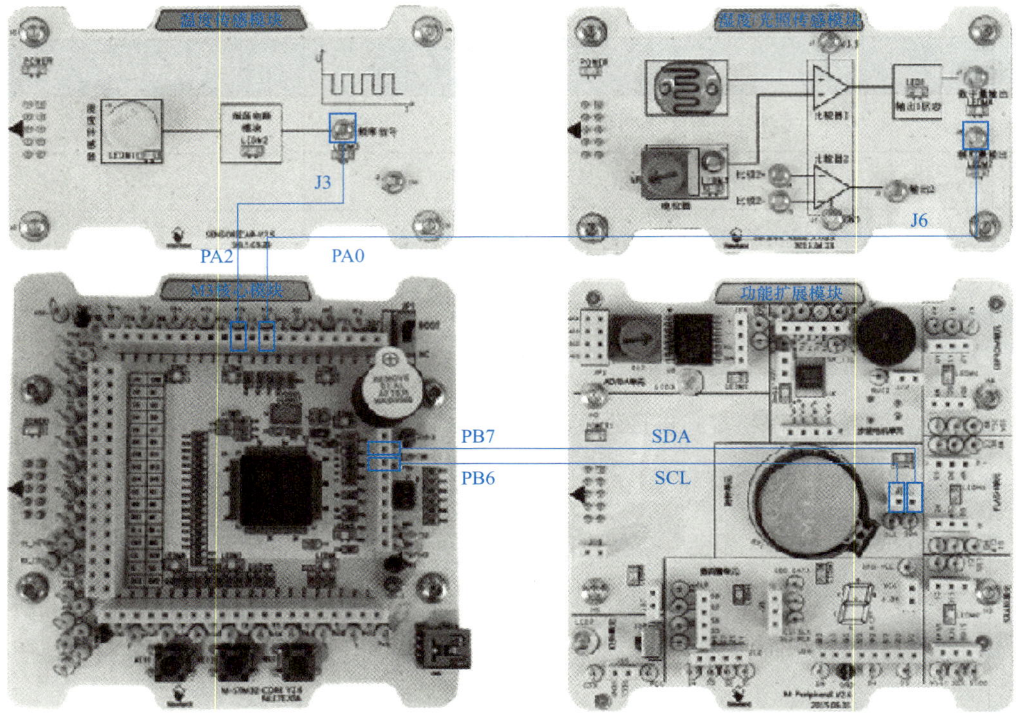

图8-40　硬件连线图

3. 在工程中添加代码包

（1）重命名文件

在之前任务1或者任务2的基础上进行程序编写，将任务1或者任务2复制一份，并将文件命名为“Stm32_Multi_Clk”。

（2）添加代码包

在项目工程文件夹的“MDK-ARM”文件夹下的“HARDWORK”文件夹里添加代码包，并使“HARDWORK”文件夹包含图8-41所示文件。

图8-41　添加代码包

右键单击项目文件名，选择“Add Group”添加组，将“NEWGroup”改为“HARDWORK”，双击“HARDWORK”，选择“PCF8563”文件夹添加“PCF8563.c”文件，如图8-42所示。

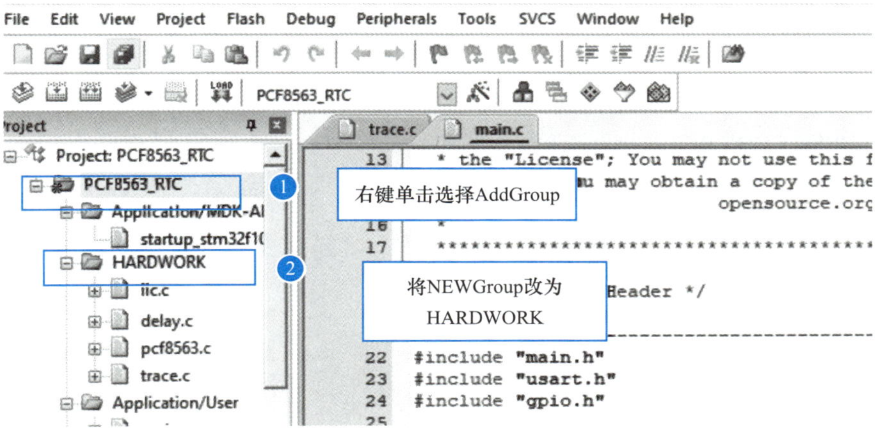

图8-42　添加“PCF8563.c”文件

添加的文件直接编译会报错，需要包含文件夹的路径，如图8-43所示就是添加“Trace”文件的路径，使程序可以找到.h文件。

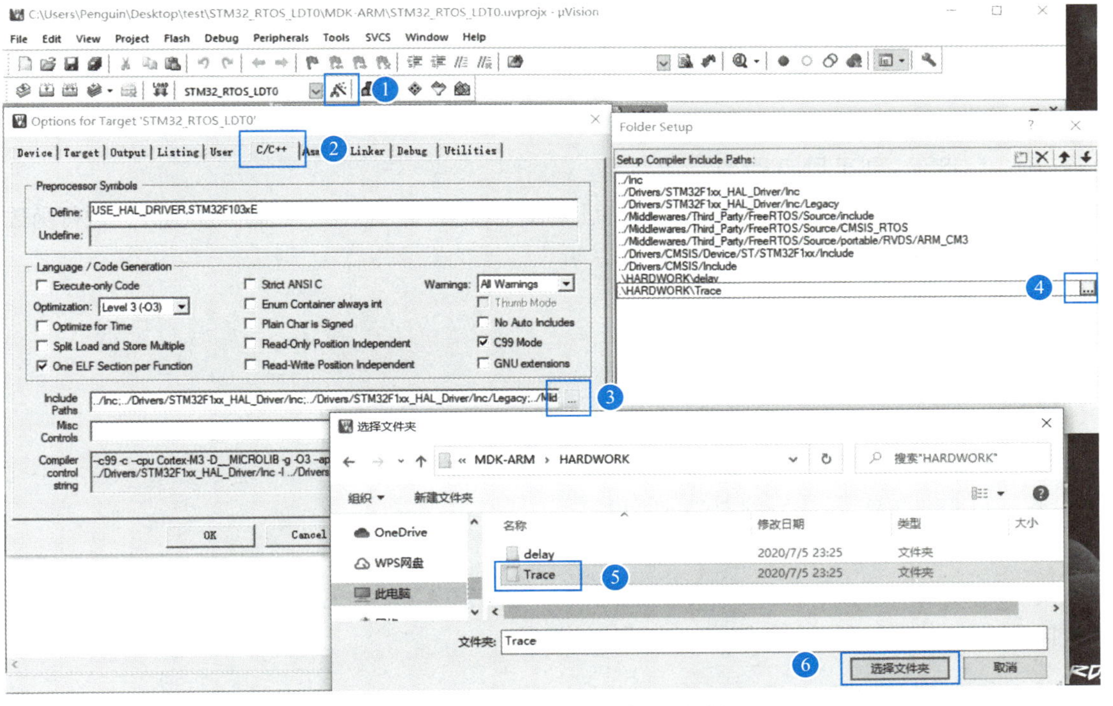

图8-43　添加“Trace”文件的路径

按照图8-43所示的方法继续将PCF8563路径添加进去。

添加完文件后直接编译不会报错。

4. 添加代码程序

（1）添加头文件

在“MDK-ARM”中双击打开“Application”→“User”下的“main. c”文件，在添加头文件代码处添加头文件：

```
/* USER CODE BEGIN Includes */
#include "trace.h"
#include "delay.h"
#include "hs1101.h"
#include "light.h"
#include "pcf8563.h"
#include "stdio.h"
#include "iic.h"
/* USER CODE END Includes */
```

（2）添加变量

在“USER CODE BEGIN PV”和“USER CODE END PV”之间添加变量：

```
/* USER CODE BEGIN PV */
extern uint8_t time_buf1[8];//时钟函数中
int sensor_hum = 0;
uint32_t sensor_tem = 0;
/* USER CODE END PV */
```

在“USER CODE BEGIN 2”和“USER CODE END 2”之间添加函数，进行函数的调用：

```
/* USER CODE BEGIN 2 */
 HAL_TIM_Base_Start_IT(&htim6);
 EXTI2_Disable();
 delay_init(72);
 PCF8563_Init();
 PCF8563_Write_Time();//写入初始时间
/* USER CODE END 2 */
```

在“USER CODE BEGIN WHILE”和“USER CODE END 3”之间添加函数，实现时钟数据的获取与显示以及湿度、光照度的显示：

```
/* Infinite loop */
/* USER CODE BEGIN WHILE */
while (1)
```

```
{       //实时获取时间
        PCF8563_Read_Time();//读取时钟time_buf1_sp
        u1_printf("Time : 20%d-%d-%d %d:%d:%d %d\r\n",time_buf1[1],
        time_buf1[2],time_buf1[3],time_buf1[4],time_buf1[5],time_buf1[6],time_buf1[7]);
        sensor_hum = ucGetHumidity();
        sensor_tem = getLight();
        u1_printf("sensor_hum %d %%\r\n",sensor_hum);
        u1_printf("sensor_Light %d Lux\r\n",sensor_tem);
      delay_ms(1000);
    /* USER CODE END WHILE */

    /* USER CODE BEGIN 3 */
}
/* USER CODE END 3 */
```

5. 编译代码

代码添加完成后，单击“重新编译”按钮完成编译，确保编译准确无错误。

6. M3模块固件下载

（1）烧写前的硬件准备

搭建硬件平台，把M3模块、功能扩展模块、湿度传感器模块、温度/光照度传感模块放到NEWLab平台上；

1）确保NEWLab接线正常，并将旋钮旋到通信模式。

2）将M3核心模块JP1从NC拨到Boot端。

3）NEWLab平台上电，并按下M3核心模块上的复位键。

（2）烧写

1）打开FlashLoader Demonstrator软件，将编译好的HEX文件进行烧录。

2）等待下载完毕。

（3）烧写后启动M3模块

将M3模块的JP1从BOOT切换到NC按下复位键。

7. 结果验证

打开串口调试工具，单片机上电，选择连接的串口，打开串口，然后就可以在调试助手上看到串口输出的数据，如图8-44所示，有时间在进行变化，秒数在增大，湿度、光照度传感器数值可以显示出来。

图8-44　输出结果

任务小结

通过本任务学习，能够了解I²C通信协议的相关知识，掌握湿度、光照度代码的移植，能够添加代码实现多功能天气手环功能。任务小结如图8-45所示。

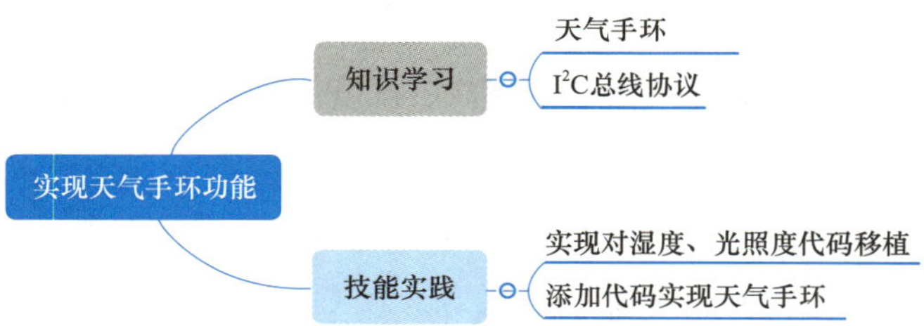

图8-45　任务小结

任务拓展

结合项目4的温度传感器的知识，将温度传感器的代码移植过来，实现对温度数据的获取和输出。

项目扩展阅读

大国工艺——中国“芯”

中国芯是指由中国自主研发并生产制造的计算机处理芯片。实施“中国芯”工程，采用动态流水线结构，研发生产了一系列中国芯。芯片作为集成电路上的载体，广泛应用在手机、军工、航天等各个领域，是能够影响一个国家现代工业的重要因素。但是我国在芯片领域却长期依赖进口，缺乏自主研发。中国是世界上第一大芯片市场，但芯片自给率不足10%。2017年，芯片进口金额超过2500亿美元，进口额超过原油加铁矿石进口额之和。

“中国芯”工程是在工信部主管部门和有关部委司局的指导下，由中国电子工业科学技术交流中心（工业和信息化部软件与集成电路促进中心，CSIP）联合国内相关企业开展的集成电路技术创新和产品创新工程。自2006年以来，该活动秉承“以用立业、以用兴业”的发展思路，旨在搭建中国集成电路企业优秀产品的集中展示平台，打造中国集成电路高端公共品牌。

芯片强国的战略已刻不容缓，然而通过对芯片行业发展的趋势分析，中国集成电路行业的破局和赶超充满了挑战。只有从全球发展的视角打通上下游产业链，营造生态圈，聚市场资本之力允许试错和失败，快速迭代，利用创新合作的模式发展才是正道。

Project 9

项目9

制作智能家居防盗系统

引导案例

随着社会的发展，技术的提升，人们的生活水平也有了很大的提升。各种智能家居设备也在人们的生活中逐步普及，人们也越来越注重家庭的安全。

虽然一些智能家居设备在人们的生活中有了应用，但是有些传统的住宅防盗系统，会出现报警延时或者是误报、漏报的情况，依然存在很多漏洞。现在的一些新兴的智能家居防盗系统减少了延时漏报的情况。当检测到有人进入监控区域内，会通过手机进行提醒，通过手机可以查看报警区域的状况，或者是通过摄像头进行查看。这样用户就可以及时获取家里的安全状况，确保了家庭住宅的安全，常见的智能安防报警系统如图9-1所示。

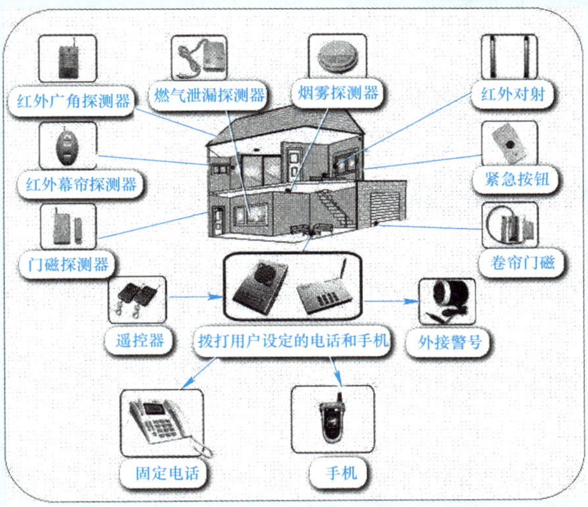

图9-1　常见的智能安防报警系统

任务1 实现RTOS

职业能力目标

扫码观看视频

- 能根据RTOS相关手册，利用STM32CubeMX准确配置STM32的操作系统。
- 能够在配置的RTOS的基础上配置串口，进行数据显示。

扫码观看视频

任务描述与要求

任务描述：某公司为了市场需要准备研发一款智能防盗系统。经过讨论，决定使用STM32系列单片机，为了保证多种传感器数据获取的实时性与准确性，准备使用RTOS。本项目是一个综合性的项目，主要分成3个部分，本任务主要是配置RTOS实现简单的串口任务。

任务要求：

- 通过STM32CubeMX软件进行RTOS的安装与配置。
- 实现单任务的串口数据输出。

知识链接

1. 了解生活中的智能安防防盗系统

随着经济的发展，社会在进步，人们的生活水平得到了很大的提高，家居安全成为人们非常关注的事情。要做好家居安全防范，选择家庭智能报警系统是明智之举。

智能安防报警系统是同家庭的各种传感器、功能键、探测器及执行器共同构成家庭的安防体系，是家庭安防体系的“大脑”。报警功能包括防火、防盗、煤气泄露报警及紧急求助等功能，报警系统采用先进智能型控制网络技术、由计算机管理控制，实现对匪情、盗窃、火灾、煤气、紧急求助等意外事故的自动报警。

2. 嵌入式操作系统介绍

嵌入式操作系统（Embedded Operating System，EOS）是一种用途广泛的系统软件，过去它主要应用于工业控制和国防系统领域。EOS负责嵌入系统的全部软、硬件资源的分配、调度工作，控制协调并发活动；它必须体现其所在系统的特征，能够通过装卸某些模块来达到系统所要求的功能。

3. STM32常见的几种操作系统

对于STM32单片机，常用到的是下面几种嵌入式操作系统：μC/OS-II、eCos、FreeRTOS和RT-thread。

（1）μC/OS-II

μC/OS-II是在μC/OS的基础上发展起来的，是用C语言编写的一个结构小巧、抢占式的多任务实时内核。

（2）eCos

eCos即嵌入式可配置操作系统。它是一个源代码开放的可配置、可移植、面向深度嵌入式应用的实时操作系统。最大特点是配置灵活，采用模块化设计，核心部分由不同的组件构成，包括内核、C语言库和底层运行包等。

（3）FreeRTOS

由于RTOS需占用一定的系统资源（尤其是RAM资源），只有μC/OS-II、embOS、salvo、FreeRTOS等少数实时操作系统能在小型RAM单片机上运行。相对于μC/OS-II、embOS等商业操作系统，FreeRTOS操作系统是完全免费的操作系统，具有源码公开、可移植、可裁减、调度策略灵活的特点，可以方便地移植到各种单片机上运行，其最新版本为6.0版。

（4）RT-thread

RT-thread是一款主要由中国开源社区主导开发的开源实时操作系统（许可证GPLv2）。实时线程操作系统不仅是一个单一的实时操作系统内核，它也是一个完整的应用系统，包含了实时、嵌入式系统相关的各个组件：TCP/IP协议栈、文件系统、libc接口和图形用户界面等。

4. FreeRTOS任务

在使用RTOS的时候，一个实时应用可以是一个独立的任务，每个任务都有自己的运行环境，CPU在任一时间点只能运行一个任务，具体运行哪个任务将由任务调度器决定。

RTOS的任务特性：

- 任务简单。
- 没有使用限制，任务可以运行无数次。
- 支持抢占和优先级。
- 每个任务都拥有独立的堆栈，导致RAM必须较大。

任务准备

任务实施前必须先准备好表9-1所列的设备/资源。

表9-1　设备/资源清单表

序　号	设备/资源名称	数　量	是否准备到位（√）
1	STM32F103VET6模块	1	
2	配书资源	1	

任务实施

要完成本任务，可以将实施步骤分成以下7步：

- STM32CubeMX工程配置RTOS。
- 在源文件中添加代码包。
- 添加代码程序。
- 编译代码。
- 硬件环境搭建。
- 模块固件下载。
- 结果验证。

具体实施步骤如下：

1. 进行STM32CubeMX配置

具体可以参考项目1中的任务1完成以下操作。

1）打开“STM32CubeMX”，选择“New Project”进入芯片选择界面。

2）在搜索栏输入“stm32f103ve”，右侧会出现STM32F103VE的芯片，选择LQFP封装的，双击进入芯片配置界面。

3）单击“System Core”→“RCC”，“High Speed Clock（HSE）”和“Low Speed Clock（LSE）”都选择“Crystal/Ceramic Resonator”。

4）单击“SYS”，“Timebase Source”选择“TIM1”，如图9-2所示。

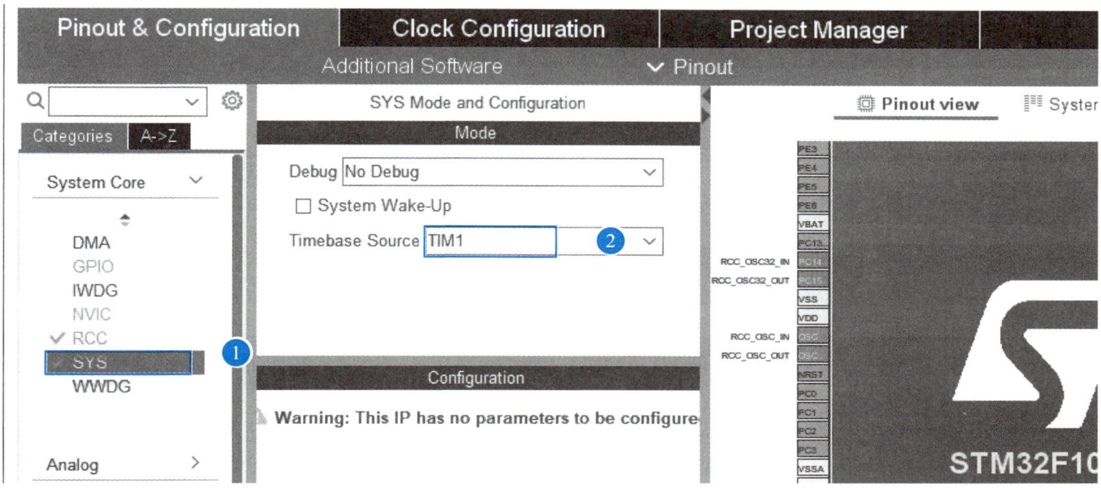

图9-2　配置SYS

5）单击“Connectivity”→“USART1”，配置串口1，如图9-3所示，“Mode”选择“Asynchronous”，“Baud Rate”选择“115200Bits/s”，“Data Direction”选择“Receive and Transmit”，然后单击“NVIC Settings”，勾选“USART1 global interrupt”，使能串口中断。

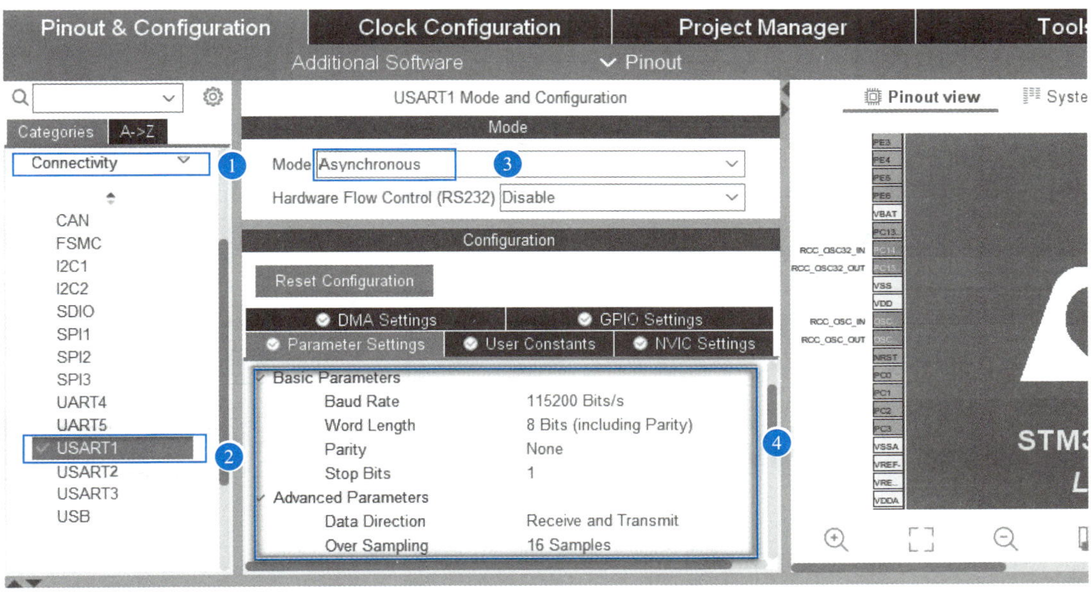

图9-3　配置串口1

6）单击“Middleware”→“FREERTOS”，“Mode”的“Interface”选择“CMSIS_V1”，“Config parameters”的“Memory management settings”的“TOTAL_HEAP_SIZE”改为“4096Bytes”，如图9-4所示。

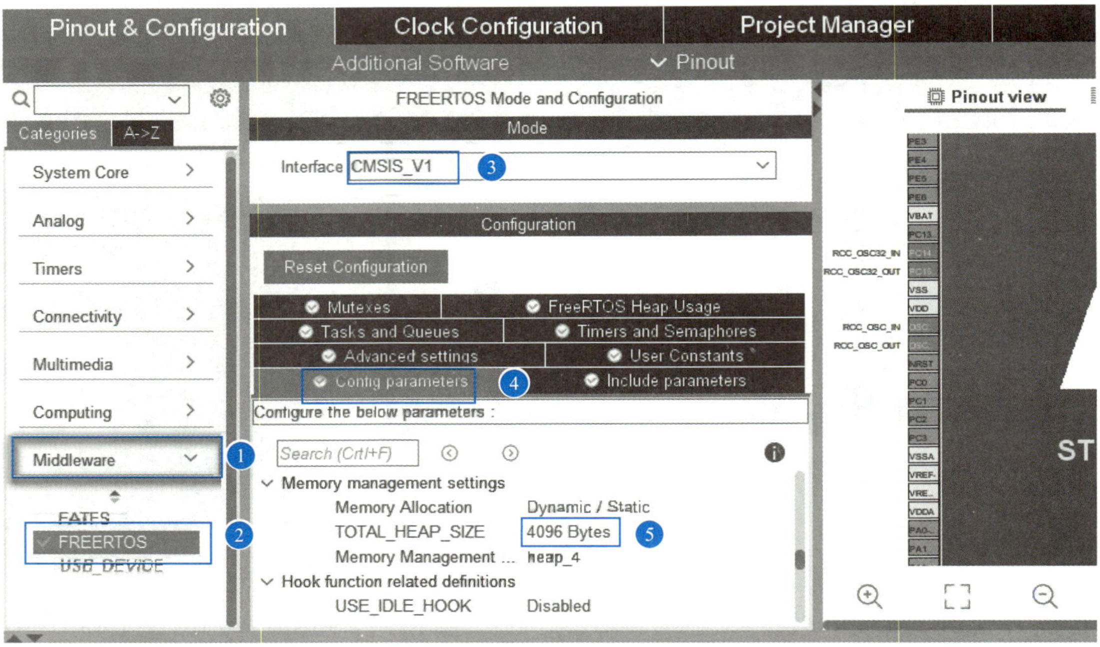

图9–4　配置FREERTOS

7）单击“Tasks and Queues”双击Tasks列表里的“DefaultTask”进行Task设置，将“Tasks Name”名字设置为“UsartTask1”，如图9-5所示。

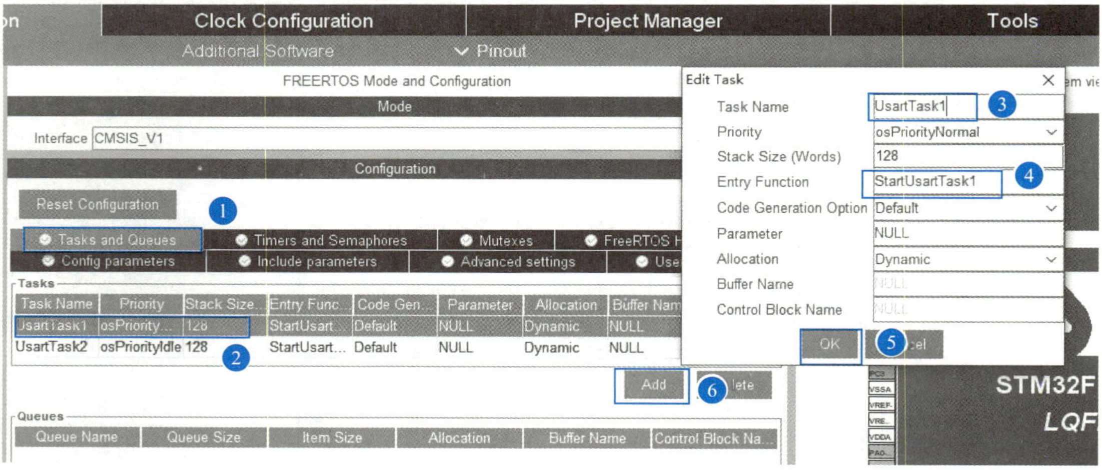

图9–5　配置Task

8）单击“Clock Configuration”进行如图9-6所示的时钟配置。

9）单击“Project Manager”，单击“Project”设置文件名和保存的位置，“Toolchain/IDE”选择“MDK_ARM”。

10）对“Code Generator”进行配置。

11）最后单击右上角的“GENERATE CODE”按钮生成初始化代码。

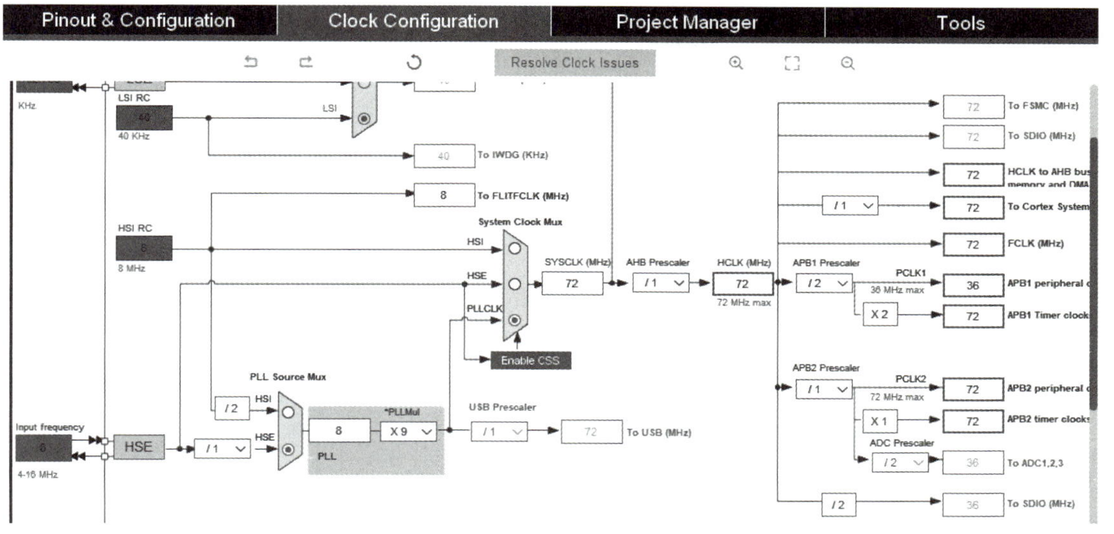

图9-6　时钟配置

2. 添加代码包

本次操作只用到串口，不需要添加代码包。

单击编译按钮开始编译，若显示0个错误则表示编译通过。

3. 添加代码程序

单击“Application”→“User”前的加号，然后单击“main.c”前的加号，双击“main.h”，在添加头文件处添加头文件“#include <stdio.h>”，如图9-7所示。

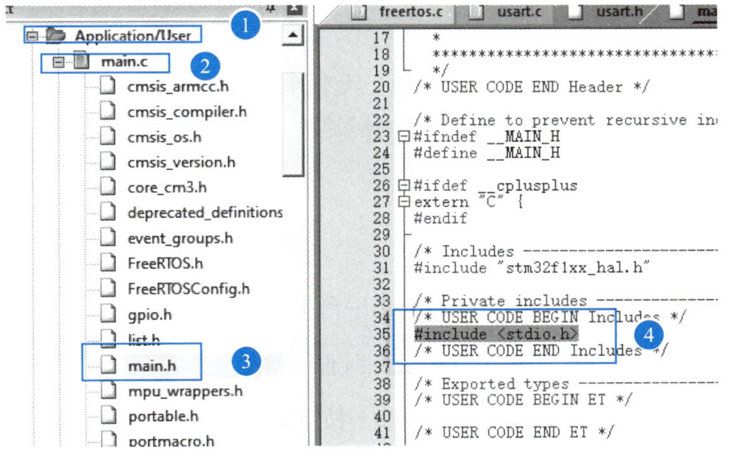

图9-7　添加头文件

双击“usart.c”，在“USER CODE BEGIN 1”和“USER CODE END 1”之间添加如下代码，实现fputc()函数：

```
/* USER CODE BEGIN 1 */
int fputc(int ch, FILE *f)
{
    HAL_UART_Transmit(&huart1, (uint8_t *)&ch,1, 0xFFFF);
    return ch;
}
/* USER CODE END 1 */
```

双击“freertos. c”，在“StartUsartTask1（void const * argument）”函数的“for（;;）”循环内添加代码：

```
/* USER CODE END Header_StartUsartTask1 */
void StartUsartTask1(void const * argument)
{
    /* USER CODE BEGIN StartUsartTask1 */
    /* Infinite loop */
    for(;;)
    {
        printf("This is StartUsartTask1\r\n");
        osDelay(1000);
    }
    /* USER CODE END StartUsartTask1 */
}
```

4. 编译代码

代码添加完成后，单击“重新编译”按钮完成编译，确保编译准确无错误。

5. 硬件环境搭建

本实验只用到了STM32F103的核心板，没有用到其他的外部设备，只有NEWLab设备与计算机端的串口通信，不需要进行硬件环境搭建。

6. 固件下载

（1）烧写前的硬件准备

搭建硬件平台，把M3模块放到NEWLab平台上；

1）确保NEWLab接线正常，并将旋钮旋到通信模式。

2）将M3核心模块JP1从NC拨到Boot端，按下复位键。

（2）烧写

1）打开FlashLoader Demonstrator软件，将编译好的HEX文件进行烧录。

2）等待下载完毕。

（3）烧写后启动M3模块

1）将M3模块的JP1从BOOT切换到NC按下复位键。

2）重新上电即可使用（或按下复位键），至此M3模块准备完毕。

7. 结果验证

打开串口调试工具，单片机上电，选择连接的串口，打开串口，就可以在调试助手上看到串口输出的数据，如图9-8所示。

图9-8　输出结果

任务小结

通过本任务的学习，了解一些常见的智能安防系统和一些常见的嵌入式操作系统，能够进行RTOS的配置以及在操作系统上进行串口输出。任务小结如图9-9所示。

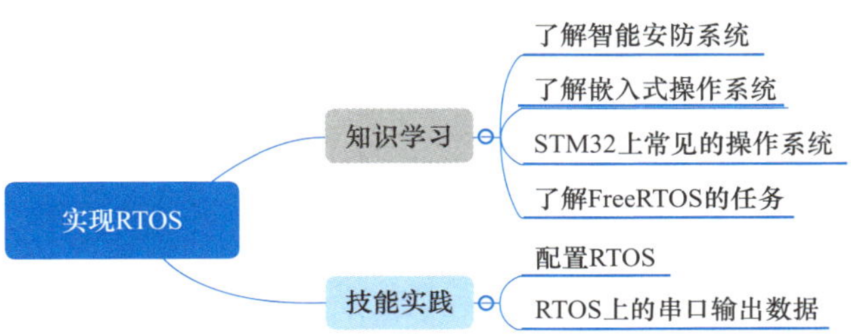

图9-9　任务小结

任务拓展

请在现有的任务基础上添加全新的功能，该功能具体要求：

1）不能影响已有的代码功能。

2）配置GPIO实现每输出1条数据时，LED灯闪烁1次。

任务2 用压电传感器实现入侵检测

职业能力目标

- 能根据RTOS相关手册，利用STM32CubeMX准确配置STM32的操作系统。
- 能够根据压电传感器的知识，进行引脚的配置。
- 能够利用本项目任务1的知识，正确编写代码，实现压电报警的显示。

任务描述与要求

任务描述：某公司为了市场需要准备研发一款智能防盗系统。经过讨论，决定使用STM32系列单片机，为了进行多种传感器数据获取的实时性与准确性，准备使用RTOS。本项目是一个综合性的项目，主要分成3个部分，本任务主要是在本项目任务1的基础上配置引脚获取压电传感器的状态，并进行显示。

任务要求：

- 利用STM32CubeMX软件进行RTOS的安装与配置。
- 利用STM32CubeMX进行usart和引脚配置。
- 编程实现通过串口将警报数据输出显示。

知识链接

1. 智能安防报警系统组成

一套完善的智能家居安防报警系统可确保每一个用户的生命财产安全。智能家居报警系统由家庭报警主机和各种前端探测器组成。前端探测器可分为门磁、窗磁、煤气探测器、烟雾探测器、红外探头、紧急按钮等。

2. 压电传感器介绍

压电传感器是将被测量变化转化成材料受机械力产生静电电荷或电压变化的传感器，是一种典型的、有源的、双向机电能量转换型传感器或自发电型传感器。压电元件是机电转换元件，它可以测量最终转换为力的非电物理量，如力、压力、加速度等。

3. 压电传感器的工作原理

（1）压电效应

某些晶体（如石英）在一定方向的外力作用下，不仅几何尺寸会发生变化，而且晶体内部会发生极化现象，晶体表面会有电荷出现，形成电场。当外力去除后，表面恢复到不带电状态，这种现象被称为压电效应。

（2）等效处理

当压电传感器的压电元件受力时，在电极表面就会出现电荷，且两个电极表面聚集的电荷量相等，极性相反，因此，可以把压电传感器看成是一个电荷源（静电荷发生器），而压电元件是绝缘体，在这一过程中，它又可以看成是一个电容器。

4. 智能防盗系统系统结构分析

常见的智能防盗报警系统的结构图如图9-10所示，是通过M3核心模块将采集到的数据进行处理，当使用有线方式时，M3核心模块就相当于是图9-10所示的报警主机，M3模块对采集到的红外传感器和压电传感器等传感器的数据进行处理，然后M3模块通过串口将采集到的转换数据显示出来。当使用无线模式时，无线模块将获取的传感器数据进行处理，然后传送给报警主机，报警主机再将收到的数据进行处理。

本任务主要用到的是有线传输，根据之前的实验，将红外对射和红外反射传感器数据以及压电传感器数据传送给M3核心板，核心板将采集到的电压信号进行处理，通过串口显示。

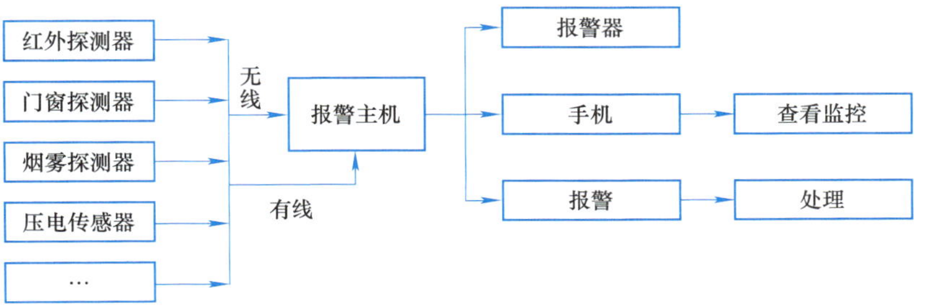

图9-10　智能安防系统结构图

压电传感器和红外传感器都是输出的模拟量信号，可以通过M3的AD引脚进行电压信号的转换，然后通过USART1串口将数据通过计算机进行显示，如图9-11所示。

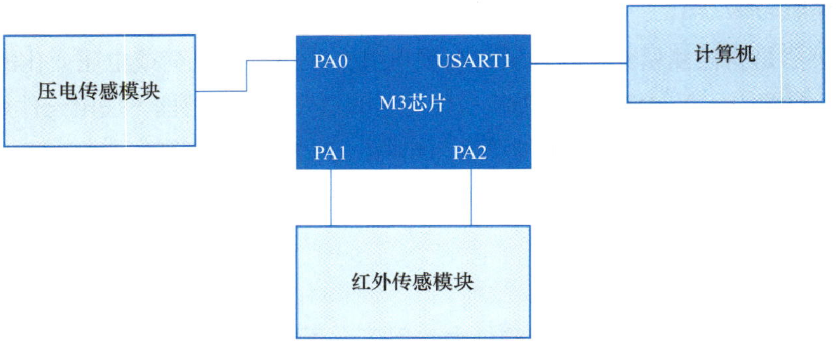

图9-11　硬件连接设计

- M3芯片与计算机间通信使用USART1通信口。
- 压电传感模块与M3之间通过PA0获取电平信号。
- 红外传感模块与M3之间通过PA1和PA2获取电平信号。
- M3模块将采集的电平信号转换为报警信号显示。

任务准备

任务实施前必须先准备好表9-2所列的设备/资源。

表9-2　设备/资源清单表

序　　号	设备/资源名称	数　　量	是否准备到位（√）
1	M3核心模块	1	
2	压电传感模块	1	
3	杜邦线	1	
4	配书资源	1	

任务实施

要完成本任务，可以将实施步骤分成以下7步：

- STM32CubeMX工程配置GPIO。
- 在工程中添加代码包。

- 在源文件中添加代码。
- 编译代码。
- 硬件环境搭建。
- 模块固件下载。
- 结果验证。

具体实施步骤如下：

1. 进行STM32CubeMX配置

1）打开“STM32CubeMX”，选择“STM32F103VET6”芯片，并进行配置。

2）单击“System Core”→“RCC”，“High Speed Clock（HSE）”选择“Crystal/Ceramic Resonator”。

3）单击“SYS”，“Debug”选择“Serial Wire”，“Timebase Source”选择“TIM1”，如图9-12所示。

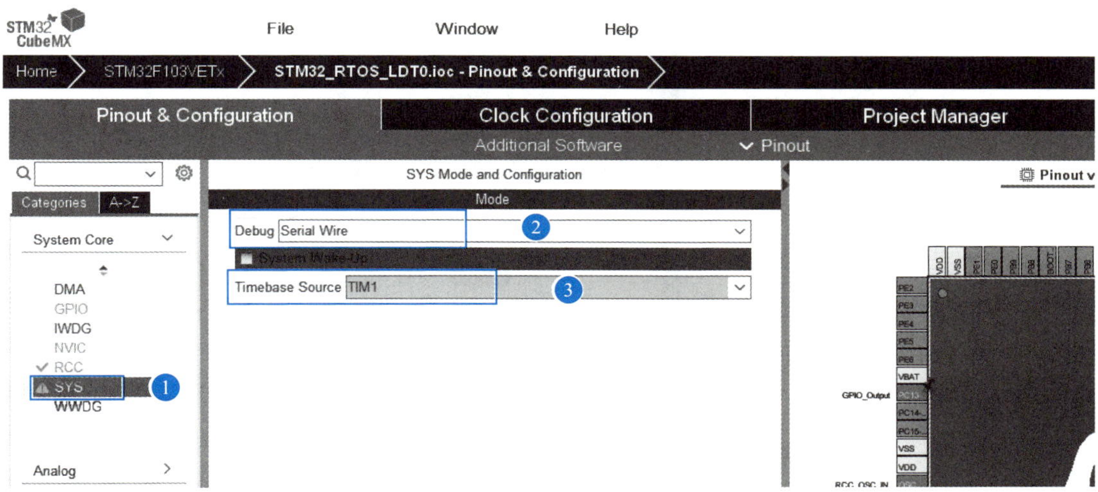

图9-12 配置SYS

4）单击“PA0”“PA1”和“PA2”，设置为输入模式“GPIO_Input”，然后单击“System Core”→“GPIO”，将“PA0”“PA1”和“PA2”设置为上拉输入“Pull-up”，如图9-13所示。

5）单击“Connectivity”→“USART1”，配置串口，如图9-14所示，“Mode”选择“Asynchronous”，“Baud Rate”默认选择“115200Bits/s”，“Data Direction”选择“Receive and Transmit”，然后单击“NVIC Settings”，勾选“USART1 global interrupt”，使能串口中断。

6）单击“Middleware”→“FREERTOS”，“Mode”的“Interface”选择“CMSIS_V1”，其他选项使用默认设置就可以，如图9-15所示。

7）单击“Clock Configuration”进行如图9-16所示的时钟配置。

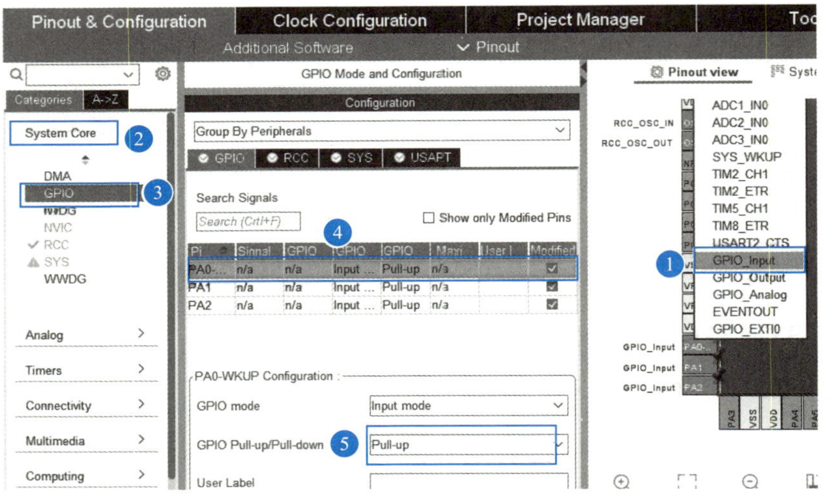

图9-13　配置PA0、PA1和PA2

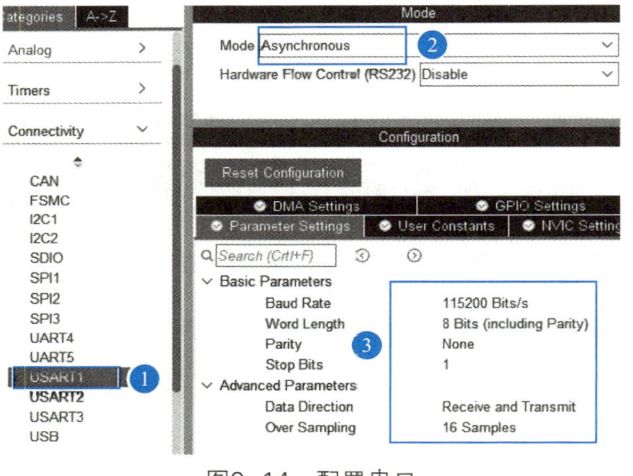

图9-14　配置串口

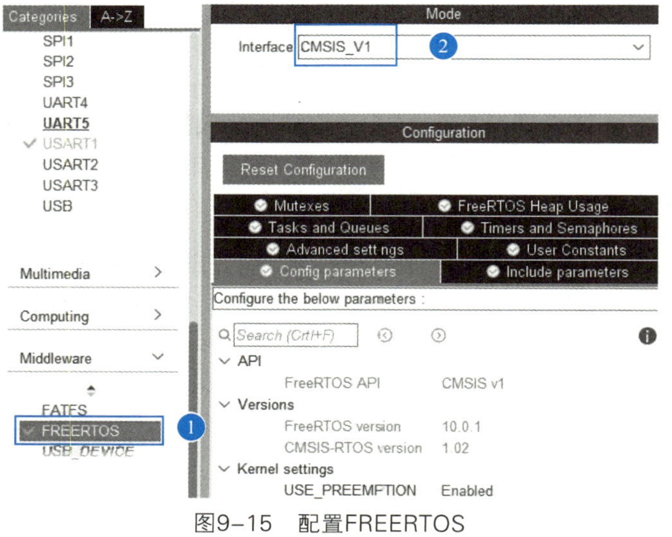

图9-15　配置FREERTOS

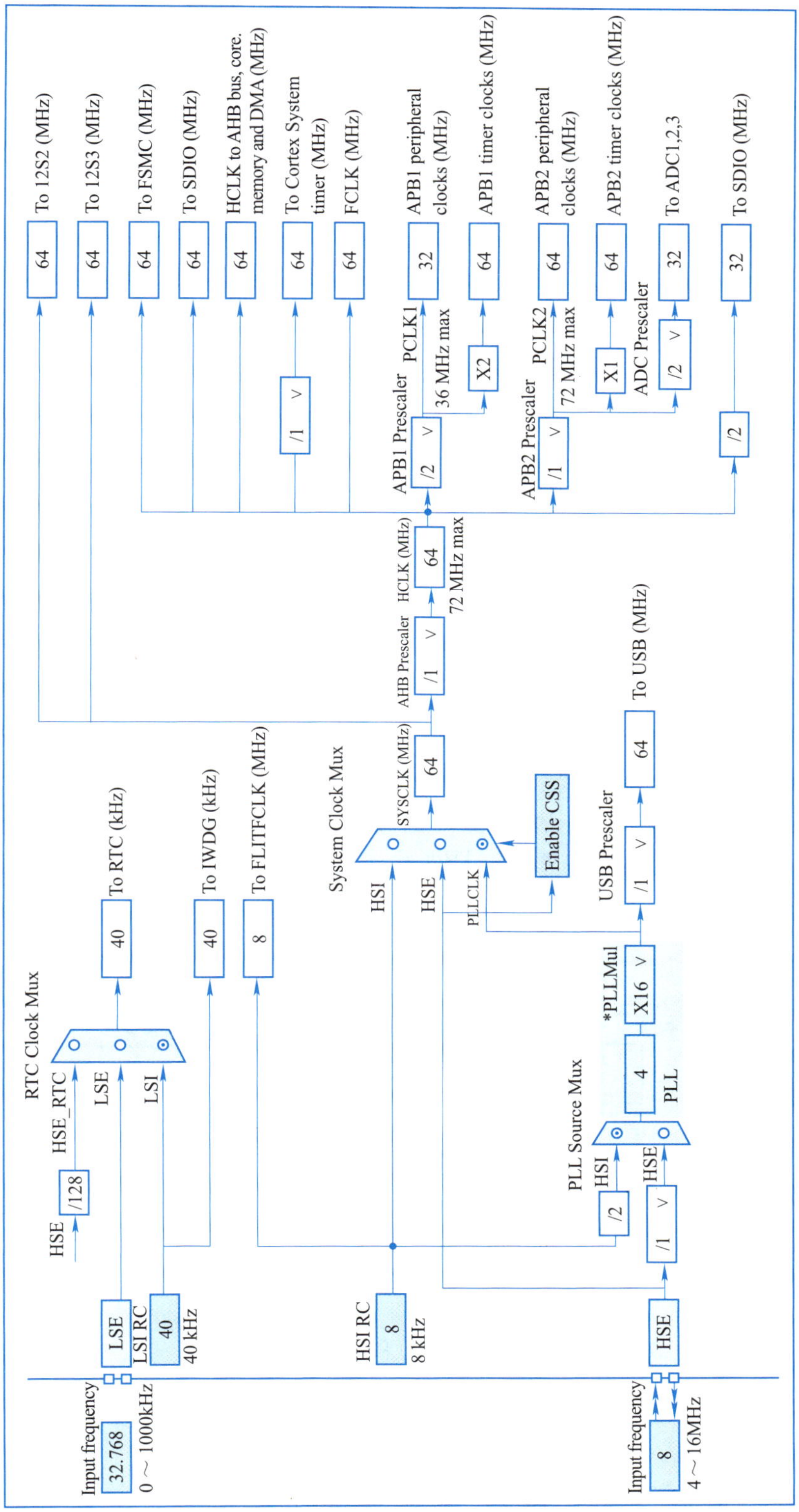
Input frequency
32.768
0～1000kHz
LSE
LSI RC
40
40 kHz
HSI RC
8
8 kHz
Input frequency
8
4～16MHz
HSE
HSE
/128
HSE_RTC
LSE
LSI
RTC Clock Mux
40
To RTC (kHz)
40
To IWDG (kHz)
8
To FLITFCLK (MHz)
/2
HSI
/1
HSE
PLL Source Mux
4
PLL
X16
*PLLMul
HSI
HSE
PLLCLK
System Clock Mux
Enable CSS
SYSCLK (MHz)
64
/1
USB Prescaler
64
To USB (MHz)
AHB Prescaler
/1
HCLK (MHz)
64
72 MHz max
/1
To Cortex System timer (MHz)
APB1 Prescaler
/2
PCLK1
36 MHz max
X2
APB2 Prescaler
/1
PCLK2
72 MHz max
X1
ADC Prescaler
/2
64
To 12S2 (MHz)
64
To 12S3 (MHz)
64
To FSMC (MHz)
64
To SDIO (MHz)
64
HCLK to AHB bus, core, memory and DMA (MHz)
64
FCLK (MHz)
32
APB1 peripheral clocks (MHz)
64
APB1 timer clocks (MHz)
64
APB2 peripheral clocks (MHz)
64
APB2 timer clocks (MHz)
32
To ADC1,2,3
32
To SDIO (MHz)

图9-16 配置时钟

8）单击“Project Manager”，单击“Project”设置文件名和保存的位置，“Toolchain/IDE”选择“MDK_ARM”。

9）对“Code Generator”进行设置。

10）最后单击右上角的“GENERATE CODE”按钮生成初始化代码。

2. 添加代码包

1）单击编译按钮开始编译，若0个错误表示编译通过。

2）在项目工程文件夹的“MDK-ARM”文件夹下新建一个“HARDWORK”文件夹，并将“delay”和“Trace”两个文件夹复制进去，如图9-17所示。

图9-17　添加代码包

3）右键单击项目文件名，选择“Add Group”添加组，将“NEW Group”改为“HARDWORK”，双击“HARDWORK”，选择“delay”和“Trace”文件夹添加“delay. c”和“Trace. c”文件，如图9-18所示。

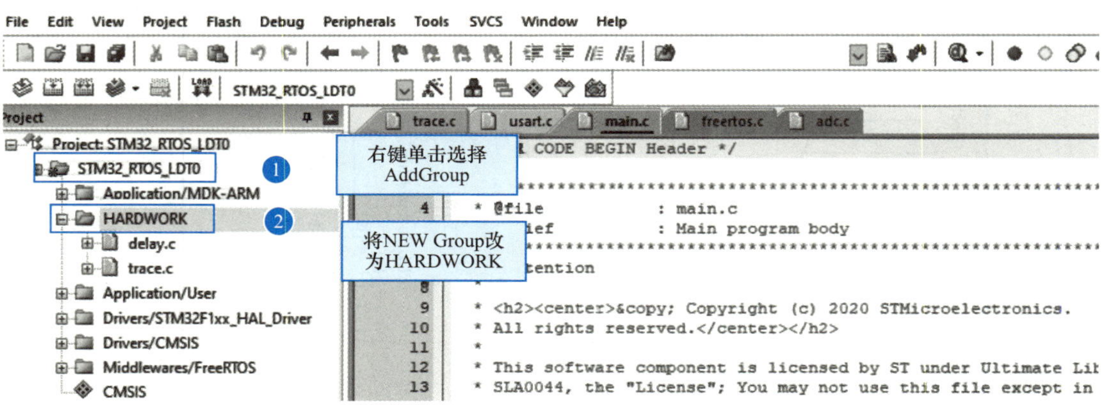

图9-18　添加“delay.c”和“Trace.c”文件

4）添加的文件直接编译会报错，需要包含文件夹的路径，如图9-19所示就是添加“Trace”文件的路径。

5）按照图9-19所示的方法将“delay”文件路径添加进去。

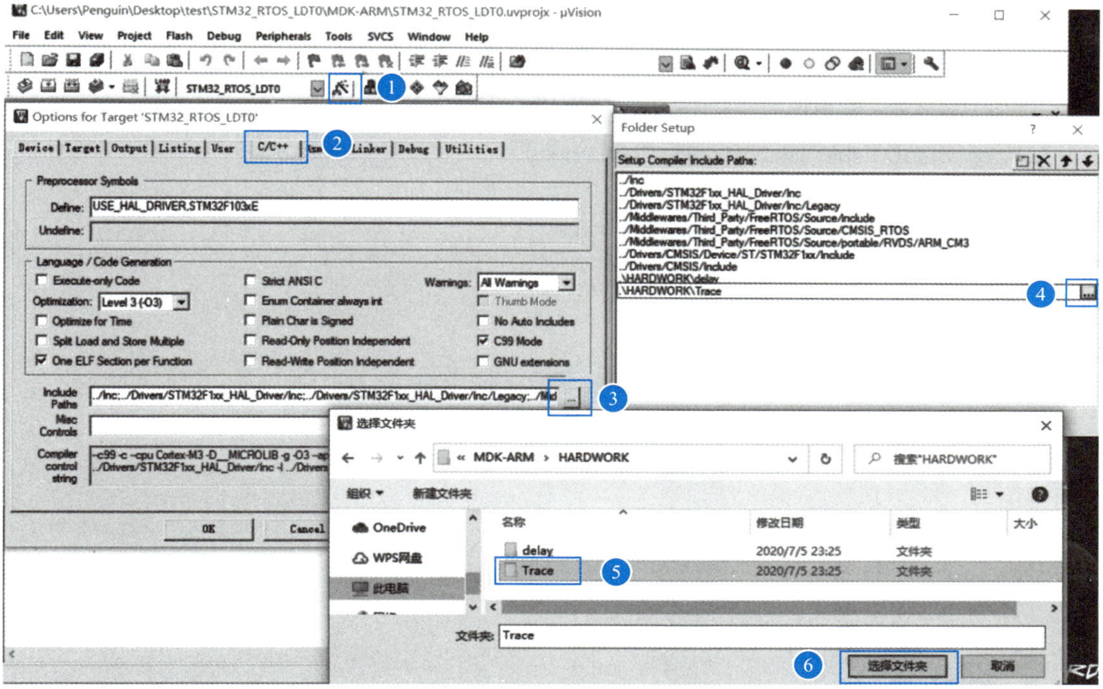

图9-19 "Trace"文件的路径

3. 添加代码程序

单击"Application/User"前的加号，然后双击"freertos. c"，在"USER CODE BEGIN Includes"和"USER CODE END Includes"之间添加头文件：

```
/* Private includes ----------------------------------------------------------*/
/* USER CODE BEGIN Includes */
#include "trace.h"
#include "delay.h"
/* USER CODE END Includes */
```

双击"trace. c"将里面的"UART_HandleTypeDef huart1;"注释掉，如图9-20所示。

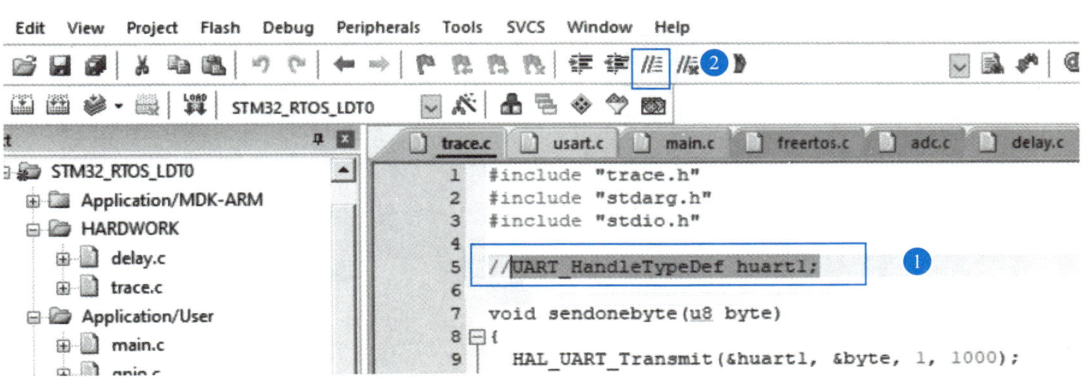

图9-20 进行注释或删除

双击“freertos.c”，在“void StartDefaultTask(void const * argument)”函数里添加代码实现压电数据的采集显示：

```
/* USER CODE END Header_StartDefaultTask */
void StartDefaultTask(void const * argument)
{
    /* USER CODE BEGIN StartDefaultTask */
    /* Infinite loop */
    for(;;)
    {
        if(HAL_GPIO_ReadPin(GPIOA,GPIO_PIN_0) == 1)
        {
            u1_printf("压电警报 !\r\n");
        }
      osDelay(1000);
    }
    /* USER CODE END StartDefaultTask */
}
```

4. 编译代码

代码添加完成后，单击“重新编译”按钮完成编译，确保编译准确无错误。

5. 硬件环境搭建

如图9-21所示，是本任务的硬件连线图，把相关模块正确放置到NEWLab实训平台，并在断电的情况下完成硬件线路搭建，连线引脚对应情况见表9-3。

表9-3　硬件连线引脚对应表

序　　号	M3核心模块	压电传感模块
1	PA0	J6

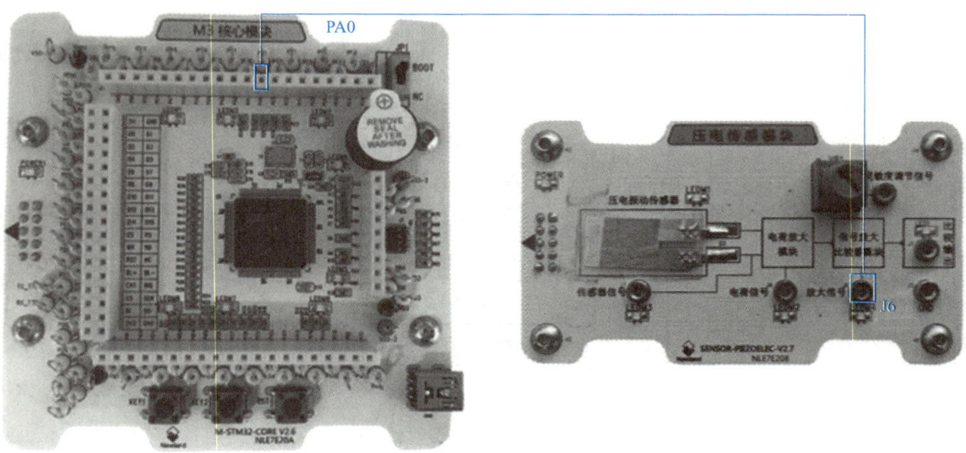

图9-21　硬件连线图

6. M3模块固件下载

（1）烧写前的硬件准备

1）确保NEWLab接线正常，并将旋钮旋到通信模式。

2）将M3核心模块JP1从NC拨到Boot端。

3）给设备上电，并按下复位键。

（2）烧写

1）打开FlashLoader Demonstrator软件，将编译好的HEX文件进行烧录。

2）等待下载完毕。

（3）烧写后启动M3模块

将M3模块的JP1从BOOT切换到NC按下复位键。

7. 结果验证

打开串口调试工具，单片机上电，选择连接的串口，打开串口，然后就可以在调试助手上看到串口输出的数据，如图9-22所示，用手按压压电薄膜传感器，数值就会发生变化，串口就会输出压电报警信号，调节灵敏度旋钮，就会使报警更加灵敏。

图9-22　输出结果

任务小结

通过本任务的学习，能够了解智能安防报警系统的组成和结构，了解压电传感器和它的工作原理，能够进行RTOS和压电传感器的配置，通过代码实现压电传感器的报警显示。任务小结如图9-23所示。

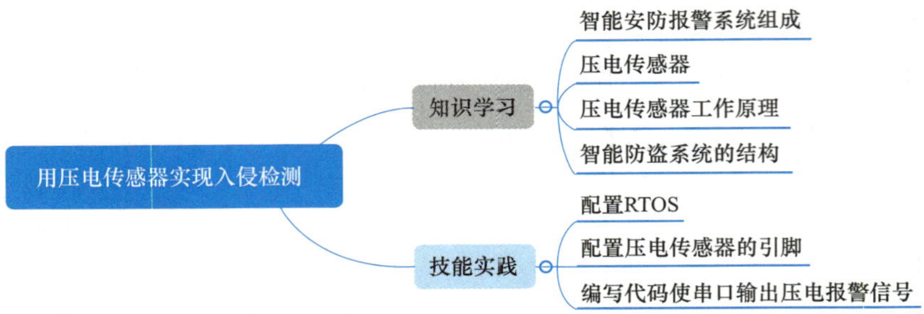

图9-23　任务小结

任务拓展

在原有代码基础上添加蜂鸣器代码，判断压电传感器的输入电平信号，当有人进入时，压电传感器报警，蜂鸣器能够发出警报。

任务3　实现智能防盗系统

职业能力目标

- 能根据RTOS相关手册，利用STM32CubeMX准确配置STM32的操作系统。
- 能够在配置的RTOS的基础上，配置串口，显示数据。
- 能够在之前代码基础上进行修改，实现压电传感器与红外传感器的报警信号的显示。

任务描述与要求

任务描述：某公司为了市场需要准备研发一款智能防盗系统。经过讨论，决定使用STM32系列单片机，为了进行多种传感器数据获取的实时性与准确性，准备使用RTOS。本项目是一个综合性的项目，主要分成3个部分，本任务主要是采用多任务的方式获取压电传感器和红外传感器的状态，并进行显示。

任务要求：

- 利用STM32CubeMX软件进行RTOS的安装与配置。
- RTOS多任务的配置。
- 在之前代码基础上进行整合，实现压电和红外传感器状态获取。
- 实现各传感器报警显示。

知识链接

1. 了解智能防盗系统的功能

手机视频监控报警系统是安防进入民用领域的一套智能系统，集成了手机监控与手机防盗报警两大系统，当有非法人员闯入防区时，系统主机会第一时间给指定用户拨打电话及发送短信或E-mail。用户收到电话短信时可以第一时间用手机或者计算机查看监控区域的画面。消除了传统监控系统马后炮及传统报警系统误报出警的顾虑。该系统集成了无线门磁、无线烟感等无线报警配件信息，有效地提高了监控系统民用化的特性。异地可通过上网手机或计算机观看及操作家中所有监控画面。系统自带无线报警模块，可匹配无线门磁、探头、烟感器等无线报警触发设备，当有人闯入监控防区，系统会自动打电话、发短信、邮件给指定的4位手机用户，同时本地会产生声光警笛。远程用户收到警情电话、信息后可以通过上网手机或计算机查看监控画面情况，并通过手机控制摄像机旋转角度及焦距、报警系统布防撤防，同时启动手机录像功能并处理警情。

2. 多任务前后台系统

前后台系统的实时性较大（尤其是调度任务较多），每个任务都是轮流执行，没有轮到该任务运行的时候，不管该任务有多么紧急，就只能等着，大家拥有一样的优先级。但是该类系统简单，所消耗的资源较少。

多任务系统可以将一个大问题分成很多个具有共性的小问题，逐一将这些小问题解决，进而大问题得到全面解决，可将每个小问题都视为一个任务。这些小任务是并发处理的，由于它们的执行时间很短，人们所能感觉到的是所有的任务都是同时进行的。那么多任务运行的问题就来了，这就涉及任务执行的先后顺序及什么任务该执行什么任务不该执行。该模块的功能将由任务调度器来完成，具体如何实现，各类系统是有很大差别的，通常来说可分为抢占式（μC/OS-II、FreeRTOS）和非抢占式（Linux）。FreeRTOS是一个支持抢占式的实时操作系统，如图9-24所示。

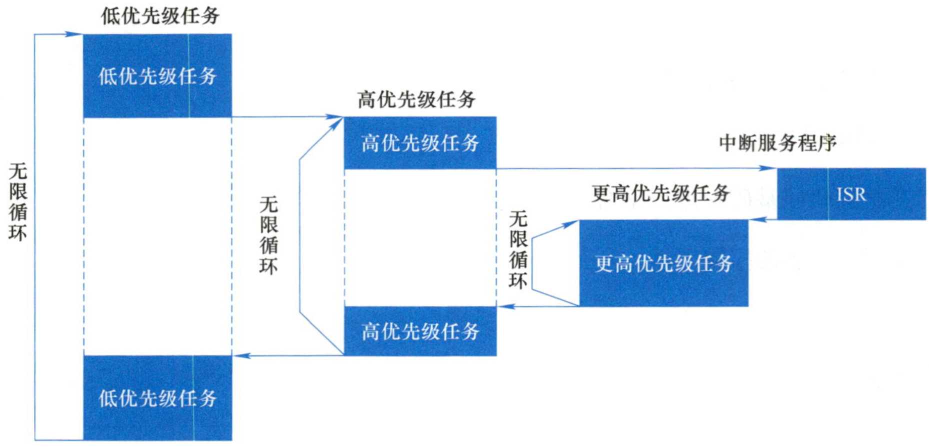

图9-24　抢占式多任务系统

3. FreeRTOS任务状态

FreeRTOS中的任务状态有运行态、就绪态、阻塞态、挂起态，但任意一个任务只能处于这几种状态中的一个，如图9-25所示。

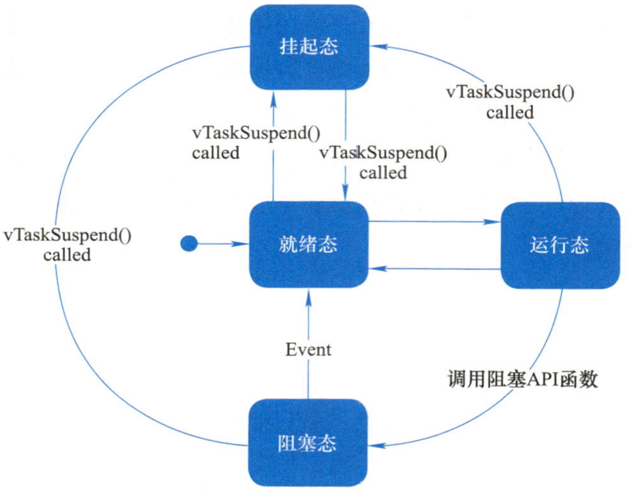

图9-25　任务之间的转换

FreeRTOS的每一个任务都有一些属性需要存储，所有的信息将存储在一个结构体中，该结构体叫做任务控制块：TCB_t，在使用xTaskCreate()创建任务时将会自动给每一个任务分配一个任务控制块，此结构体在文件“task.c”中有定义，如图9-26所示。

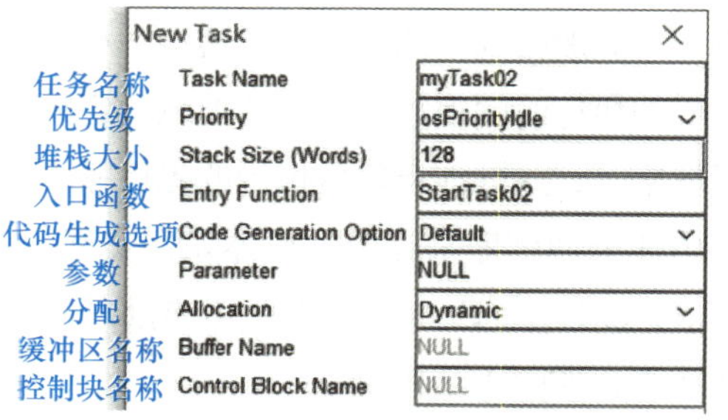

图9-26　配置Task各个参数意思

任务准备

任务实施前必须先准备好表9-4所列的设备/资源。

表9-4　设备/资源清单表

序　　号	设备/资源名称	数　　量	是否准备到位（√）
1	M3核心模块	1	
2	压电传感模块	1	
3	红外传感模块	1	
4	杜邦线	3	
5	配书资源	1	

任务实施

要完成本任务，可以将实施步骤分成以下7步：

- 修改任务2的STM32CubeMX工程配置。
- 在工程中添加代码包。
- 在源文件中添加代码。
- 编译代码。
- 硬件环境搭建。
- 模块固件下载。
- 结果验证。

具体实施步骤如下：

1. 修改STM32CubeMX配置

由于任务2已经做了一个压电传感器检测的程序，现在只需要在原来的代码基础上进行修改即可。

复制一份RTOS_LDT0的程序，将其改名为STM32_RTOS_ALL，由于之前已经将PA0、PA1和PA2配置过，所以不再对文件内的.ioc文件进行配置引脚，主要是进行多任务的配置。

1）单击“Middleware”→“FREERTOS”，选择“Configuration”→“Tasks and Queues”，单击“Tasks”里的“defaultTask”，双击将“Task Name”改为“Task01”，将“Entry Function”改为“StartTask01”，单击“OK”按钮，然后单击

“Add”按钮添加新的任务，依次添加Task02和Task03，如图9-27所示。

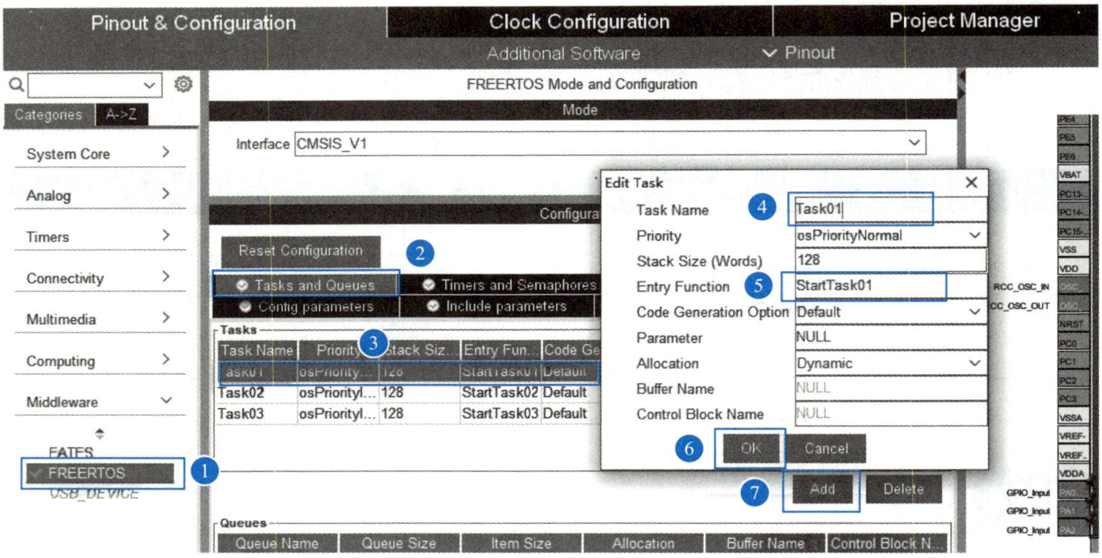

图9-27　添加多个任务

2）最后单击右上角的“GENERATE CODE”按钮生成初始化代码。

2. 添加代码包

主要用到的是trace和delay两个代码包，任务2已经添加过，不再添加，如果进入Keil编程时没有代码包，按之前的步骤重新添加进去。

3. 添加代码程序

单击“Application/User”前的加号，然后双击“freertos. c”，在添加头文件处添加头文件。

在“void StartTask01（void const * argument）”函数内添加压电警报信号程序：

```
/* USER CODE END Header_StartTask01 */
void StartTask01(void const * argument)
{
    /* USER CODE BEGIN StartTask01 */
    /* Infinite loop */
    for(;;)
    {
            if(HAL_GPIO_ReadPin(GPIOA,GPIO_PIN_0) == 1)
            {
```

```
                ul_printf("压电警报 !\r\n");
            }
        osDelay(100);
    }
    /* USER CODE END StartTask01 */
}
```

在“void StartTask02 (void const * argument)”函数内添加红外对射警报信号程序:

```
/* USER CODE END Header_StartTask02 */
void StartTask02(void const * argument)
{
    /* USER CODE BEGIN StartTask02 */
    /* Infinite loop */
    for(;;)
    {
                if(HAL_GPIO_ReadPin(GPIOA,GPIO_PIN_1) == 1)
                {
                        ul_printf("红外对射警报 ! \r\n");
                }
            osDelay(100);
    }
    /* USER CODE END StartTask02 */
}
```

在“void StartTask03 (void const * argument)”函数内添加红外反射警报信号程序:

```
/* USER CODE END Header_StartTask03 */
void StartTask03(void const * argument)
{
    /* USER CODE BEGIN StartTask03 */
    /* Infinite loop */
    for(;;)
    {
            if(HAL_GPIO_ReadPin(GPIOA,GPIO_PIN_2) == 0)
            {
                ul_printf("红外反射警报 ! \r\n");
            }
        osDelay(100);
    }
    /* USER CODE END StartTask03 */
```

```
15. }
```

4. 编译代码

代码添加完成后，单击“重新编译”按钮完成编译，确保编译准确无错误。

5. 硬件环境搭建

如图9-28所示，是本任务的硬件连线图，表9-5是连线引脚对应表。把STM32F103VET6模块的PA0连接到压电传感模块，PA1线连接到红外传感模块对射输出1，PA2接红外传感模块的反射输出1。

表9-5 硬件连线引脚对应表

M3核心模块	PA0	PA1	PA2
红外传感模块	—	J5	J10
压电传感模块	J6	—	—

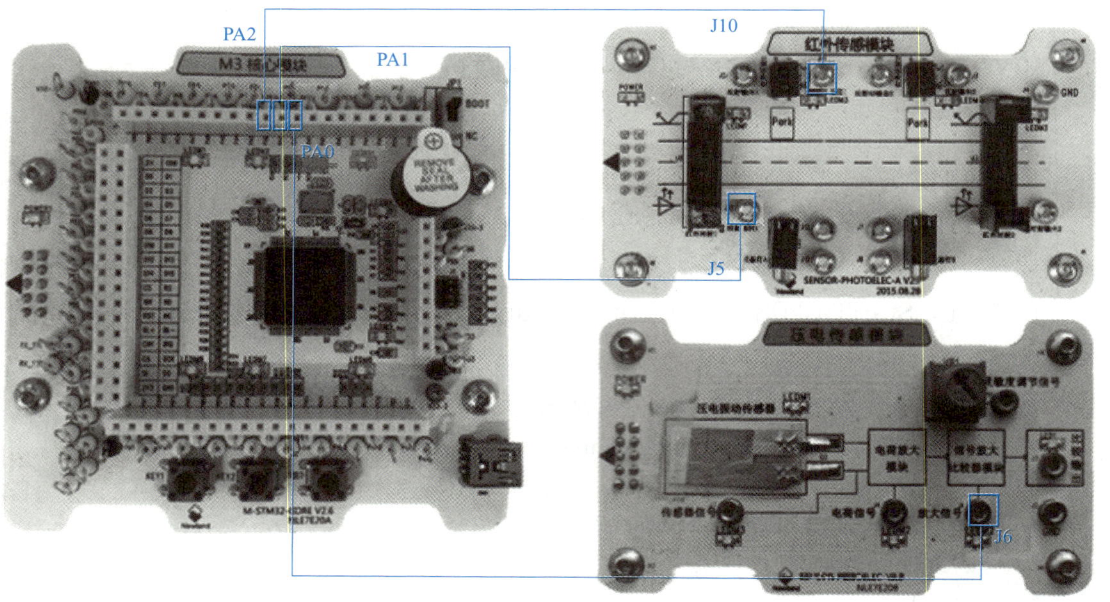

图9-28 硬件连线图

6. M3模块固件下载

（1）烧写前的硬件准备

1）确保NEWLab接线正常，并将旋钮旋到通信模式。

2）将M3核心模块JP1从NC拨到Boot端。

3）给设备上电，并按下复位键。

（2）烧写

1）打开FlashLoader Demonstrator软件，将编译好的HEX文件进行烧录。

2）等待下载完毕。

（3）烧写后启动M3模块

将M3模块的JP1从BOOT切换到NC按下复位键。

7. 结果验证

打开串口调试工具，单片机上电，选择连接的串口，打开串口，然后就可以在调试助手上看到串口输出的数据，如图9-29所示。

图9-29 输出结果

- 当把手放在对射传感器之间就会显示“红外对射报警”。
- 当把手放在反射传感器上面时就会显示“红外反射报警”。
- 当把手放在压电传感器上面就会显示“压电警报”。

任务小结

通过本任务的学习，了解安防报警系统的功能，明白FreeRTOS的多任务原理以及任务状态，能够进行RTOS多任务的配置，能够在多任务模式下获取传感器的状态并进行报警显示。任务小结如图9-30所示。

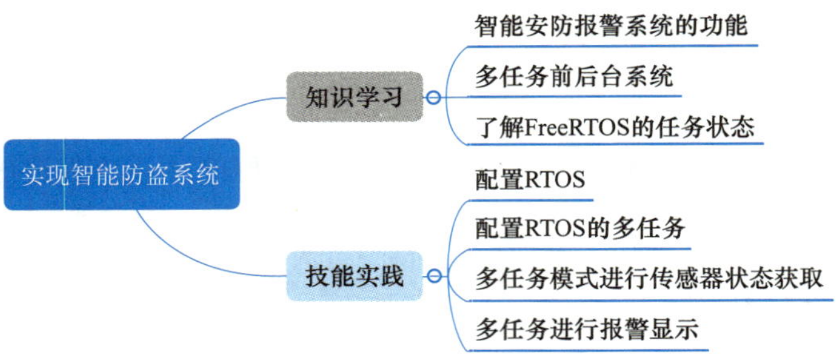

图9-30　任务小结

任务拓展

尝试在源代码的基础上再添加一个任务，添加一个位移传感器，实现位移传感器的信号报警，通过串口显示。

项目扩展阅读

国产操作系统多为以Linux为基础二次开发的操作系统。2014年4月8日起，美国微软公司停止了对Windows XP SP3操作系统提供服务支持，这引起了社会和广大用户的广泛关注和对信息安全的担忧。而2020年对Windows 7服务支持的终止再一次推动了国产系统的发展。

中国工程院院士表示，计算机上的应用程序都是在操作系统的支持之下工作的。举个例子来说，操作系统就好像地基，应用程序就好像地基上的房子，都是通过地基到房子里的。也就是说，只要计算机联网，谁掌控了操作系统，就掌握了这台计算机上所有的操作信息。

操作系统厂商很容易取得用户的各种敏感信息，用户的身份、账户、通信录、手机号那么多数据在一起，如果用大数据分析，全社会的这种活动情况其实都可以了解。统计的数字比统计部门的数字还准确、更快。

参 考 文 献

[1] 刘黎明，王建波，赵纲领．嵌入式系统基础与实践——基于ARM Cortex-M3内核的STM32微控制器[M]．北京：电子工业出版社，2020．

[2] 廖建尚，郑建红，杜恒．基于STM32嵌入式接口与传感器应用开发[M]．北京：电子工业出版社，2018．

[3] 高显生．STM32F0实战：基于HAL库开发[M]．北京：机械工业出版社，2018．

[4] 董磊，赵志刚．STM32F1开发标准教程[M]．北京：电子工业出版社，2020．